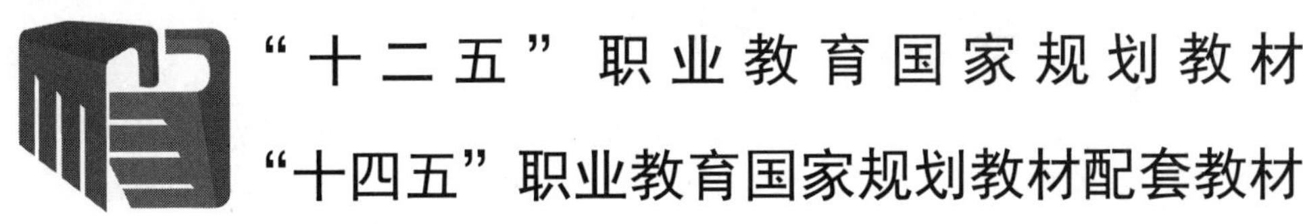

计算机应用基础实训教程

侯冬梅◎主　编
张宁林　刘乃瑞◎副主编

中国铁道出版社有限公司
CHINA RAILWAY PUBLISHING HOUSE CO., LTD.

内 容 简 介

本书以教育部职业教育与成人教育司发布的《高等职业教育专科信息技术课程标准（2021 年版）》为导向，同时借鉴国内外有关的标准和研究成果，参考国内外知名计算机评测标准，汲取相关教材的编写思想，由计算机教育专家与一线老师精心编写而成。

本书是《计算机应用基础（第 4 版）》（侯冬梅主编）的配套实训教材。全书共分 6 个单元，主要包括 Windows 10 的基础操作与指法练习、计算机组装及打印机设置、Word 文字处理软件应用、Excel 电子表格软件应用、PowerPoint 演示文稿软件应用以及网络设置等内容。

本书适合作为高等职业院校计算机公共课程的教材，也可作为互联网和计算核心认证考试、全国计算机等级考试（一级）的实训教材。

图书在版编目（CIP）数据

计算机应用基础实训教程/侯冬梅主编. —4 版. —北京：中国铁道出版社有限公司，2021.9（2024.7 重印）

“十二五”职业教育国家规划教材　经全国职业教育教材审定委员会审定　“十三五”职业教育国家规划教材配套教材

ISBN 978-7-113-28320-9

Ⅰ.①计…　Ⅱ.①侯…　Ⅲ.①电子计算机-高等职业教育-教材　Ⅳ.①TP3

中国版本图书馆 CIP 数据核字(2021)第 171162 号

书　　名： 计算机应用基础实训教程
作　　者： 侯冬梅

策　　划： 王春霞　　　　**编辑部电话：**（010）63551006
责任编辑： 王春霞　彭立辉
封面设计： 付　巍
封面制作： 刘　颖
责任校对： 安海燕
责任印制： 樊启鹏

出版发行： 中国铁道出版社有限公司（100054，北京市西城区右安门西街 8 号）
网　　址： https://www.tdpress.com/51eds/
印　　刷： 三河市宏盛印务有限公司
版　　次： 2011 年 7 月第 1 版　2021 年 9 月第 4 版　2024 年 7 月第 3 次印刷
开　　本： 880 mm×1 230 mm 1/16　**印张：** 9.25　**字数：** 301 千
书　　号： ISBN 978-7-113-28320-9
定　　价： 29.80 元

前　言

随着我国经济社会信息化程度的提高和信息化基础教育的普及，高等院校对计算机基础课程进行教学改革，使其适应经济社会的发展。

在计算机基础课程教学中实行“教、学、做”一体化、立体化的教学模式，是提高授课对象计算机公共基础技能的有效途径。

本书在第三版的基础上，将操作系统及常用软件进行升级，操作系统由原来的 Windows 7 升级为 Windows 10，常用软件由原来的 Office 2010 升级为 Office 2016，并对部分素材及所有的项目进行了更新；以《高等职业教育专科信息技术课程标准（2021 年版）》为导向，同时结合国际范围内广泛认可的课程标准，对实际工作流程中任务的完成过程进行实际训练，运用所学知识解决其中的问题，最后通过综合相关知识点的项目来提高授课对象的应用水平。

本书根据实际工作岗位对计算机公共基础技能的要求编写，全书共分 6 个单元，共有 23 个项目。其中包括：计算机基础（单元 1、单元 2）4 个项目；常用软件（单元 3 ~ 单元 5）17 个项目；网络设置（单元 6）2 个项目。每个项目都是来自工作和学习中具有代表性、适应性、先进性的实践项目，读者通过学习这些项目，可达到学用结合、活学活用的目的。

1．计算机基础

介绍 Windows 10 的基本操作及输入练习的正确训练方法，同时介绍识别个人计算机组件，对其进行组装所需的知识和技能；介绍计算机系统中打印机的设置方法；讲解各种类型个人计算机组件的主流产品及主流接口标准。

2．常用软件

对日常工作中最常用的办公软件 Microsoft Office 2016 进行实训，实例紧密联系实际工作。通过实训，使读者不仅能熟练掌握 Word、Excel 和 PowerPoint 的操作技巧，还可掌握使用这些软件解决实际问题的技能，对于提高读者实际的工作能力、工作效率具有重要的意义。

3．网络设置

主要对局域网中计算机的接入、ADSL 的接入进行实训，使读者无论是在家里，还是在公司，都能顺利接入 Internet，充分利用 Internet 上的资源。同时，还对计算机 Internet 接入的设置进行训练，以提高学生的相关应用能力。

本书由侯冬梅任主编，张宁林、刘乃瑞任副主编。具体编写分工如下：单元 1、3 由侯冬梅编写；单元 2、5、6 由张宁林编写；单元 4 由刘乃瑞编写。全书由侯冬梅教授组织编写并统稿。

由于时间仓促，编者水平有限，书中难免有疏漏与不妥之处，恳请广大读者批评指正。

编　者

2021 年 6 月

目 录

Windows 10 是 2015 年由微软公司推出的一款操作系统。在微软“操作系统即服务”的策略下，Windows 10 大约每半年发布一个功能性更新，并不定时发布安全性和其他更新。Windows 10 在易用性和安全性方面有了极大的提升，除了针对云服务、智能移动设备、自然人机交互等新技术进行融合外，还对固态硬盘、生物识别、高分辨率屏幕等硬件进行了优化完善与支持。本单元主要介绍 Windows 10 操作系统的基本操作方法、键盘输入的指法及击键姿势，并配有中、英文打字练习题，引导读者深入浅出地掌握计算机的入门基础知识。

项目 1　Windows 10 的基本操作

通过本项目的练习，可使读者了解操作系统的基本功能和作用，掌握 Windows 10 的基本操作和应用，如文件、文件夹的基本概念和基本操作，包括创建、命名、移动、复制、删除、显示方式、查看属性等基本操作。

项目目标

- 了解操作系统的基本功能和作用。
- 熟练掌握 Windows 的基本操作和应用。

项目描述

本项目要求读者在 Windows 10 操作系统下，创建文件夹和快捷方式，对文件进行复制、移动及属性的设置等操作。

解决路径

本项目主要完成六部分内容的操作，即在桌面上创建一个“此电脑”图标的快捷方式；在学生作业文件夹下分别建立 HUA 和 HUB 两个文件夹；将学生作业文件夹下 XIAO\HAO 文件夹中的文件 TEST.docx 设置成只读属性；将学生作业文件夹下 BDF\CAD 文件夹中的文件 ABCD.docx 移动到学生作业文件夹下，如 CAI 文件夹中；将学生作业文件夹下 DEE\TV 文件夹中的文件 WAB1.txt 复制到学生作业文件夹下；为学生作业文件夹下 SCR 文件夹中 ADD.txt 文件建立名为 ABC 的快捷方式，存放在学生作业文件夹下。项目 1 的基本流程如图 1-1 所示。

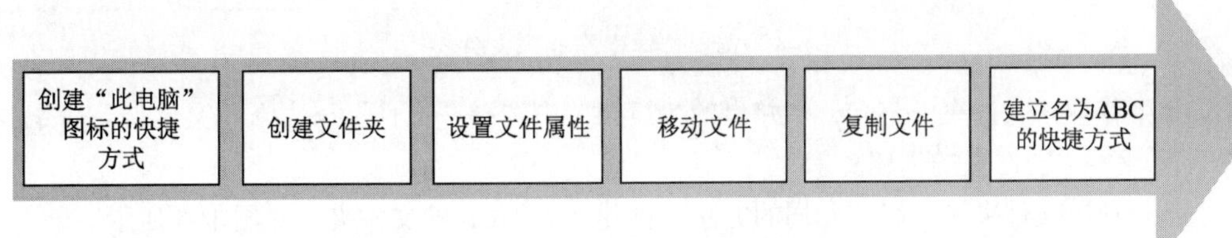

图 1-1　项目 1 的基本流程

步骤 1: 在桌面上创建一个“此电脑”图标的快捷方式。

（1）按键盘上的【Win+E】组合键，在打开的窗口左侧选择“此电脑”选项，如图 1–2 所示。

（2）直接用鼠标左键拖到桌面上，“此电脑”图标的快捷方式即在桌面上创建成功，如图 1–3 所示。

图 1–2　选择“此时脑”选项

图 1–3　“此电脑”快捷方式

步骤 2: 在 D 盘的学生作业文件夹下分别创建 HUA 和 HUB 两个文件夹。

（1）右击任务栏上的“开始”按钮，选择“文件资源管理器”命令，打开“文件资源管理器”窗口，选择 “此电脑”，双击 D 盘，选择“学生作业”文件夹，如图 1–4 所示。

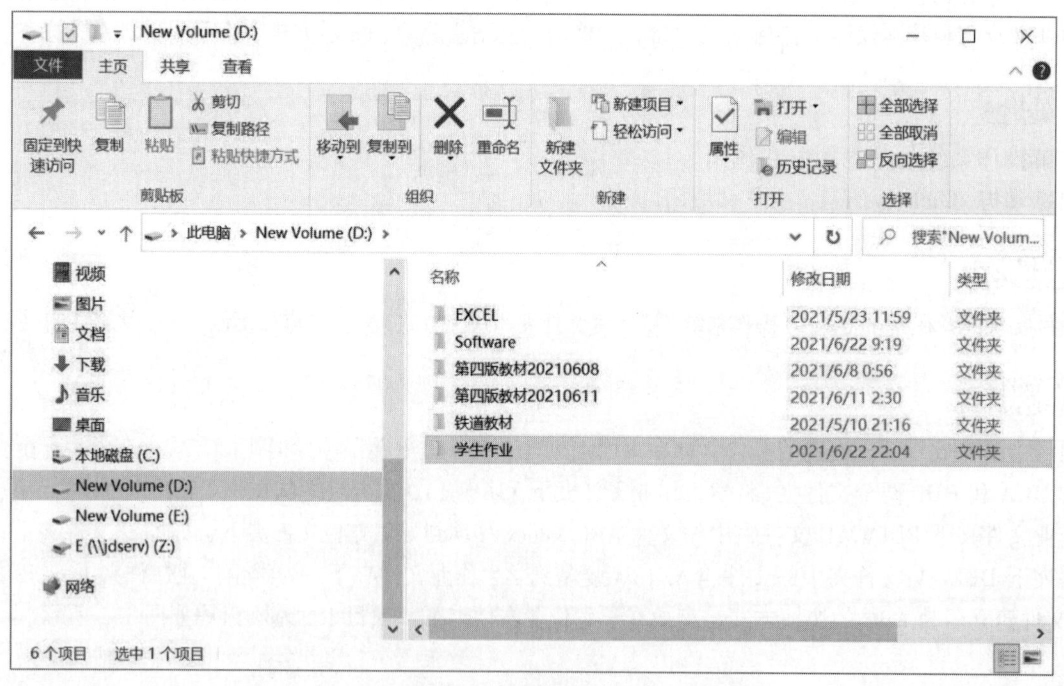

图 1–4　选择“学生作业”文件夹

（2）打开“学生作业”文件夹，右击，从弹出的快捷菜单中选择“文件”→“新建文件夹”命令，输入“文件夹”名 HUA，完成一个文件夹的创建。

（3）在“学生作业”文件夹下，采用相同的方法，创建名为 HUB 的文件夹，如图 1–5 所示。

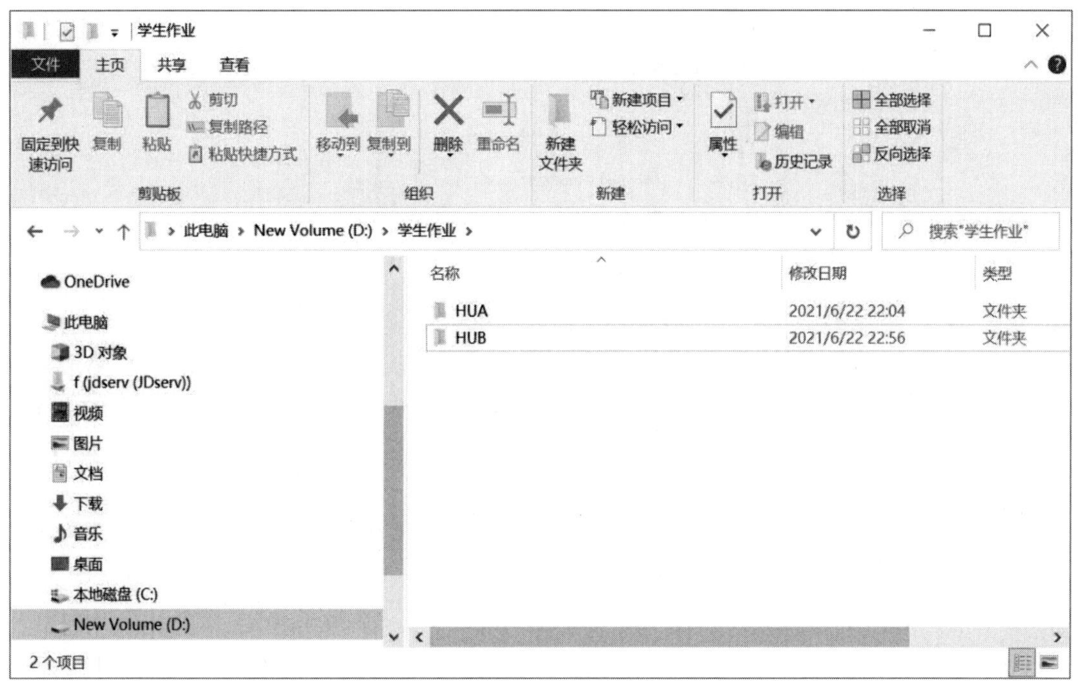

图 1-5　分别建立 HUA 和 HUB 两个文件夹

步骤 3: 将“学生”作业文件夹下 XIAO\HAO 文件夹中的文件 TEST.docx 设置成只读属性。

（1）右击任务栏上的“开始”按钮，选择“文件资源管理器”命令，打开“文件资源管理器”窗口，选择“此电脑”，双击 D 盘，再双击“学生作业”文件夹。

（2）双击 XIAO 文件夹，再双击 HAO 文件夹，从中选择 TEST.docx 文件，如图 1-6 所示。

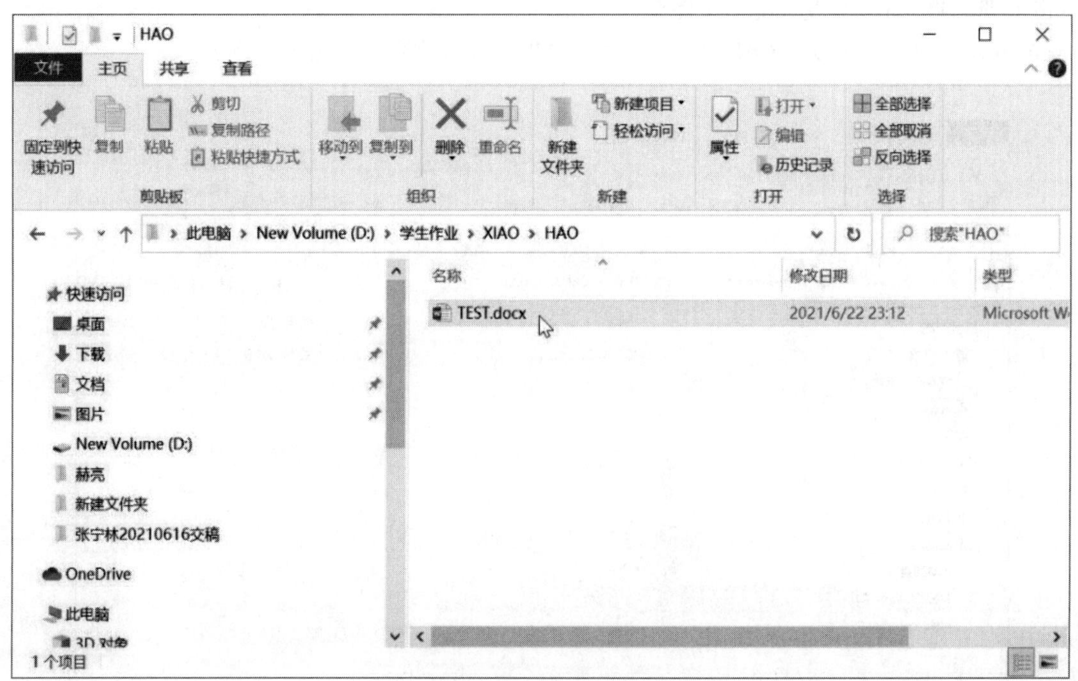

图 1-6　选择 TEST.docx 文件

（3）右击 TEST.docx 文件，在弹出的快捷菜单中选择“属性”命令，打开“TEST.docx 属性”对话框，选中“只读”复选框，单击“确定”按钮，如图 1-7 所示。

图 1-7 “TEST.docx 属性”对话框

步骤 4: 将“学生作业”文件夹下 BDF\CAD 文件夹中的文件 ABCD.docx 移动到学生作业文件夹下的 CAI 文件夹中。

（1）右击任务栏上的“开始”按钮，选择“文件资源管理器”命令，打开“文件资源管理器”窗口，选择“此电脑”，双击 D 盘，再双击“学生作业”文件夹。

（2）双击 BDF 文件夹，再双击 CAD 文件夹，选择 ABCD.docx 文件，如图 1-8 所示。

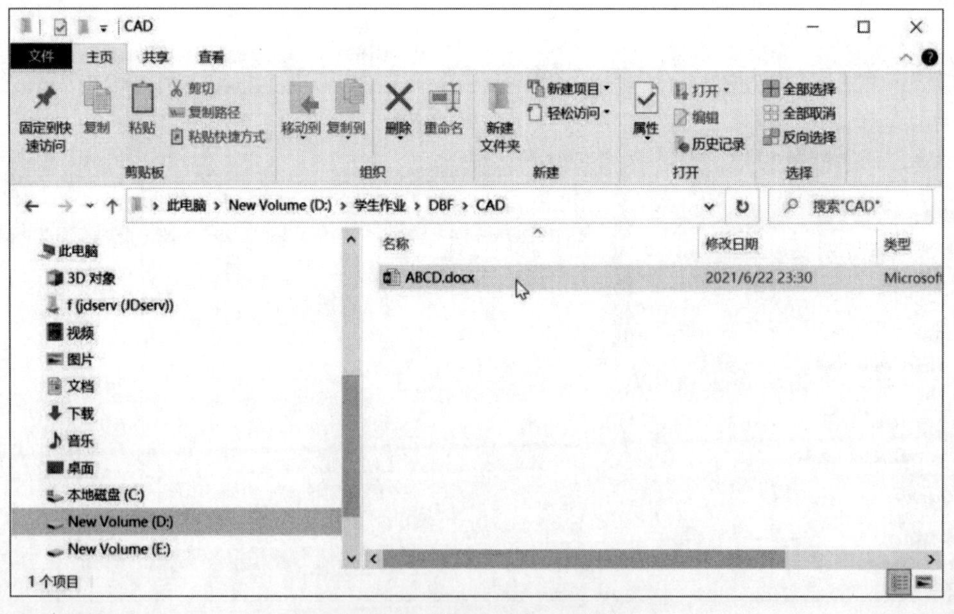

图 1-8 选择 ABCD.docx 文件

（3）选中 ABCD.docx 文件，单击“主页”→“移动到”按钮，如图 1-9 所示。然后选择“复制到”下拉列表中的“选择位置”选项，打开“移动项目”对话框，在打开的“移动项目”对话框中选择目标文件夹（CAI 文件夹），如图 1-10 所示。

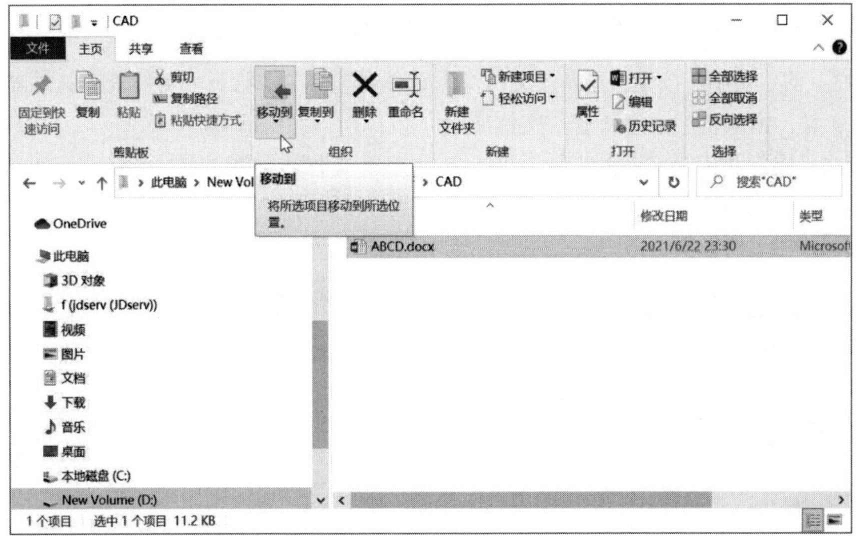

图 1-9 “移动到”命令

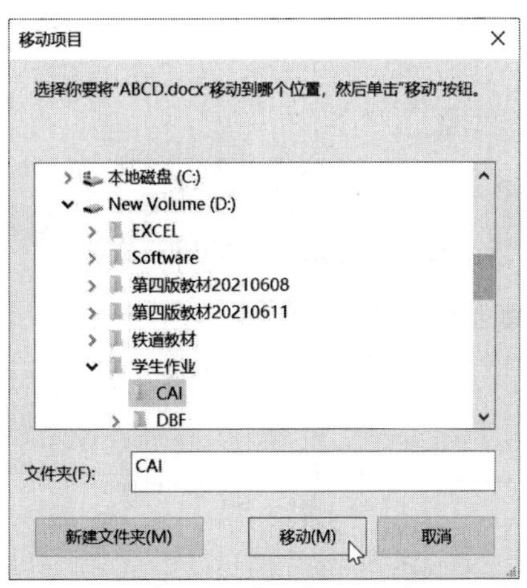

图 1-10 “移动项目”对话框

（4）单击“移动”按钮，将 ABCD.docx 文件移动到指定路径“此电脑\D 盘\学生作业\CAI”文件夹中，结果如图 1-11 所示。

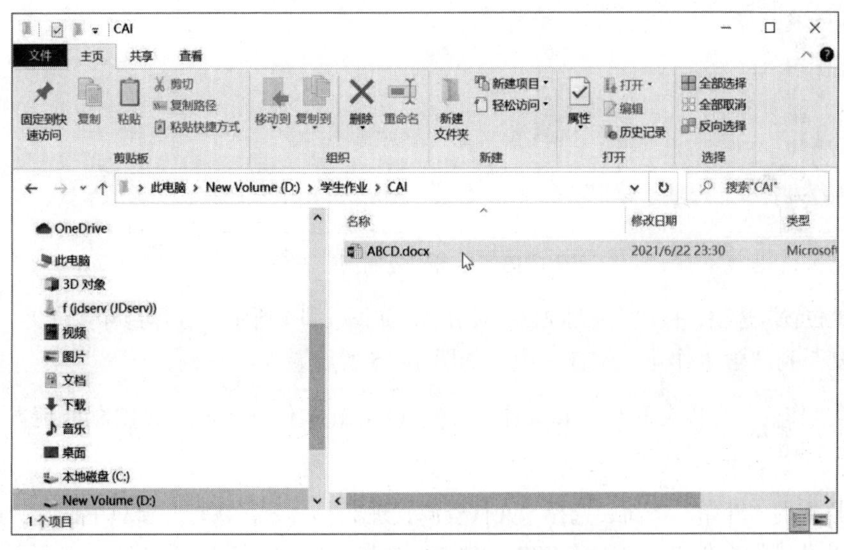

图 1-11 按指定的路径移动文件

步骤 5: 将“学生作业”文件夹下 DEE\TV 文件夹中的 WABE.txt 文件复制到“学生作业”文件夹下。

(1)右击任务栏上的“开始”按钮，选择“文件资源管理器”命令，打开“文件资源管理器”窗口，选择“此电脑”选项，双击 D 盘，再双击“学生作业”文件夹。

(2)双击 DEE 文件夹，再双击 TV 文件夹，选择 WABE.txt 文件，如图 1-12 所示。

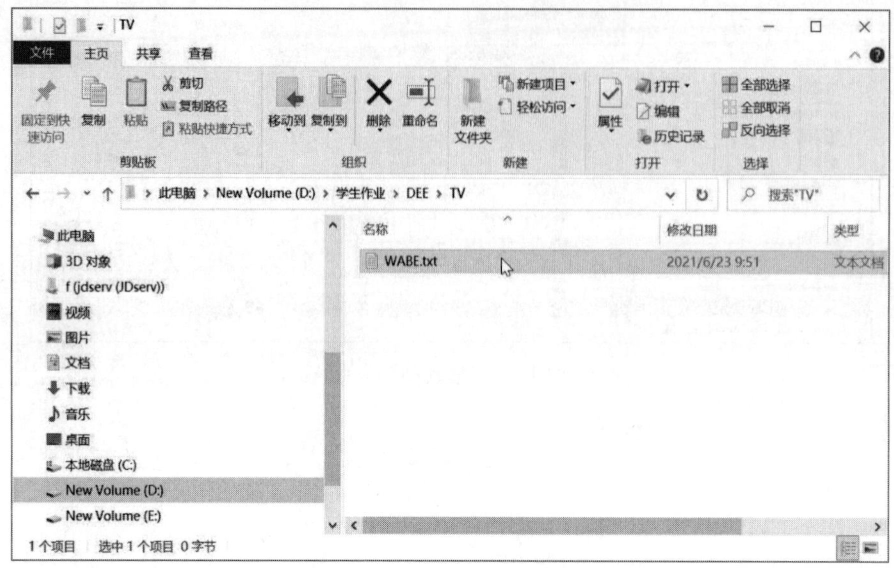

图 1-12　选择 WABE.txt 文件

(3)选中 WABE.txt 文件，单击“复制到”按钮，如图 1-13 所示。

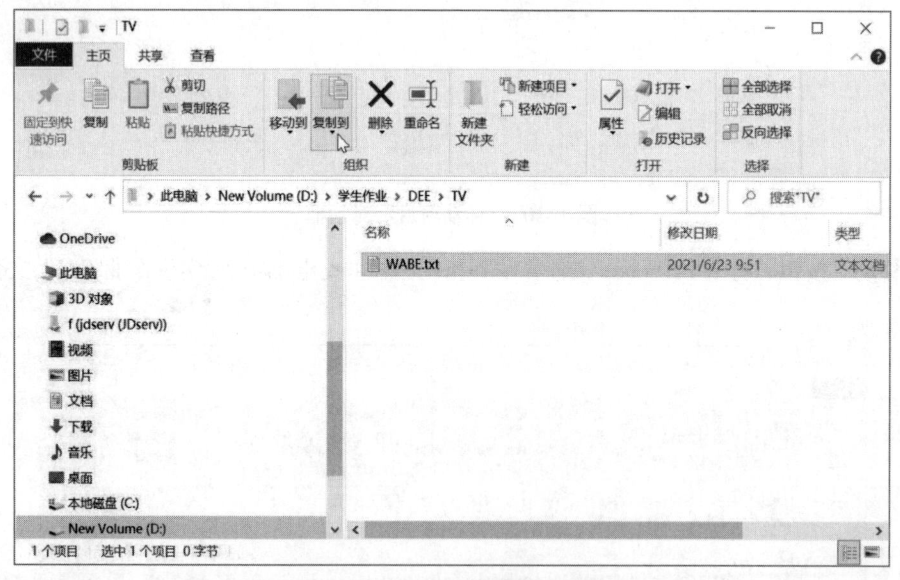

图 1-13　单击“复制到”按钮

(4)选择“选择位置”选项，打开“复制项目”对话框，如图 1-14 所示。选择目标文件夹(学生作业)，即可将 WABE.txt 文件复制到“学生作业”文件夹中，如图 1-15 所示。

步骤 6: 为“学生作业”文件夹下的 SCR 文件夹中的 AAA.txt 文件创建名为 ABC 的快捷方式，存放在“学生作业”文件夹下。

(1)右击任务栏上的“开始”按钮，选择“文件资源管理器”命令，在打开窗口中选择“此电脑”选项，双击 D 盘，双击“学生作业”文件夹，再双击 SCR 文件夹，选择 AAA.txt 文件，“如图 1-16 所示。

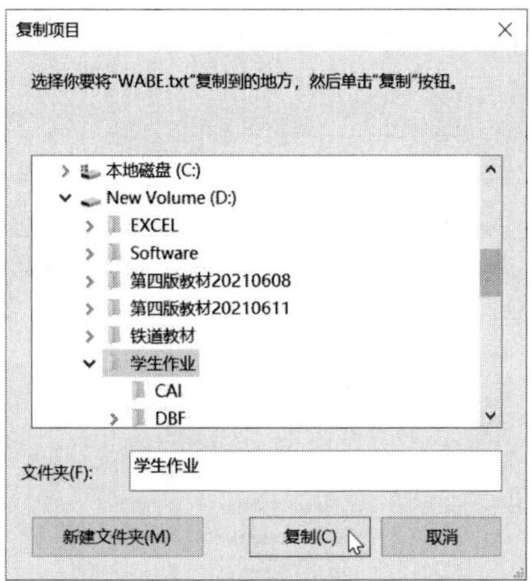

图 1-14　“复制项目”对话框

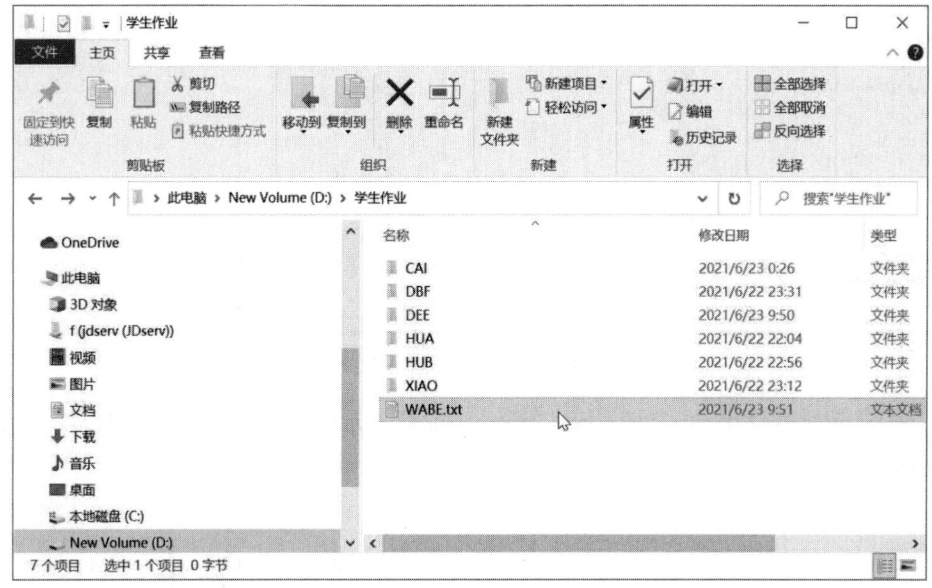

图 1-15　按指定的路径复制文件

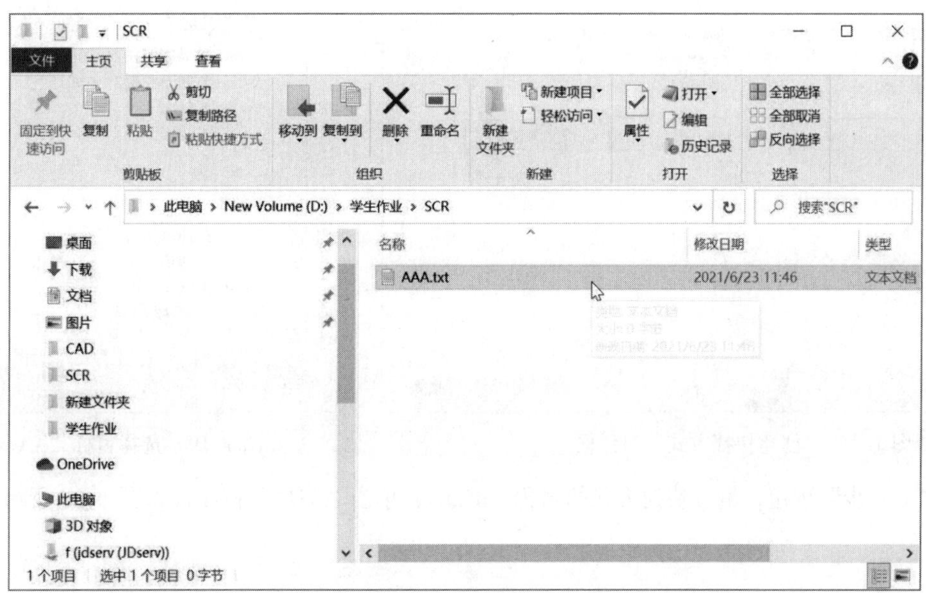

图 1-16　选择 AAA.txt 文件

（2）在“新建”组中单击“新建项目”在弹出的下拉菜单中选择“快捷方式”命令（见图 1–17），打开“创建快捷方式”对话框，如图 1–18 所示。

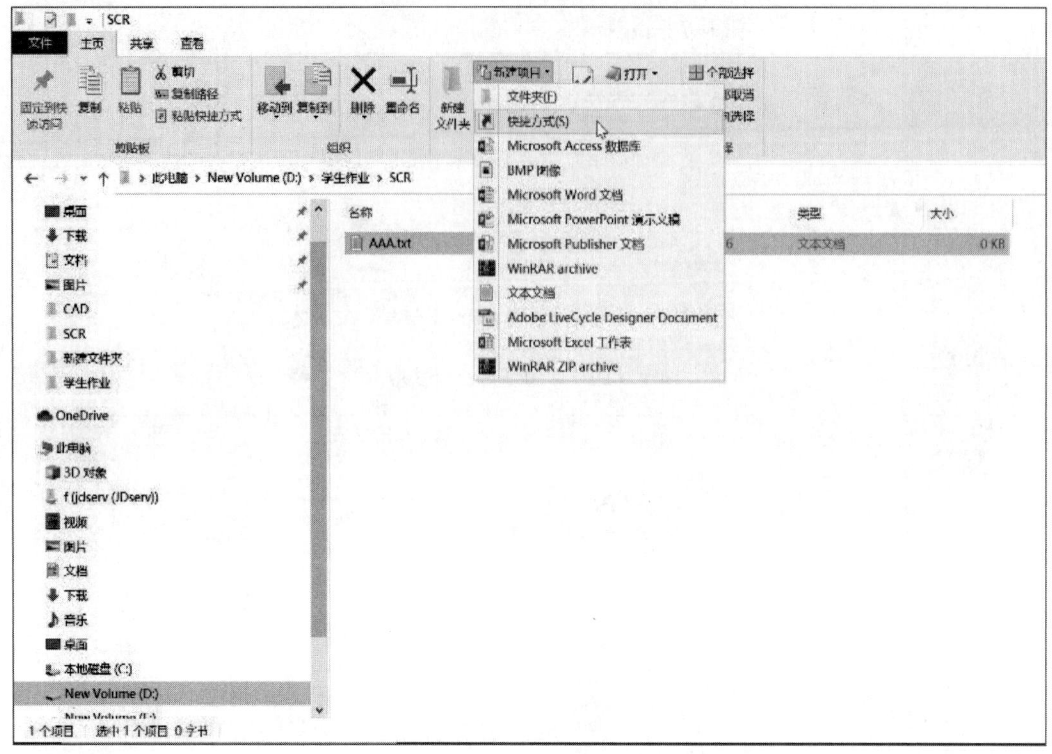

图 1–17　选择“新建项目”

（3）单击“浏览”按钮，打开“浏览文件或文件夹”对话框，选择“此电脑”，双击 D 盘，双击“学生作业”文件夹，再双击 SCR 文件夹，选择 AAA.txt 文件，单击“确定”按钮，如图 1–19 所示。

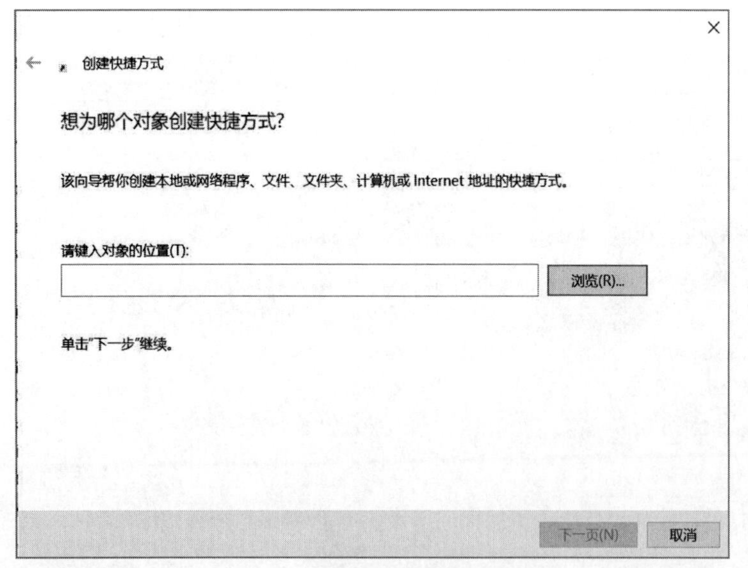

图 1–18　“创建快捷方式”对话框

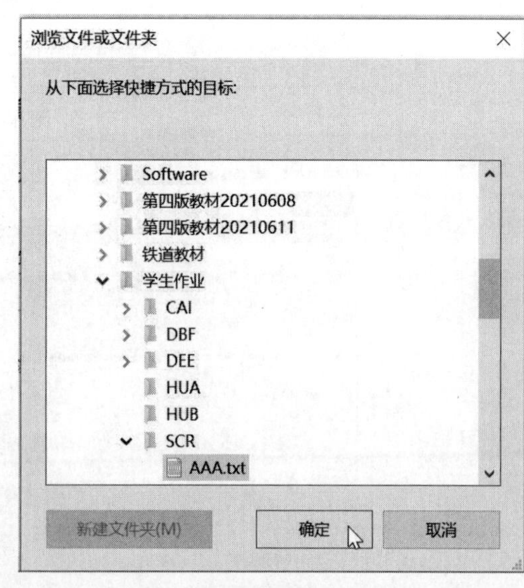

图 1–19　选择目标“AAA.txt”文件

（4）单击“下一步”按钮，输入快捷方式的名称 ABC.txt，单击“完成”按钮，如图 1–20 所示。

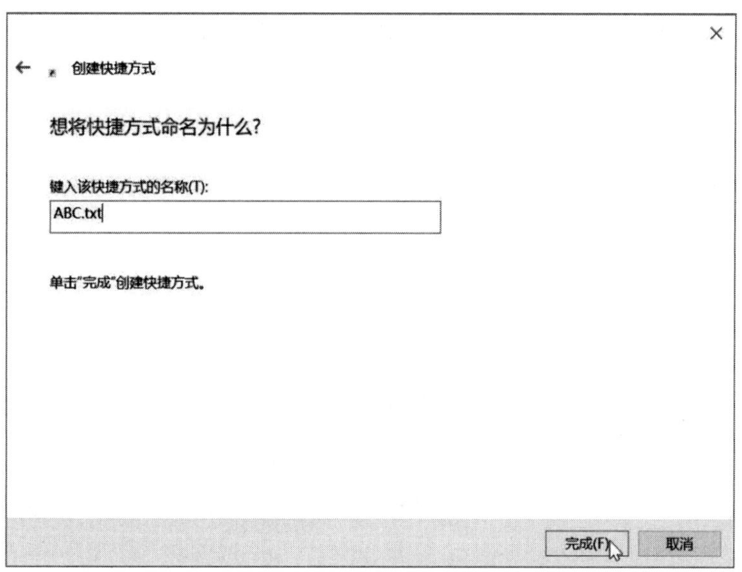

图 1-20 键入该快捷方式的名称

（5）此时快捷方式已建好，如图 1-21 所示。

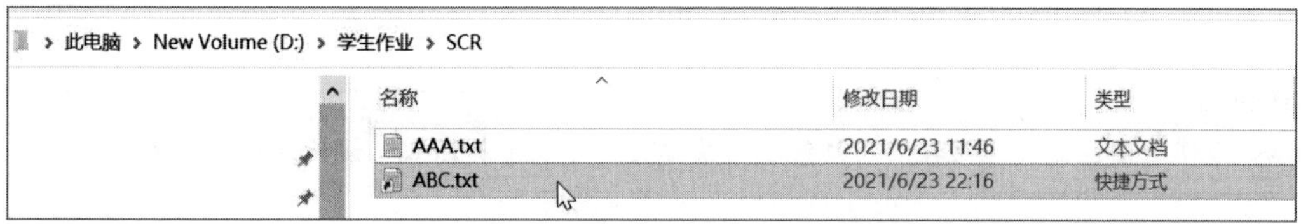

图 1-21 为指定的对象创建快捷方式

（6）按照题目的要求，“快捷方式”需要保存在“学生作业”文件夹下。选择 ABC.txt 快捷方式，单击“移动到”按钮，单击“选择位置”选项，打开“移动项目”对话框，选择“学生作业”文件夹，单击“移动”按钮，如图 1-22 所示。

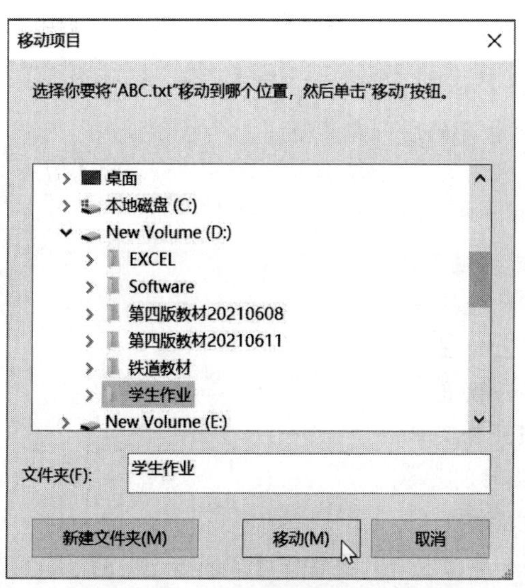

图 1-22 单击“移动（M）”按钮

（7）一个名为 ABC 的快捷方式在指定路径为“此电脑\D 盘\学生作业”文件夹下创建成功，如图 1-23 所示。

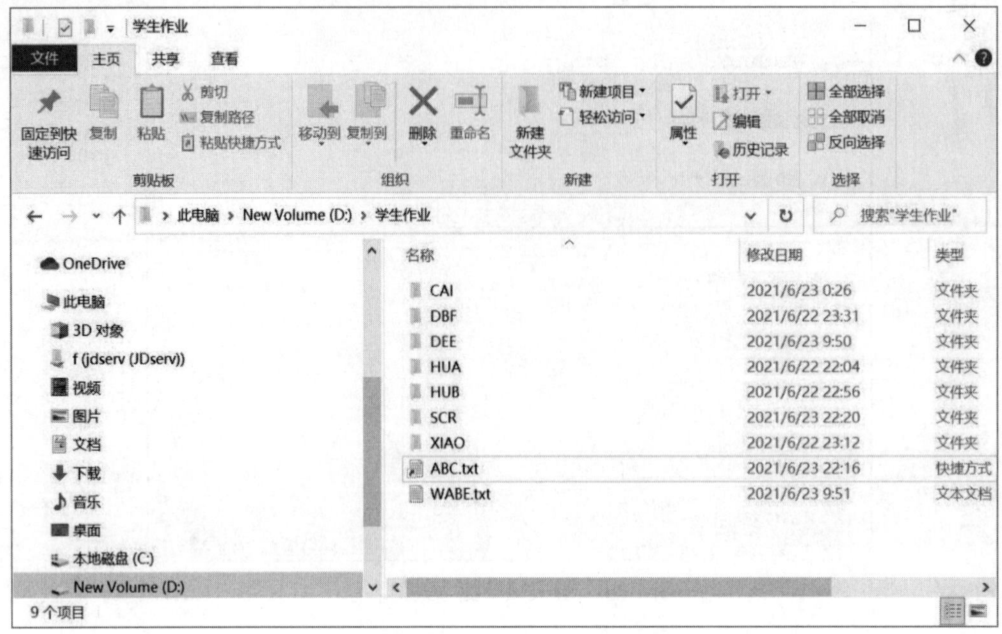

图 1-23　完成快捷方式的创建

操作技巧

Windows 10 实用的快捷操作及技巧，熟练运用快捷键，可以更加高效、便捷地进行计算机操作，提高工作效率。

【Windows】键简称【Win】键，是在计算机键盘左下角【Ctrl】和【Alt】键之间的按键，图案是 Microsoft Windows 的视窗徽标。下面提供一些实用的快捷键。

（1）【Win】：打开或关闭开始菜单。

（2）【Win + E】：打开文件资源管理器。

（3）【Win + D】：显示桌面。

（4）【Win + A】：激活操作中心。

（5）【Win + C】：通过语音激活 Cortana。

（6）【Win + Tab】：显示所有已打开的应用和桌面。

（7）【Win + S】：打开搜索。

（8）【Win +U】：打开轻松使用设置中心。

（9）【Win + L】：锁定计算机或切换用户。

（10）【Win + R】：打开"运行"对话框。

（11）【Win + T】：切换任务栏上的程序。

（12）【Win + I】：打开 Windows 设置。

（13）【Win + X】：打开简易版开始菜单。

（14）【Win+Alt+D】：显示日期时间。

（15）【Win+Shift+S】：截屏快捷键。

说明：Windows 10 本身提供截屏功能。只要按下【Win+Shift+S】组合键，就会开始截屏。读者可以通过按下鼠标左键，开始选择区域，如图 1-24 所示。

图 1-24　通过"快捷键"截屏

项目 2　指 法 练 习

操作姿势与指法直接影响录入速度，所以在初学时就应该注意姿势和掌握正确的指法，不能漫不经心，否则一旦养成不良习惯，再去纠正就困难了。

键盘是计算机的一个重要输入设备，掌握正确的指法可以有效地提高工作效率。下面的实训内容给读者提供由浅入深、循序渐进的指法练习过程。只有反复地进行练习，才能熟能生巧。

项目目标

- 掌握正确的指法与击键的操作姿势。
- 熟悉计算机键盘，熟练计算机的键盘输入。

项目描述

本项目要求读者熟练掌握正确的指法及键盘操作的正确姿势，以及如何正确进入 Windows 10 写字板。

解决路径

本项目要求读者通过打字练习的训练，逐步了解正确的击键方法、指法要领及主键盘和小键盘的用法。项目的基本流程如图 1–25 所示。按照项目实施的步骤完成该文档的编辑。

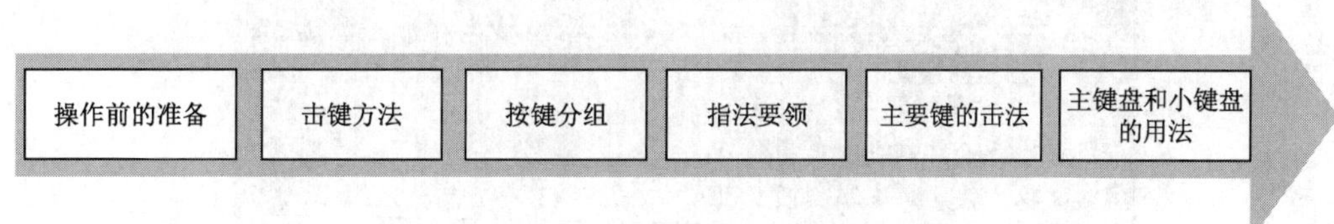

图 1–25　项目 2 的基本流程

项目实施

步骤 1: 操作前的准备——指法。

（1）姿势。在使用键盘前，首先要注意正确坐姿，如图 1–26 所示。

图 1–26　正确坐姿

（2）身体保持端正，双脚平放。桌椅的高度以双手可平放在桌面上为准，桌椅间的距离以手指能轻放于基准键位为准。

（3）两臂自然下垂，两肘贴于腋边。肘关节呈垂直弯曲，手腕平直，身体与打字桌的距离为 20～30 cm。击键的动力主要来自手腕，所以手腕要下垂不可弓起。

（4）打字文稿放在键盘的左边，或用专用文稿夹夹在显示器旁边。打字时眼观文稿，身体不要跟着倾斜，一开始就不应该养成看键盘输入的习惯，视线应主要专注于文稿或屏幕。这样不仅可提高录入效率，而且眼睛也不易疲劳。

步骤 2 击键方法。

（1）按键介绍。每个手指负责固定的字符键区域，如图 1-27 所示。

图 1-27 手指键位分配图

计算机的标准键盘有 26 个英文字母键，其排列位置与英文字母的使用频率有关。使用频率最高的按键放在中间，使用频率较低的按键放在边上，这种排列方式是依据手指击键的灵活程度排出来的。食指、中指比小指和无名指的灵活度和力度高，故击键的速度也相应快一些。

（2）键盘主要输入区的按键布局如图 1-28 所示，下面分别介绍各个功能键区的功能。

图 1-28 键盘的主要输入区

① 字母键。总体来说，字母键分为上、中、下 3 档，每档的右边还有符号键，详细介绍如下：

- 中行键：A S D F G H J K L ; '。
- 上行键：Q W E R T Y U I O P [ ]。
- 下行键：Z X C V B N M , . /。

此外，字母的大写和小写用同一个键，用换档键【Shift】或大写锁定键【Caps Lock】进行切换。【Shift】键左右各有一个，用于字母的临时转换，用左右小指击键。字母键的右侧还有【Enter】键，在命令状态下用于命令的确认，在文档输入中用于换行、断行等。

② 数字键。数字键位于字母键的上方一排，用于数字的输入。另外在输入汉字时，数字键还用于重码的选择。每个数字键都对应一个常用的符号键，其切换也是用换档键【Shift】。

③ 辅键盘区。键盘的右侧还有一个数字小键盘，其中有 9 个数字键，排列紧凑，可用于数字的输入。在需要输入大量数字的情况下，如在财会的输入方面就要经常用到该数字键盘，另外，五笔字型中的五笔输入也采用了小键盘。当使用小键盘输入数字时应确保小键盘有效，【Num Lock】指示灯亮时代表其有效，否则为无效编辑状态。在编辑状态时，上、下、左、右方向键和【Home】、【End】键用于光标的移动，【Page Up】和【Page Down】键用于上下翻页等。

④ 符号键。字母键的右侧还有标点符号键，这些标点符号在英文输入状态下可输入英文标点。此外，标准键盘除了字母键和数字键外还有一些特殊键：左侧有【Tab】键和【Caps Lock】键；【Shift】键、【Ctrl】键和【Alt】键

左右各有一个，这些键可以组合其他字母键实现多种功能。

⑤ 功能键。在键盘的左侧或上方有十几个功能键，其功能根据不同的软件和用户设置而不同。例如，一般情况下【F1】键多被设为帮助热键。

步骤 3: 按键分组。

（1）基准键。基准键位于主键盘的第 3 行，共 8 个键，各手指所对应的键位如图 1-29 所示。图中标明，左手的食指、中指、无名指和小指依次分管【F】、【D】、【S】和【A】4 个键，食指同时兼管【G】键。

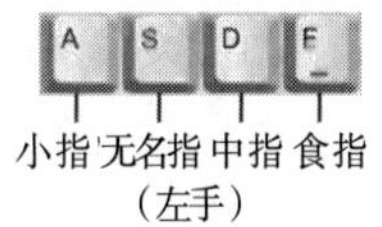

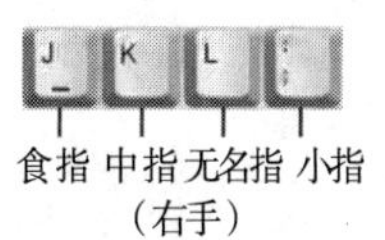

图 1-29　基准键

右手的食指、中指、无名指和小指依次分管【J】、【K】、【L】和【;】4 个键，食指同时兼管【H】键。

（2）指法分区。在基准键位的基础上，将主键盘上的键进行分区。凡与基准键在同一左斜线上的键属于同一区，都由同一个手指来管理，这样可使手指的移动距离缩短，操作的速度加快。

步骤 4: 指法要领。

正确地使用指法是提高击键速度的关键，掌握正确的指法，关键在于开始就要养成良好的习惯，这样才会事半功倍。

（1）准备打字时除拇指外其余的 8 个手指分别放在基准键上。应注意【F】键和【J】键均有突起，两个食指定位其上，拇指放在空格键上，可依此实现盲打。

（2）十指分工，包键到指，分工明确。

（3）任一手指击键后都应迅速返回基准键，这样才能熟悉各键位之间的实际距离，从而实现盲打。

（4）平时手指稍微弯曲拱起，手指稍斜垂直放在键盘上，指尖后的第一关节成弧形，轻放于键位中间，手腕要悬起不要压在键盘上。击键的力量来自手腕，尤其是小指，仅用它的力量会影响击键的速度。

（5）击键要短促，有“弹性”，用手指头击键，不要将手指伸直来按键。

（6）击键速度应保持均衡，击键要有节奏，力求保持匀速。无论用哪个手指击键，该手的其他手指也要一起提起上下活动，而另一只手的各指应放在基准键位上。

步骤 5: 一些主要键的击法。

（1）空格键的击法：右手从基准键上抬起 1～2 cm，大拇指横向向下击。

（2）【Enter】的击法：需换行时，右手小指击【Enter】键。

（3）大写锁定键【Caps Lock】：该键实质上是一个“开关键”，它只对英文字母起作用。当【Caps Lock】指示灯灭时，单击字母键将输入小写字母，否则输入大写字母。

（4）换档键【Shift】的击法：主键盘左右两侧各有一个【Shift】键，该键要与其他键配合使用。键盘中有些键上标有两个字符，称为双字符键。当直接按双字符键时，输入的是标在下面的字符（也称下档字符）；当输入双字符键上面的字符（也称上档字符）时，要按住换档键不放，再按双字符键。另外，换档键还可以临时转换字母的大小写输入，方法是：当键盘锁定在大写方式时，按住【Shift】键的同时按字母键就可以输入小写字母；当键盘锁定在小写方式时，按住【Shift】键的同时按字母键就可以输入大写字母。

（5）辅键盘（小键盘）的击法：右手食指击数字键【1】、【4】、【7】；右手中指击数字键【2】、【5】、【8】；右手无名指击数字键【3】、【6】、【9】。

（6）键盘操作练习。键盘练习方法一般有两种：步进式与重复式。

① 步进式练习。先练基准键位的击键方法，到一定时候再加入中指上下移动击键，然后加入食指左右、上下移动击键，再加无名指，进一步进行各行多键位的练习。

② 重复式练习。重复式练习是指在每个键位上都先做反复式的练习，然后再全面出击，或对某一段文字进行反复练习。

还可以将这两种方法结合起来，在步进式练习基本完成之后，选择一些英文短文，进行反复练习，从而进一步熟悉各字符键位，提高输入速度。

在练习时，要眼、脑、手和谐，做到准确敏捷，到最后能形成条件反射。

步骤 6: 主键盘和小键盘的用法。

进行指法训练时，首先要启动写字板。

（1）单击任务栏上的“开始”按钮，选择“所有应用”，如图 1–30 所示。然后在“开始”菜单中应用列表里找到首字母“W”，如图 1–31 所示。选择“Windows 附件”→“写字板”命令，打开“写字板”窗口，如图 1–32 所示。

（2）按图 1–32 所示的效果进行练习。练习分三种，每一种练习最少五次。按照下面的练习 1～练习 3 分别进行。

图 1–30 准备选择“写字板”命令

图 1–31 选择“Windows 附件”

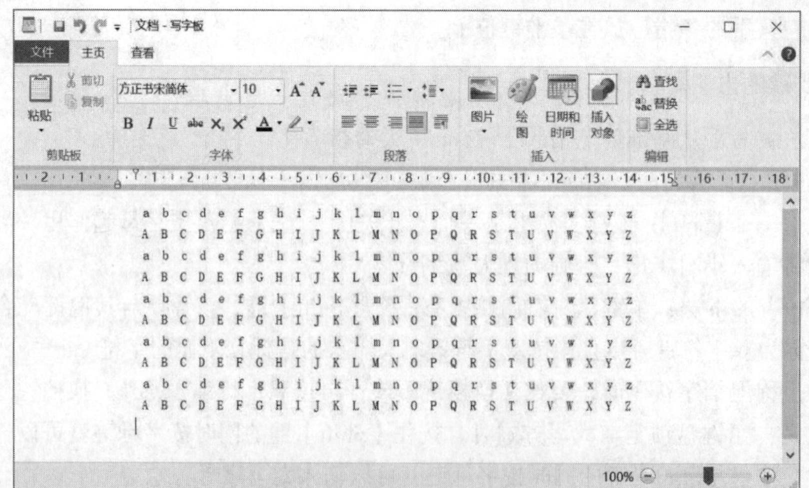

图 1–32 “写字板”窗口

（3）练习 1：熟悉主键盘和小键盘的用法（最少各五次）。

①【Caps Lock】键：先录入 26 个小写字母，再依次录入 26 个大写字母。

a b c d e f g h i j k l m n o p q r s t u v w x y z A B C D E F G H I J K L M N O P Q R S T U V W X Y Z

②【Shift】键：录入如下字符。

~! @ # $ % ^& * ( ) - + <>? " :

③【Num Lock】键：用右边小键盘录入如下数字。

0 1 2 3 4 5 6 7 8 9 9 9 9 9 9 9 9

再用【Backspace】键将多余的 9 删除。

（4）练习 2：熟悉基准键指法练习（本练习最好重复五次，初学者要求眼睛观察屏幕，而不是紧盯键盘）。

ffff jjjj dddd kkkk ssss llll aaaa ;;;;

;;;; llll kkkk jjjj ffff dddd ssss aaaa

aaaa ssss dddd ffff jjjj kkkk llll ;;;;

assk assk assk assk asdf asdf asdf asdf

dada dada kjkj kjkj fall fall kjlo kjlo

ljad ljad lkas lkas lass lass jkfd jkfd

（5）练习 3：其他字符键输入练习（本练习最好重复五次）。

deddedkikkikfdefde ill illsallsall（【E】、【I】键练习）

kill killlakslaks sell sell deal deal said

fgfjhj had had half half glad glad high high（【G】、【H】键练习）

ghiosgiohiouiugiuopgiiohiii edge edge shall shall

ftfrtftryftrhifrytjftrjuifrtrufyru ally lllayllauy（【R】、【T】、【U】、【Y】键练习）

star star shut shutshut stay stay dark darkfaltfalt

full full fury fury jury juryu jury year yearyear dusk dusk

swsswsswslollol ;p;p ;p ;p ;p;paqaaqa will will（【W】、【Q】、【O】、【P】键练习）

pass pass quit quit swell swellswell equal equalequall

told told world world hold hold wait wait

fvffvffbffbfjmjjmj bank bankmilk milk（【V】、【B】、【N】、【M】键练习）

moves moves build build gives gives beg beg

dcddcdsxssxsazaaza car carsix six（【C】、【X】、【Z】键练习）

size size exit exit cold cold fox fox act act

; ? ;; ? ;（ - ）（ - ）><><><<=? <=? >+ >+ （【Shift】键练习）

步骤 7: 中、英文打字练习。

（1）单击任务栏上的“开始”按钮，选择“所有应用”→“Windows 附件”→“写字板”命令，启动“写字板”应用程序。

（2）练习 1：英文输入练习，最少三次。

内容如下：

CAUTION !

Static electricity can severely damage electronic parts. Take these precautions:

1) Before touching any electronic parts, drain the static electricity from your body. You can do this by touching the internal metal frame of your computer while it's unplugged.

2) Don't remove a card from the anti-static container it shipped in until you're ready to install it. When you remove a card from your computer, place it back in its container.

3) Don't let your clothes touch any electronic parts.

4) When handling a card, hold it by its edges, and avoid touching its circuitry.

（3）练习 2：中文输入练习，最少两次［可采用中文（简体，中国）-搜狗拼音输入法］。

（4）进入写字板，单击任务栏右侧的“输入法指示器”按钮，打开输入法菜单，选择“中文（简体，中国）-搜狗拼音输入法”即可，如图 1-33 所示（文本中若遇到英文字母或单词时，最快的方法是按【Ctrl+Space】组合键进行切换）。

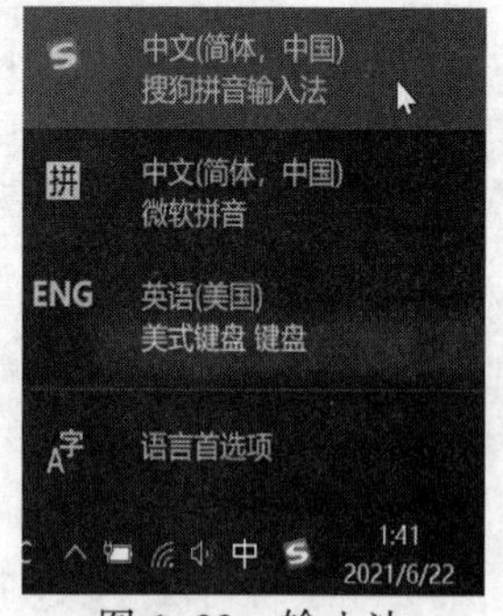

图 1-33　输入法

输入内容如下：

云计算的服务

云计算通过互联网提供服务。一般来说，用户使用云计算提供的服务，就是计算机不需要硬盘，不需要安装客户端软件，只需要网卡和一个网页浏览器就能够接入互联网，通过网络浏览器即可随时访问云计算提供的服务，即在任何时间、任何地点、任何设备都能使用云计算提供的服务。

实际上，在日常网络应用中使用云计算提供的服务随处可见，比如 QQ 空间提供的在线制作 Flash 图片，Google 的搜索服务等。由此可见，云计算提供的服务多种多样。

云计算提供的服务主要可分为三类：

（1）软件即服务（Software as a Service，SaaS）。

（2）平台即服务（Platform as a Service，PaaS）。

（3）基础设施即服务（Infrastructure as a Service，IaaS）。

这三类常被称为 SPI 模型，其中 SPI 分别代表软件（Software）、平台（Platform）和基础设施（Infrastructure）。

操作技巧

Windows 10 下如何打开写字板的技巧

项目 2“指法练习”介绍过一种打开写字板的常用方法。下面以 Windows 10 系统为例，介绍两种快速、方便打开写字板方法的技巧。

方法一：利用“开始”按钮右侧的搜索框，在搜索框中输入“写字板”，立刻显示写字板图标，如图 1-34 所示，单击“写字板”图标，即可打开写字板程序。

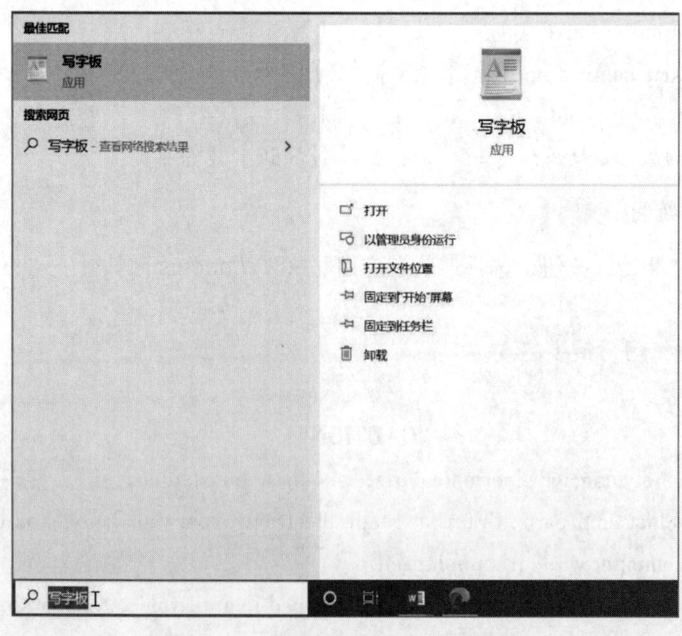

图 1-34　利用搜索框打开“写字板”

方法二：利用运行命令

按下【Win+R】组合键，在打开的运行对话框中输入 wordpad.exe（可省略扩展名）后按【Enter】键，也可以打开写字板程序，如图 1-35 所示。

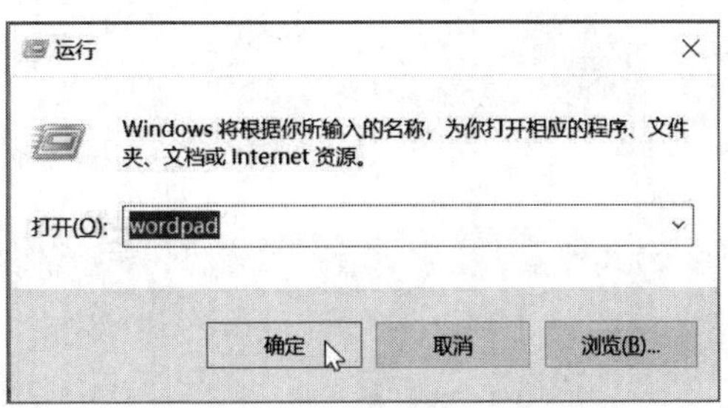

图 1-35　利用【Win+R】组合键打开“写字板”

通过以上介绍，可使读者很方便地打开“写字板”，提高工作效率。

单元 2 计算机组装及打印机设置

尽管目前品牌机越来越普及，但对个人用户而言，受制于有限的购机费用以及对于性能的追求，组装自己的计算机仍然是获得较高性价比的重要途径。目前，计算机各硬件设备采用模块化的设计和制造，各硬件设备的接口也标准化，使得组装个人计算机更加容易。

项目 1　组装个人计算机

项目目标

- 了解个人计算机的各硬件设备。
- 了解个人计算机各硬件设备的功能。
- 了解各硬件设备的接口。
- 了解安装电子产品的注意事项。
- 掌握组装个人计算机的技术。

项目描述

本项目要求组装成一台完整的个人计算机。

解决路径

本项目要求读者具备计算机各硬件设备的相关知识，并且需要在事前准备好计算机各硬件设备，如主板、CPU、内存、硬盘、键盘、鼠标、显示器、显卡、光驱、机箱、电源等。另外，准备好安装工具。

项目实施的基本流程如图 2–1 所示。按照项目实施的步骤组装一台完整的个人计算机。

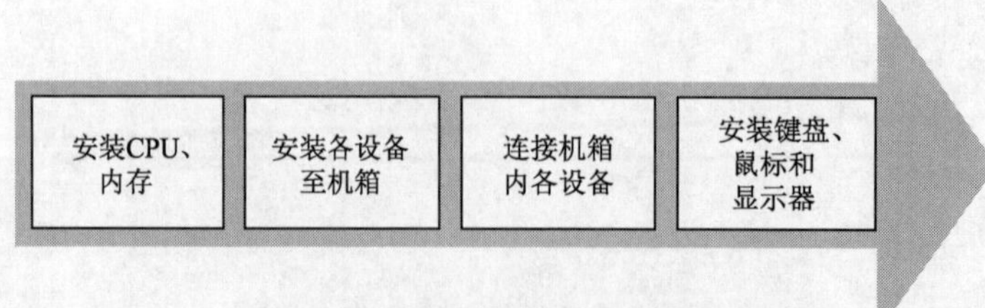

图 2–1　项目实施的基本流程

项目实施

步骤 1: 准备物品。

准备好组装所需的工具及必要的物品，如螺丝刀、尖嘴钳、镊子、导热硅脂等，如图 2-2 所示。

图 2-2　组装所需的工具

步骤 2: 将 CPU 安装到主板。

（1）从包装盒内取出主板（见图 2-3），平放在工作台上。主板下垫一层胶垫，避免在安装时损坏主板。

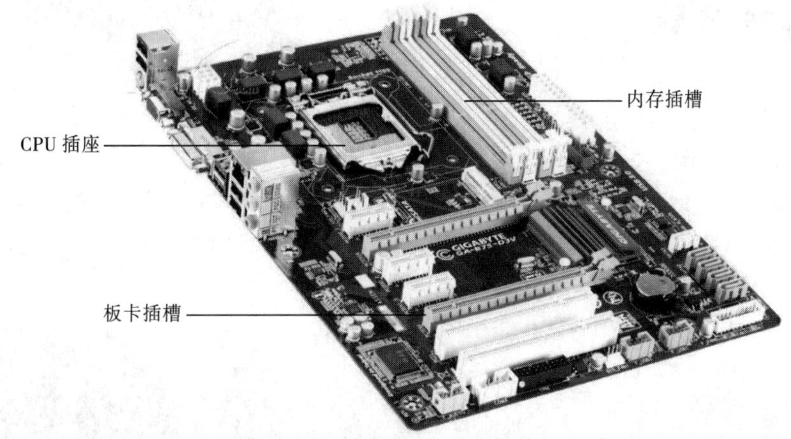

图 2-3　主板

（2）从包装盒中取出 CPU，如图 2-4 所示。

图 2-4　CPU

（3）将 CPU 插入主板上的 CPU 插座。下压、侧移 CPU 插座旁的手柄，打开扣盖后，插入 CPU；在插入 CPU 时，须将 CPU 上标有三角形的角安装在 CPU 插座上也标有三角形的角上。另外，Intel 的 CPU 两侧有凹槽，也须与插座上的凸起对齐。完成后如图 2-5 所示。

图 2-5　安装在主板上的 CPU

（4）取出 CPU 风扇，如图 2-6 所示。

（5）在 CPU 背面涂上导热硅脂，然后将风扇安装在风扇支架上，使之紧贴 CPU，如图 2-7 所示。将 CPU 风扇上的电源线插头插入主板上 CPU 附近的风扇电源插座上。

图 2-6　CPU 风扇

图 2-7　安装 CPU 风扇

（6）取出内存，如图 2-8 所示。

（7）将内存插入主板的内存插槽中。安装内存时，先将内存插槽两端的卡子向两侧掰开，再将内存针脚处的凹槽（缺口）直线对准内存插槽上的凸起（隔断），然后用力按下内存。按下后，内存插槽两端的卡子恢复原位，说明内存安装到位，如图 2-9 所示。

图 2-8　内存

图 2-9　安装内存

步骤 3: 将各类设备安装入机箱。

（1）取出机箱，打开机箱侧盖，如图 2-10 所示。

图 2-10　机箱

（2）取出光盘驱动器，如图 2-11 所示。将光盘驱动器安装在机箱 5 in 支架上合适的位置。安装时，先将机箱前面光驱位置的前挡板取下，再将光驱正面向前，接口端向机箱内，从机箱前面滑入机箱内部；前后滑动调整光驱的位置，使光驱侧面螺钉孔对准支架上的螺钉孔，然后分别在机箱两侧拧上螺钉，固定光驱。

（3）取出硬盘驱动器，如图 2-12 所示。将硬盘驱动器安装在机箱 3 in 支架上合适的位置。安装时，硬盘正面朝上，对准 3 in 固定支架上的插槽，轻轻地将硬盘往里推，直到硬盘侧面的螺钉孔与固定支架上的螺钉孔位置合适为止，然后用螺钉将其固定。

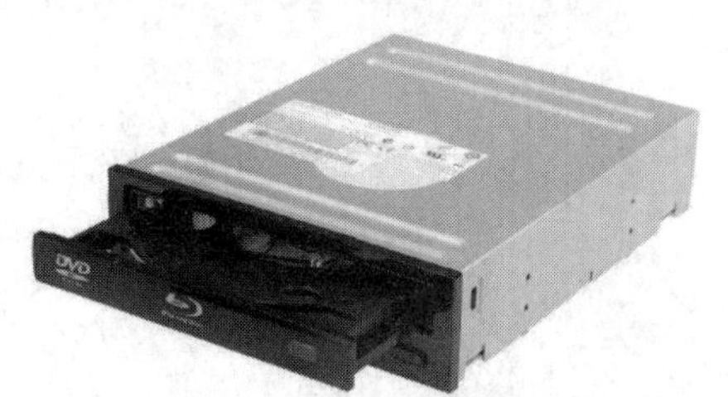

图 2-11　光盘驱动器

图 2-12　硬盘驱动器

（4）取出电源，如图 2-13 所示。将电源安装在机箱后部的电源固定支架上。安装时，将电源带有风扇的一面向外放入机箱，并将电源上的螺钉孔对准机箱上电源支架的螺钉孔，然后用螺钉将其固定。

（5）将前面安装好 CPU 和内存的主板安装在机箱内固定主板的支架底板上。安装时，先将机箱中提供的主板垫脚螺母（铜柱）和塑料钉拧到支架底板的螺钉孔中；再将机箱上与主板 I/O 接口位置对应的挡板拆除，将主板放入机箱；使主板上的螺钉孔与垫脚螺母（铜柱）对齐，用螺钉将主板固定到机箱上。

（6）取出显卡，如图 2-14 所示。先将机箱后面与 PCI-E 插槽对应的金属条取下，将显卡插入主板的 PCI-E 插槽中，用螺钉将显卡固定在机箱后部的挡板上。声卡安装方法与此相同，不再赘述。

图 2-13　个人计算机电源

图 2-14　显卡

步骤 4: 连接机箱内各类设备的线缆。

（1）将电源设备的电源线及 CPU 辅助电源线连至主板上。首先，找到主板上的电源插座和 CPU 辅助电源插座和部分，如图 2-15 所示。

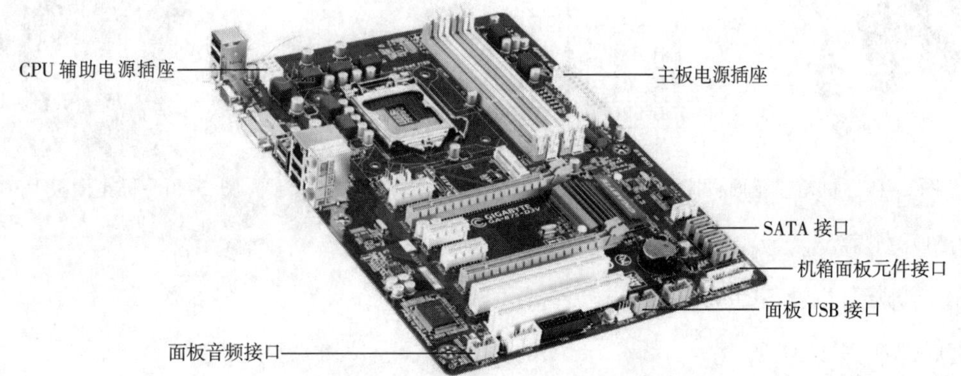

图 2-15　主板上的电源插座和部分接口

（2）在电源上找到电源供电插头，并将电源供电插头插入主板电源插座，如图 2–16 所示。

（3）在电源上找到 CPU 辅助供电插头，并将插头插入 CPU 供电插座，如图 2–17 所示。

图 2-16　电源供电插头插入主板电源插座

图 2-17　CPU 辅助供电插头

（4）连接硬盘的电源线和数据线。使用 SATA 数据线连接硬盘与主板的 SATA 数据接口，然后将电源上的 SATA 硬盘供电接口插入硬盘插座，如图 2–18 所示。光盘驱动器电源线和数据线的连接与此相同，不再赘述。

图 2–18　连接硬盘的电源线和数据线

（5）将机箱前置面板的接线，包括 POWER SW（电源按钮）、POWER LED（电源指示灯）、RESET SW（复位按钮）、SPEAKER（蜂鸣器）、HDD LED（硬盘指示灯）等按如图 2–19 所示正确插接到主板对应的插针上，使机箱前置面板正常应用。

（6）将机箱前置面板的 USB 接口、耳机、传声器插孔（见图 2–20）正确插接到主板对应的插针上，使机箱前置面板正常应用。

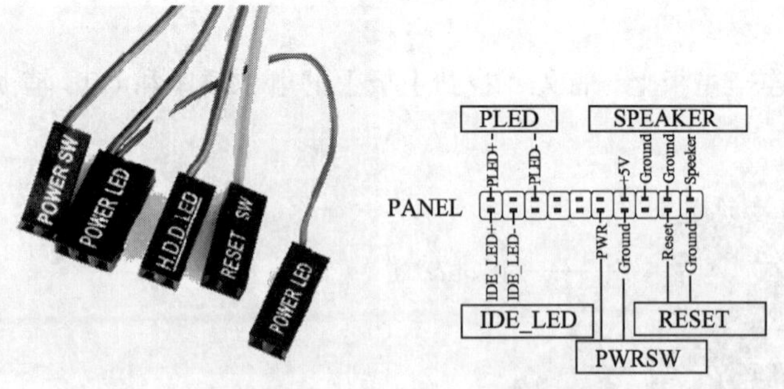

图 2–19　机箱前置面板接线的连接

图 2–20　机箱面板 USB、音频插头

（7）关闭机箱侧盖。

步骤 5: 连接机箱外围设备的线缆。

（1）机箱后部如图 2–21 所示。

（2）将外置设备鼠标、键盘（见图 2–22）连接至主机后板。

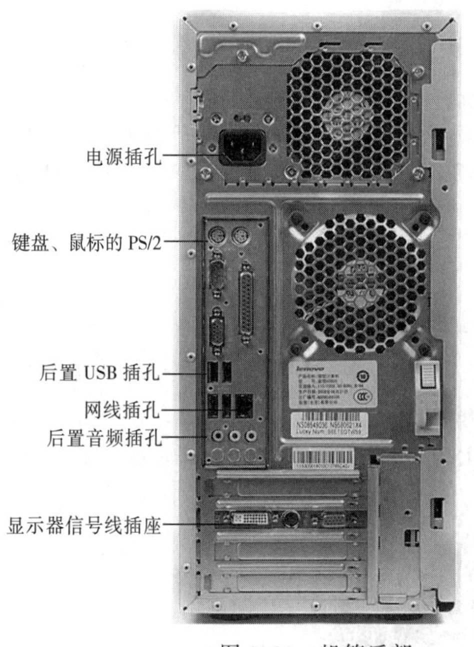

图 2-21 机箱后部

图 2-22 鼠标、键盘

（3）用信号线将显示器（见图 2-23）与主机后板的显卡接口连接。

（4）将电源线（见图 2-24）接上主机后部的电源插孔。

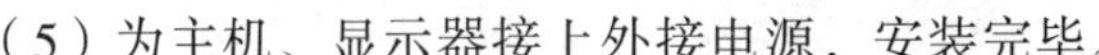

图 2-23 显示器及信号线

图 2-24 电源线

（5）为主机、显示器接上外接电源，安装完毕。

操作技巧

（1）组装计算机过程中的注意事项：

① 清除身上的静电。

② 组装过程中，各配件要轻拿轻放，严禁粗暴装卸配件。

③ 连接各配件时，应该注意插头、插座的方向，如缺口、倒角等。

④ 说明书是组装过程中最重要的指导材料，无法继续安装时，参看说明书。

（2）防呆设计：计算机的各种配件和各类连线都采用了防呆设计。例如，CPU 上的“金三角”，内存上的“缺口”，对应在主板 CPU 插座上的“金三角”，内存插槽上的“凸起”等。这类防呆设计避免在安装过程中出现错误，所以在无法顺利接插时，切勿使用蛮力。

（3）在主板上安装 CPU 和 CPU 风扇，主板与 CPU 的各项技术指标必须匹配。直接影响安装的是主板与 CPU 的接口。CPU 接口采用的接插方式多种多样，有引脚式、卡式、触点式、针脚式等，对应到主板上就会有相应的插槽类型。目前，CPU 接插方式多为针脚式和触点式。

CPU 接口类型不同，插孔数、体积、形状都有变化，不能互相接插。目前的 CPU 多由 Intel 和 AMD 两家公司生产。目前，常用的 Intel CPU 接口类型有 LGA 1155、LGA 1156、LGA1366、Socket 775 等。常用的 AMD CPU 接口有 Socket AM3、Socket-AM3、Socket AM2+、Socket AM2 等。

CPU 风扇与 CPU 必须匹配。由于 CPU 接口类型不同，其针脚数也会不同，主板上 CPU 插槽也不同，使其散热片面积不同，而且安装位置也有区别。

（4）安装内存：内存与 CPU、主板的各项技术指标必须匹配。还须注意内存的接口类型与主板的内存插槽是否一致。目前常用的内存类型有 SDRAM、DDR SDRAM、DDR2 SDRAM、DDR3 SDRAM，其接口均采用 DIMM 方式：

① SDRAM DIMM 为 168 Pin DIMM 结构，有两个卡口。

② DDR DIMM 采用 184 Pin DIMM 结构，有一个卡口。

③ DDR2 DIMM 为 240 Pin DIMM 结构，有一个卡口，但卡口位置与 DDR DIMM 稍有不同。

（5）在主板上安装显卡：主板和显卡之间需要交换的数据量很大，通常主板上都带有专门插显卡的插槽。显卡接口发展至今主要出现过 ISA、PCI、AGP、PCI-Express 等几种，所能提供的数据带宽依次增加。其中，ISA、AGP 插槽逐步淘汰，目前常用的显卡一般是 PCI-E 接口插槽。主板上的板卡插槽如图 2-25 所示。

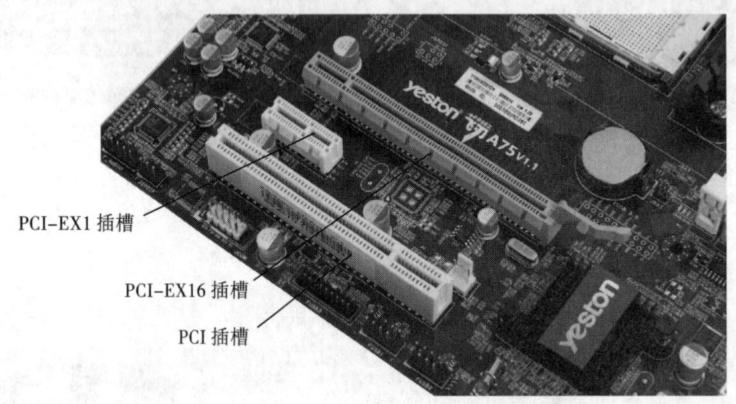

图 2–25　主板上的板卡插槽

（6）硬盘、光驱数据线的连接：硬盘接口分为 IDE、SATA、SCSI 和光纤通道 4 种。个人计算机上常使用 IDE、SATA 两种接口，光盘驱动器也是用这两种接口，如图 2-26 所示。

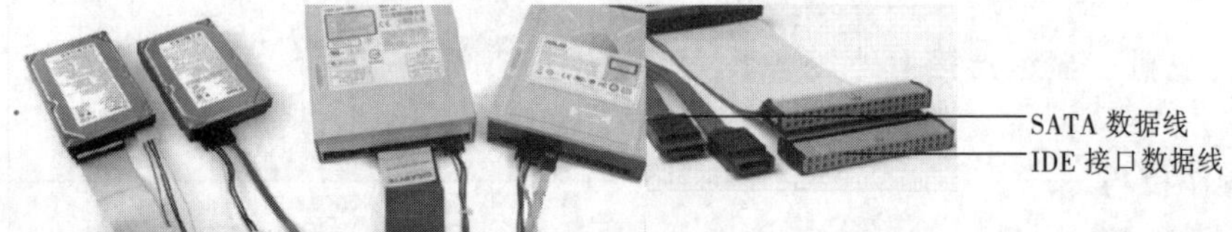

图 2–26　IDE、SATA 两种接口

（7）键盘、鼠标所用接口。个人计算机上常用键盘、鼠标所用的接口有 PS/2 接口、USB 接口，以及无线鼠标、键盘。

PS/2 接口是一种鼠标和键盘专用的、6 针的圆型接口，俗称“小口”。在连接 PS/2 接口的鼠标、键盘时，不能接混。符合 PC99 规范的主板，其鼠标的 PS/2 接口为绿色、键盘的 PS/2 接口为紫色。PS/2 接口设备不支持热插拔，切勿强行带电插拔。

USB 接口键盘、鼠标通过 USB 接口，直接插在计算机的 USB 口上。USB 接口的优点是数据传输速率较高，能够满足键盘，特别是鼠标在刷新率和分辨率方面的要求，而且支持热插拔。

项目 2　设置打印机

目前，打印机不仅办公必备，个人家庭也普遍使用，以便在必要时将一些文件以书面的形式输出，为工作、学习和生活提供方便。

项目目标

- 了解设置打印机各选项。
- 了解打印机驱动程序。
- 了解测试打印机设置。

项目描述

本项目以 Windows 10 系统中用户在本地计算机安装打印机为例，对其进行设置、测试。

解决路径

本项目包括设置打印机流程、设置为默认打印机、添加打印机颜色配置文件、更新打印机驱动程序、设置打印首选项、打印测试页。项目实施的基本流程如图 2-27 所示。

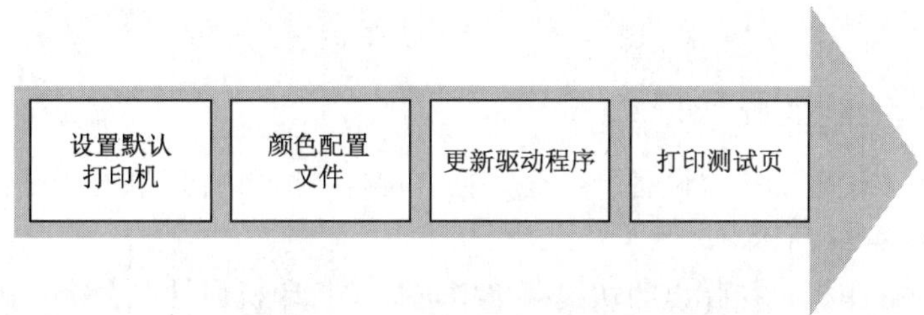

图 2-27 项目实施的基本流程

项目实施

步骤 1: 将打印机设置为默认打印机。

（1）选择“开始”→“设置”→“设备”命令，在“设备”窗口右侧单击“设备和打印机”，打开“设备和打印机”窗口，如图 2-28 所示。

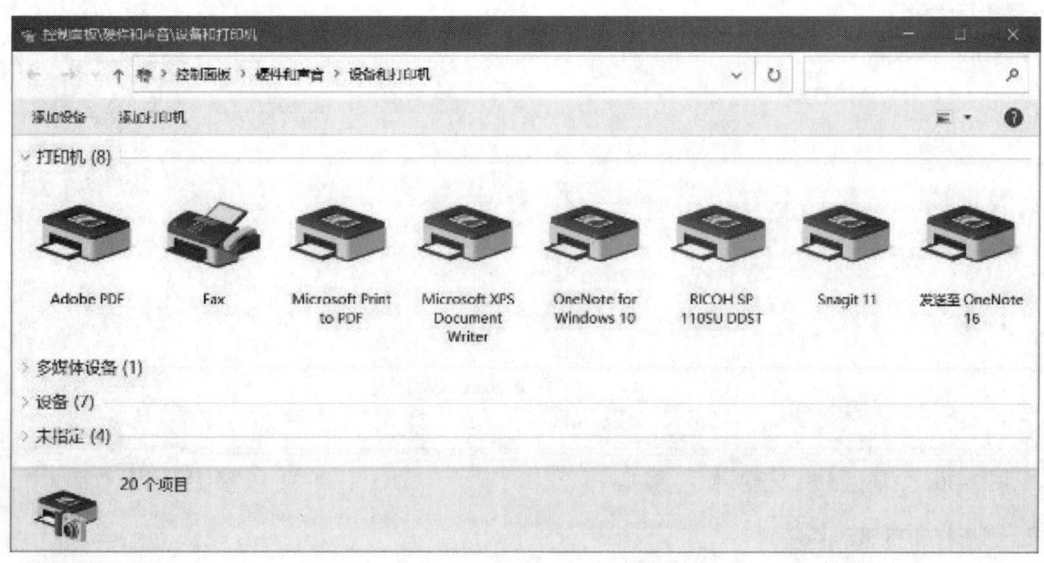

图 2-28 “设备和打印机”窗口

（2）右击需要设置的打印机，在弹出的快捷菜单中选择“设置为默认打印机”命令，即将选中的打印机设为打印任务默认使用的打印机，如图 2-29 所示。

图 2-29　设为默认打印机

步骤 2: 添加打印机关联颜色配置文件。

（1）选择“开始”→“设置”→“设备”命令，在“设备”窗口右侧单击“设备和打印机”，打开“设备和打印机”窗口，如图 2-28 所示。

（2）右击需要设置的打印机，在弹出的快捷菜单中选择“打印机属性”命令，打开打印机属性对话框，选择“颜色管理”选项卡，如图 2-30 所示。

（3）单击“颜色管理”按钮，打开“颜色管理”对话框，如图 2-31 所示。在其“设备”选项卡中的“设备”下拉列表中选择要设置的打印机，并选中“使用我对此设备的设置”复选框。

（4）单击“添加”按钮，打开“关联颜色配置文件”对话框，如图 2-32 所示。

（5）在“关联颜色配置文件”对话框中选中合适的颜色配置文件，单击“确定”按钮。

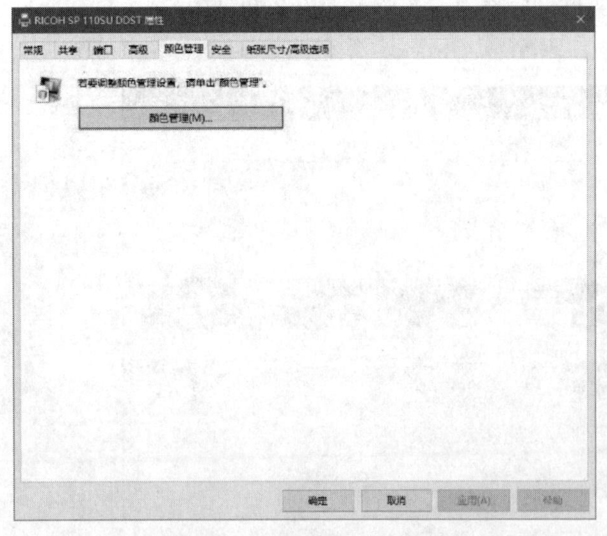

图 2-30　“颜色管理”选项卡

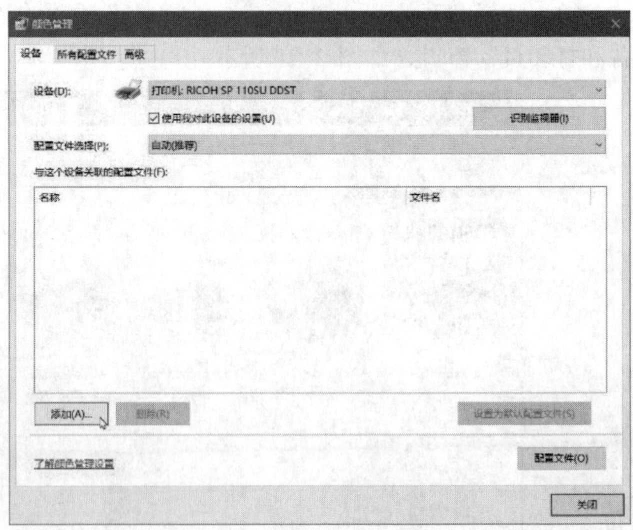

图 2-31　“颜色管理”对话框

步骤 3: 更新打印机驱动程序。

（1）在打印机属性对话框中选择“高级”选项卡，如图 2-33 所示。

图 2-32 “关联颜色配置文件”对话框

图 2-33 “高级”选项卡

（2）单击“新驱动程序”按钮，启动“添加打印机驱动程序向导”。此后步骤与安装打印机的驱动程序步骤相似，不再赘述。

步骤 4: 设置打印首选项。

（1）在“打印机属性”对话框中选择“常规”选项卡，如图 2–34 所示。

（2）单击“首选项”按钮，打开“打印首选项”对话框，如图 2–35 所示。

（3）在此对各项进行设置后，单击“确定”按钮。

步骤 5: 打印测试页。

（1）在如图 2–34 所示“打印机属性”对话框的“常规”选项卡中，单击“打印测试页”按钮，开始打印测试页，并弹出提示信息框，如图 2–36 所示。

（2）测试页打印完毕后，单击“确定”按钮。

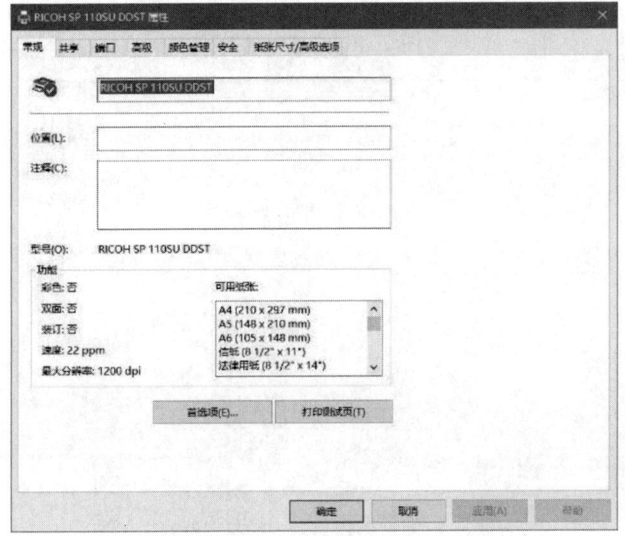

图 2–34 “常规”选项卡

图 2–35 “打印首选项”对话框

操作技巧

（1）打印机的管理与设置：打印机的管理与设置可通过“开始”→“设置”→“设备”命令，在“设备”窗口右侧单击“设备和打印机”，在打开的如图 2-28 所示“设备和打印机”窗口中进行；也可通过“开始”→“设置”→“设备”命令，在“设备”窗口左侧边栏选择“打印机和扫描仪”，在如图 2-37 所示的“打印机和扫描仪”窗口中进行。

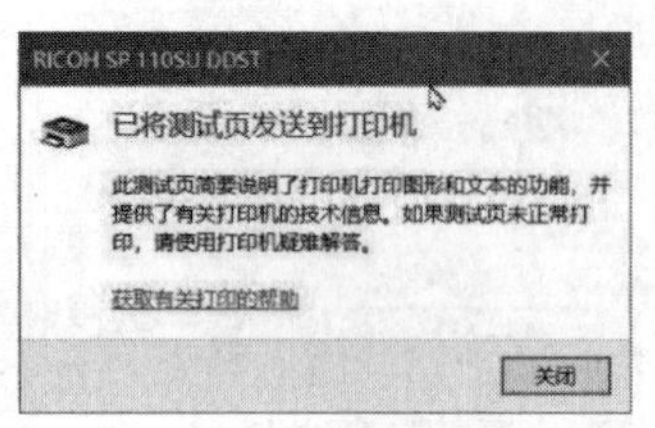

图 2-36 打印测试页提示信息

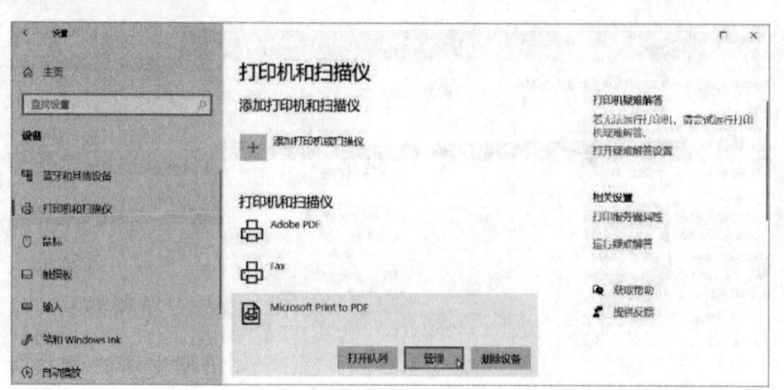

图 2-37 “打印机和扫描仪”窗口

（2）当前打印任务：当打印机正在执行打印任务时，任务栏通知区域显示打印机图标，如图 2-38 所示。

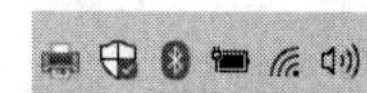

图 2-38 任务栏通知区域的打印机图标

单击任务栏通知区域的打印机图标，打开打印机窗口，查看当前的打印状态，如图 2-39 所示。

在“打印机”菜单下也可进入选项设置界面，还可对当前的打印任务进行调整，如图 2-40 所示。

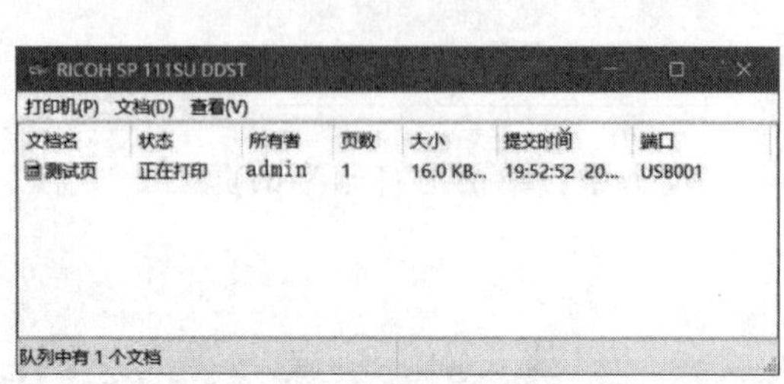

图 2-39 打印机窗口

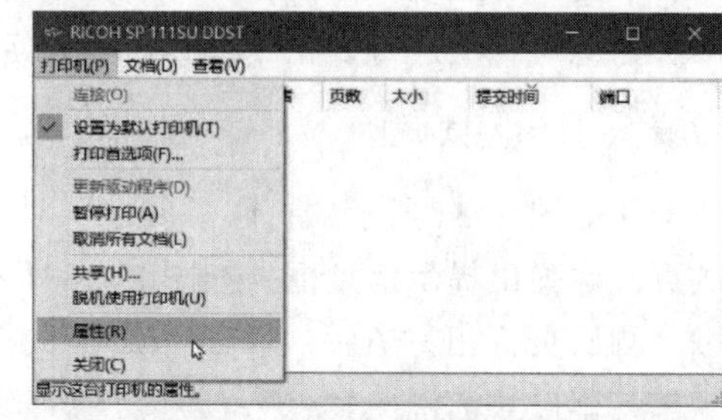

图 2-40 “打印机”菜单

Word 2016 是 Microsoft Office 2016 软件包中的一个重要组件，适用于多种文档的编辑排版，如书稿、简历、公文、传真、信件、图文混排和文章等，是人们提高办公质量和办公效率的有效工具。本单元通过 6 个项目的学习、一个综合项目以及操作技巧的练习，帮助读者掌握文字处理中的基本排版方法、表格以及图表的使用，分节后不同节设置不同页面格式的方法，邮件合并的基本使用方法、图文混排及绘图工具的应用，论文排版、目录生成等综合应用。项目的内容由浅入深，读者不但能够掌握基本的排版，还可以对 Word 2016 中的高级排版进行训练。

项目 1　制 作 简 报

通过练习设置一份简报的格式，读者可以了解并撑握 Word 2016 中文字的分栏、水印、页面及页面边框的设置等。

项目目标

- 熟练掌握 Word 中如何插入艺术字。
- 熟练掌握 Word 中如何分栏及首字下沉。
- 熟练掌握 Word 中页面及页面边框的设置。
- 将图 3-1 中的文字排成图 3-2 的形式。

项目描述

制作一份简报，包括文字的录入、艺术字的插入、正文文字的分栏、首字下沉、页面设置等操作，并在该文档最后插入日期，为整篇文档添加“艺术型”页面边框。制作原文件如图 3-1 所示，制作后的效果如图 3-2 所示。

二十四节气的来历

农历小知识

二十四节气起源于黄河流域。远在春秋时代，就定出仲春、仲夏、仲秋和仲冬等四个节气。以后不断地改进与完善，到秦汉年间，二十四节气已完全确立。公元前104年，由邓平等制定的《太初历》，正式把二十四节气订于历法，明确了二十四节气的天文位置。

太阳从黄经零度起，沿黄经每运行15度所经历的时日称为“一个节气”。每年运行360度，共经历24个节气，每月2个。其中，每月第一个节气为“节气”，即：立春、惊蛰、清明、立夏、芒种、小暑、立秋、白露、寒露、立冬、大雪和小寒等12个节气；每月的第二个节气为“中气”，即：雨水、春分、谷雨、小满、夏至、大暑、处暑、秋分、霜降、小雪、冬至和大寒等12个节气。“节气”和“中气”交替出现，各历时15天，现在人们已经把“节气”和“中气”统称为“节气”。

二十四节气反映了太阳的周年视运动，所以节气在现行的公历中日期基本固定，上半年在6日、21日，下半年在8日、23日，前后不差1～2天。

二十四节气与季节、温度、降水及物候有密切的联系，立春、立夏、立秋、立冬分别表示春、夏、秋、冬四季的开始，春分、秋分、夏至、冬至是季节的转折点。小暑、大暑、处暑、小寒、大寒五个节气是表示最热、最冷的出现时期；白露、寒露、霜降表示低层大气中水汽凝结现象；也反映气温下降程度。雨水、谷雨、小雪、大雪反映降水情况和程度；惊蛰、清明、小满、芒种是反应物侯特征和农作物生长情况。

二十四节气是我国劳动人民长期对天文、气象、物侯进行观测、探索、总结的结果，是我国劳动人民独有的伟大科技成果，在我国广大农村开展农事活动有广泛的应用价值，一般更适用黄河流域一带的农事活动。为了便于记忆人们把它编成节气歌，有人还写成七言诗。

七言诗：

“地球绕着太阳转，绕完一圈是一年。一年分成十二月，二十四节紧相连。按照公历来推算，每月两气不改变。上半年是六、廿一，下半年逢八、廿三。这些就是交节日，有差不过一两天。二十四节有先后，下列口诀记心间：一月小寒接大寒，二月立春雨水连；惊蛰春分在三月，清明谷雨四月天；五月立夏和小满，六月芒种夏至连；七月大暑和小暑，立秋处暑八月间；九月白露接秋分，寒露霜降十月全；立冬小雪十一月，大雪冬至迎新年。抓紧季节忙生产，种收及时保丰年。”

夏九九歌：

“一九二九，扇子不离手。三九二十七，冰水甜如蜜。四九三十六，争向路头宿。五九四十五，树头秋叶舞。六九五十四，乘凉不入寺。七九六十三，夜眠寻被单。八九七十二，被单添夹被。九九八十一，家家打炭墼。”

图 3-1 “二十四节气的来历”原文

二十四个节气的来历

农历小知识

二十四节气起源于黄河流域。远在春秋时代，就定出仲春、仲夏、仲秋和仲冬等四个节气。以后不断地改进与完善，到秦汉年间，二十四节气已完全确立。公元前104年，由邓平等制定的《太初历》，正式把二十四节气订于历法，明确了二十四节气的天文位置。

太阳从黄经零度起，沿黄经每运行15度所经历的时日称为"一个节气"。每年运行360度，共经历24个节气，每月2个。其中，每月第一个节气为"节气"，即：立春、惊蛰、清明、立夏、芒种、小暑、立秋、白露、寒露、立冬、大雪和小寒等12个节气；每月的第二个节气为"中气"，即：雨水、春分、谷雨、小满、夏至、大暑、处暑、秋分、霜降、小雪、冬至和大寒等12个节气。"节气"和"中气"交替出现，各历时15天，现在人们已经把"节气"和"中气"统称为"节气"。

二十四节气反映了太阳的周年视运动，所以节气在现行的公历中日期基本固定，上半年在6日、21日，下半年在8日、23日，前后不差1～2天。

二十四节气与季节、温度、降水及物候有密切的联系，立春、立夏、立秋、立冬分别表示春、夏、秋、冬四季的开始，春分、秋分、夏至、冬至是季节的转折点。小暑、大暑、处暑、小寒、大寒五个节气是表示最热、最冷的出现时期；白露、寒露、霜降表示低层大气中水汽凝结现象；也反映气温下降程度。雨水、谷雨、小雪、大雪反映降水情况和程度；惊蛰、清明、小满、芒种是反应物侯特征和农作物生长情况。

二十四节气是我国劳动人民长期对天文、气象、物侯进行观测、探索、总结的结果，是我国劳动人民独有的伟大科技成果，在我国广大农村开展农事活动有广泛的应用价值，一般更适用黄河流域一带的农事活动。为了便于记忆人们把它编成节气歌，有人还写成七言诗。

七言诗：

"地球绕着太阳转，绕完一圈是一年。一年分成十二月，二十四节紧相连。按照公历来推算，每月两气不改变。上半年是六、廿一，下半年逢八、廿三。这些就是交节日，有差不过一两天。二十四节有先后，下列口诀记心间：一月小寒接大寒，二月立春雨水连；惊蛰春分在三月，清明谷雨四月天；五月立夏和小满，六月芒种夏至连；七月大暑和小暑，立秋处暑八月间；九月白露接秋分，寒露霜降十月全；立冬小雪十一月，大雪冬至迎新年。抓紧季节忙生产，种收及时保丰年。"

夏九九歌：

"一九二九，扇子不离手。三九二十七，冰水甜如蜜。四九三十六，争向路头宿。五九四十五，树头秋叶舞。六九五十四，乘凉不入寺。七九六十三，夜眠寻被单。八九七十二，被单添夹被。九九八十一，家家打炭墼。"

2021年5月11日星期二

1

图 3-2 “二十四节气的来历”样文

解决路径

本项目要求首先录入文字，接下来按要求进行版面设置，最后保存该文档。项目的基本操作流程如图 3-3 所示。按照项目实施的步骤完成该文档的编辑排版并保存该文档。

图 3-3 制作简报的基本流程

项目实施

视 频

项目 1

步骤 1: 启动 Word 2016，建立一个新文档，录入图 3-1 给出的文档内容。

（1）选择“开始”→“Word 2016”命令，启动 Word 2016。

（2）启动 Word 时，自动建立一个文件名为“文档 1.docx”的新文档。

（3）在“文档 1.docx”中录入“二十四节气的来历”原文的内容。

步骤 2: 使用艺术字插入主标题“二十四节气的来历”。

（1）将光标至文档最开头按【Enter】键，定位于空出的第一行。

（2）单击“插入”选项卡，选择“文本”组，单击“艺术字”下拉按钮，打开“艺术字库”样例，选择“第 2 行第 2 列”，渐变填充-蓝色；着色 1；反射，如图 3-4 所示。

（3）弹出“编辑‘艺术字’文字”框，如图 3-5 所示。在“文字”文本框中输入“二十四节气的来历”，单击空白处即可完成输入。

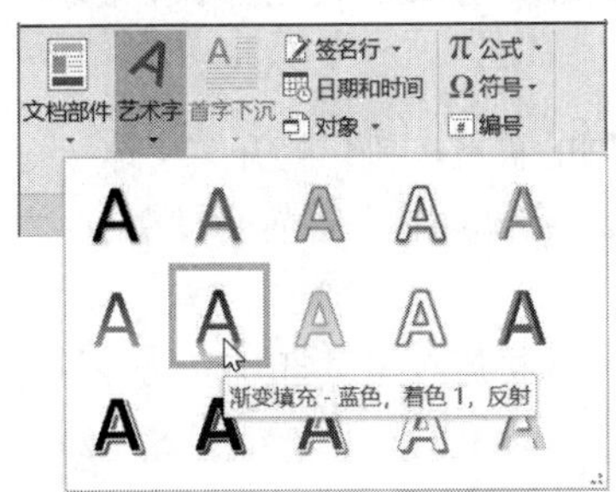

图 3-4 “艺术字库”对话框

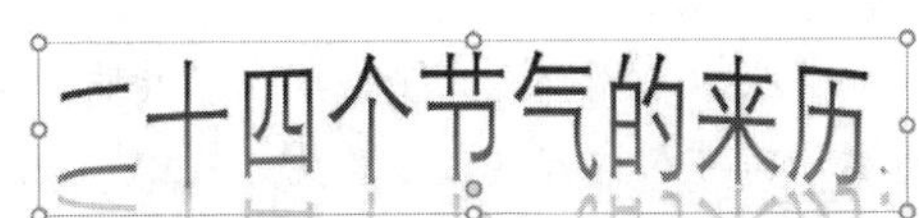

图 3-5 “编辑‘艺术字’文字”对话框

（4）选定艺术字“二十四节气的来历”，单击“绘图工具-格式”选项卡，在“艺术字样式”组中单击“文字效果”下拉按钮，选择“转换”→“弯曲”→“两端近”选项，如图 3-6 所示。

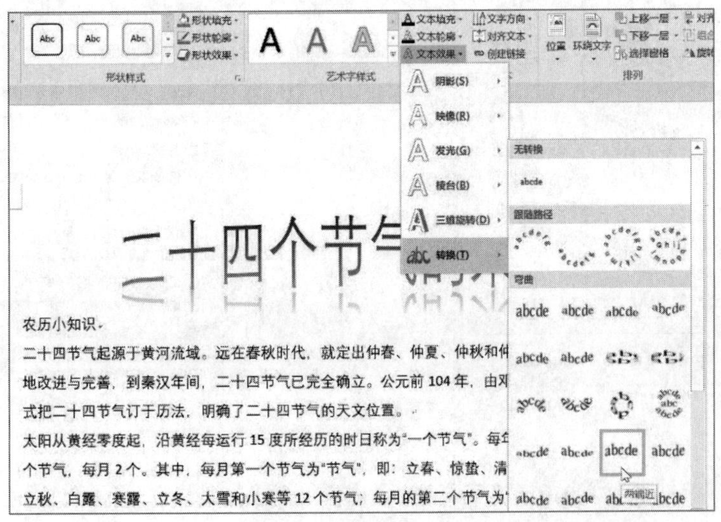

图 3-6 设置艺术字样式

（5）选定艺术字“二十四节气的来历”，单击“绘图工具-格式”选项卡，在“排列”组中单击“位置”下拉按钮，选择“其他布局选项”命令，打开“布局”对话框，如图 3-7 所示。在“文字环绕”选项卡中，设置“环绕方式”为“浮于文字上方”，单击“确定”按钮，再单击空白处即可完成设置。

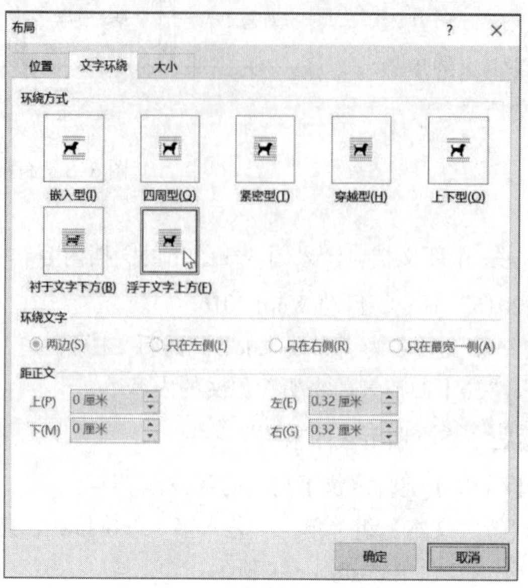

图 3-7 “布局”对话框

步骤 3: 在主标题下添加文字“农历小知识”，设置其格式字体为华文新魏、小四、蓝色、居中显示。

（1）在主标题下输入文字“农历小知识”。

（2）选中“农历小知识”文字，单击“开始”选项卡“字体”组右下侧的扩展按钮，打开“字体”对话框，如图 3-8 所示。将“字体”设置为“华文新魏”，“字号”设置为“小四”，“字体颜色”设置为“蓝色-强调文字颜色 1”，单击“确定”按钮。

（3）选中“农历小知识”文字，单击“开始”选项卡“段落”组右下侧的扩展按钮，打开“段落”对话框，如图 3-9 所示。将“对齐方式”设置为“居中”，单击“确定”按钮。

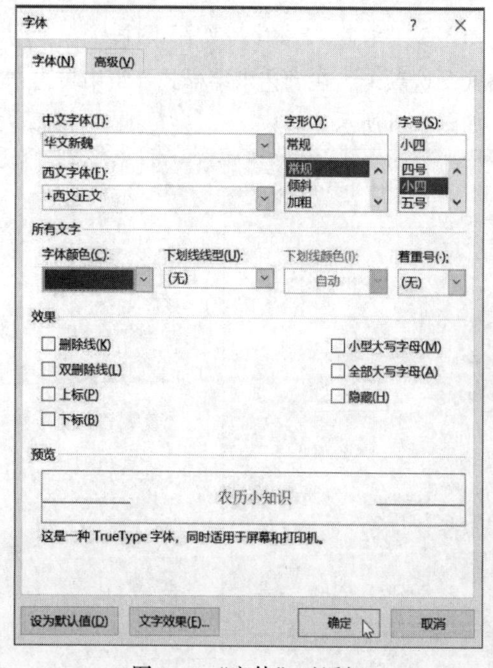

图 3-8 “字体”对话框

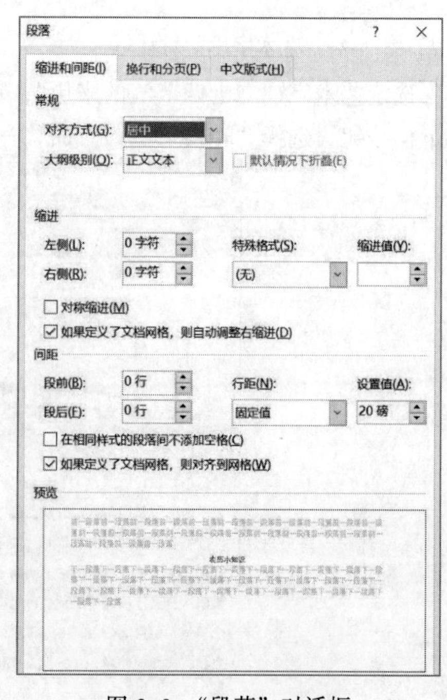

图 3-9 “段落”对话框

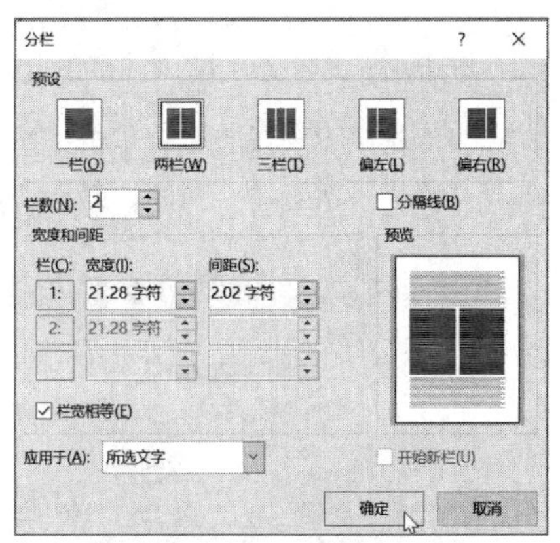

图 3-10 “分栏”对话框

步骤 4: 将正文文字分为两栏。

（1）将正文全部选定。

（2）单击“页面布局”选项卡，在“页面设置”组中单击“分栏”下拉按钮，在弹出的下拉列表中选择“更多分栏”命令，打开“分栏”对话框，如图 3-10 所示。设置“栏数”为 2，单击“确定”按钮，则文档被分为两栏。

（3）调节分栏高度。分栏后的文档可能会各栏不在一条水平线上，差距很大，版面不协调。将光标移至需要平衡栏的结尾处，选择“页面布局”选项卡，在“页面设置”组中单击“分隔符”下拉按钮，在弹出的下拉列表中选择“分节符”→“连续”，即可得到等高的分栏效果，如图 3-11 所示。

二十四个节气的来历

农历小知识

二十四节气起源于黄河流域。远在春秋时代，就定出仲春、仲夏、仲秋和仲冬等四个节气。以后不断地改进与完善，到秦汉年间，二十四节气已完全确立。公元前 104 年，由邓平等制定的《太初历》，正式把二十四节气订于历法，明确了二十四节气的天文位置。

太阳从黄经零度起，沿黄经每运行 15 度所经历的时日称为“一个节气”。每年运行 360 度，共经历 24 个节气，每月 2 个。其中，每月第一个节气为“节气”，即：立春、惊蛰、清明、立夏、芒种、小暑、立秋、白露、寒露、立冬、大雪和小寒等 12 个节气；每月的第二个节气为“中气”，即：雨水、春分、谷雨、小满、夏至、大暑、处暑、秋分、霜降、小雪、冬至和大寒等 12 个节气。“节气”和“中气”交替出现，各历时 15 天，现在人们已经把“节气”和“中气”统称为“节气”。

二十四节气反映了太阳的周年视运动，所以节气在现行的公历中日期基本固定，上半年在 6 日、21 日，下半年在 8 日、23 日，前后不差 1～2 天。

二十四节气与季节、温度、降水及物候有密切的联系，立春、立夏、立秋、立冬分别表示春、夏、秋、冬四季的开始，春分、秋分、夏至、冬至是季节的转折点。小暑、大暑、处暑、小寒、大寒五个节气是表示最热、最冷的出现时期；白露、寒露、霜降表示低层大气中水汽凝结现象；也反映气温下降程度。雨水、谷雨、小雪、大雪反映降水情况和程度；惊蛰、清明、小满、芒种是反应物候特征和农作物生长情况。

二十四节气是我国劳动人长期对天文、气象、物候进行观测、探索、总结的结果，是我国劳动人民独有的伟大科技成果，在我国广大农村开展农事活动有广泛的应用价值，一般更适用黄河流域一带的农事活动。为了便于记忆人们把它编成节气歌，有人还写成七言诗。

七言诗：

“地球绕着太阳转，绕完一圈是一年。一年分成十二月，二十四节紧相连。按照公历来推算，每月两气不改变。上半年是六、廿一，下半年逢八、廿三。这些就是交节日，有差不过一两天。二十四节有先后，下列口诀记心间：一月小寒接大寒，二月立春雨水连；惊蛰春分在三月，清明谷雨四月天；五月立夏和小满，六月芒种夏至连；七月大暑和小暑，立秋处暑八月间；九月白露接秋分，寒露霜降十月全；立冬小雪十一月，大雪冬至迎新年。抓紧季节忙生产，种收及时保丰年。”

夏九九歌：

“一九二九，扇子不离手。三九二十七，冰水甜如蜜。四九三十六，争向路头宿。五九四十五，树头秋叶舞。六九五十四，乘凉不入寺。七九六十三，夜眠寻被单。八九七十二，被单添夹被。九九八十一，家家打炭墼。”

图 3-11 “文档分栏”样文

步骤 5: 将正文行距设置为固定值 20 磅。

（1）将正文全部选定。

（2）单击“布局”选项卡，在“段落”组中单击右下侧的扩展按钮，打开“段落”对话框，如图 3-12 所示。在“缩进和间距”选项卡中的“行距”下拉列表中选择“固定值”选项，将“设置值”设置为“20 磅”，单击“确定”按钮。

步骤 6: 设置第 1 段“首字下沉”，下沉 2 行。

（1）选中第一段首字，单击“插入”选项卡，在“文本”组中单击“首字下沉”按钮，在弹出的下拉列表中选择“首字下沉选项”命令，打开“首字下沉”对话框，如图 3-13 所示。

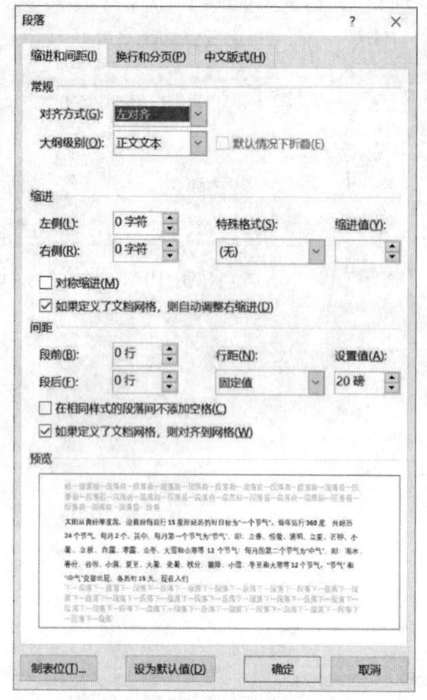

图 3-12 “段落”对话框

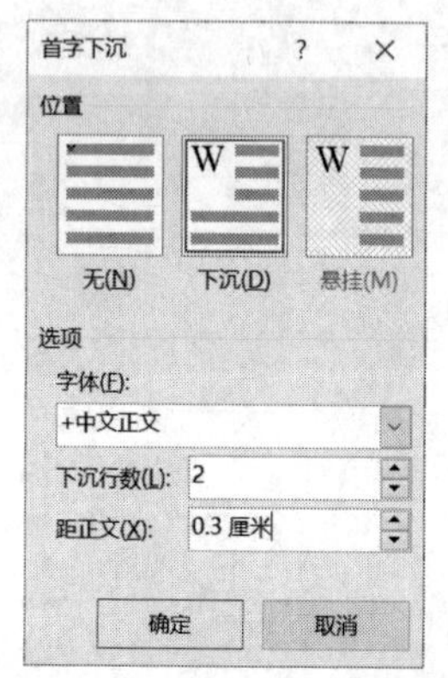

图 3-13 “首字下沉”对话框

（2）在“首字下沉”对话框中设置“位置”为“下沉”，“下沉行数”为“2”，“距正文”为“0.3 厘米”，单击“确定”按钮，效果如图 3-14 所示。

步骤 7: 在文章最后插入日期，插入日期的格式，如样文所示。

（1）将光标定位到“第 1 页”的末尾，单击“插入”选项卡，在“文本组”中单击“日期和时间”按钮，打开“日期和时间”对话框，如图 3-15 所示。

（2）在“日期和时间”对话框的“语言（国家/地区）”下拉列表中选择“中文（中国）”选项，在“可用格式”列表框中选择“2021 年 5 月 11 日星期二”，单击“确定”按钮。

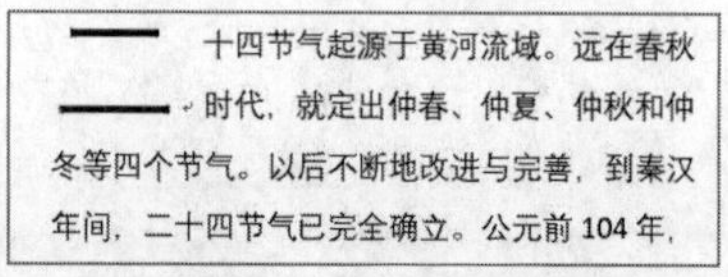

十四节气起源于黄河流域。远在春秋时代，就定出仲春、仲夏、仲秋和仲冬等四个节气。以后不断地改进与完善，到秦汉年间，二十四节气已完全确立。公元前 104 年，

图 3-14 “首字下沉”样文

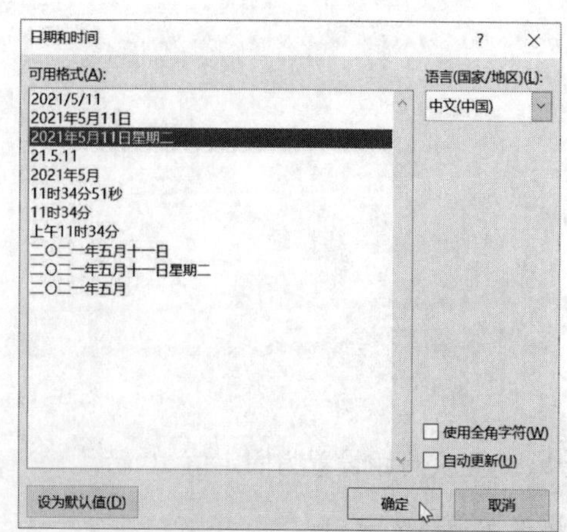

图 3-15 “日期和时间”对话框

步骤 8: 为文档插入素材中的“背景.jpg”图片，使图片衬于正文文字下方。

（1）将光标定位于文档任意位置，单击“设计”选项卡，在“页面背景”组中单击“水印”下拉按钮，在弹

出的下拉列表中选择“自定义水印”命令，打开“水印”对话框。选中“图片水印”单选按钮，在“缩放”下拉列表框中，选择“自动”选项，同时选中“冲蚀”复选框，如图 3–16 所示。

（2）在“水印”对话框中单击“选择图片”按钮，在打开的“插入图片”对话框的查找范围下拉列表中找到项目 1 素材“背景.jpg”图片，单击“插入”按钮，如图 3–17 所示。

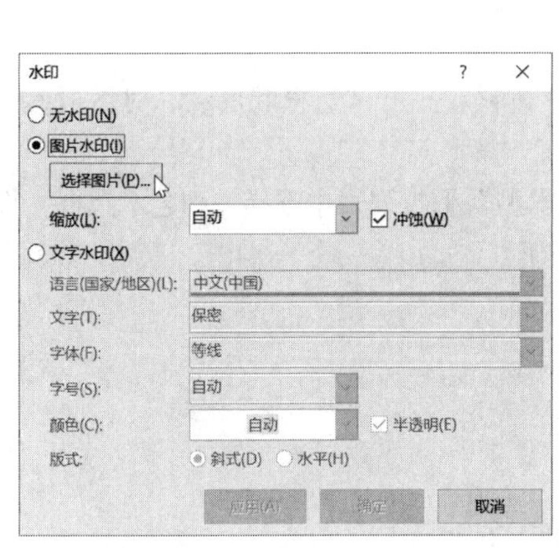

图 3–16　“水印”对话框

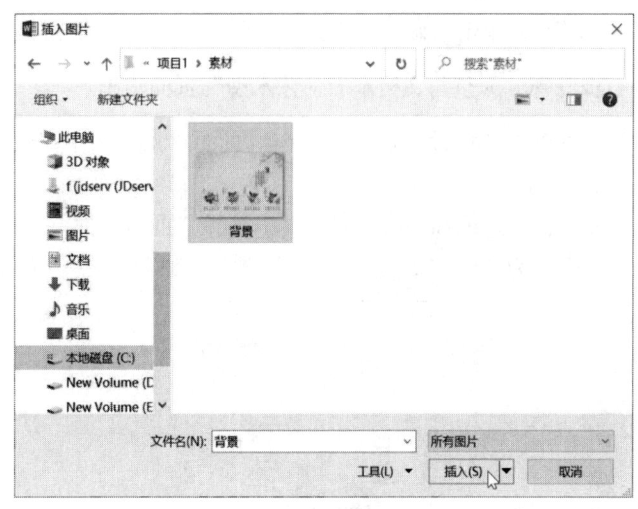

图 3–17　“插入图片”对话框

（3）在“水印”对话框中单击“应用”按钮，再单击“关闭”按钮，设置后的效果如图 3–18 所示。

二十四个节气的来历

农历小知识

二十四节气起源于黄河流域。远在春秋时代，就定出仲春、仲夏、仲秋和仲冬等四个节气。以后不断地改进与完善，到秦汉年间，二十四节气已完全确立。公元前 104 年，由邓平等制定的《太初历》，正式把二十四节气订于历法，明确了二十四节气的天文位置。

太阳从黄经零度起，沿黄经每运行 15 度所经历的时日称为“一个节气”。每年运行 360 度，共经历 24 个节气，每月 2 个。其中，每月第一个节气为“节气”，即：立春、惊蛰、清明、立夏、芒种、小暑、立秋、白露、寒露、立冬、大雪和小寒等 12 个节气；每月的第二个节气为“中气”，即：雨水、春分、谷雨、小满、夏至、大暑、处暑、秋分、霜降、小雪、冬至和大寒等 12 个节气。“节气”和“中气”交替出现，各历时 15 天，现在人们已经把“节气”和“中气”统称为“节气”。

二十四节气反映了太阳的周年视运动，所以节气在现行的公历中日期基本固定，上半年在 6 日、21 日，下半年在 8 日、23 日，前后不差 1～2 天。

二十四节气与季节、温度、降水及物候有密切的联系，立春、立夏、立秋、立冬分别表示春、夏、秋、冬四季的开始，春分、秋分、夏至、冬至是季节的转折点。小暑、大暑、处暑、小寒、大寒五个节气是表示最热、最冷的出现时期；白露、寒露、霜降表示低层大气中水汽凝结现象；也反映气温下降程度。雨水、谷雨、小雪、大雪反映降水情况和程度；惊蛰、清明、小满、芒种是反应物候特征和农作物生长情况。

二十四节气是我国劳动人长期对天文、气象、物候进行观测、探索、总结的结果，是我国劳动人民独有的伟大科技成果，在我国广大农村开展农事活动有广泛的应用价值，一般更适用黄河流域一带的农事活动。为了便于记忆人们把它编成节气歌，有人还写成七言诗。

七言诗：

“地球绕着太阳转，绕完一圈是一年。一年分成十二月，二十四节紧相连。按照公历来推算，每月两气不改变。上半年是六、廿一，下半年逢八、廿三。这些就是交节日，有差不过一两天。二十四节有先后，下列口诀记心间：一月小寒接大寒，二月立春雨水连；惊蛰春分在三月，清明谷雨四月天；五月立夏和小满，六月芒种夏至连；七月大暑和小暑，立秋处暑八月间；九月白露接秋分，寒露霜降十月全；立冬小雪十一月，大雪冬至迎新年。抓紧季节忙生产，种收及时保丰年。”

夏九九歌：

“一九二九，扇子不离手。三九二十七，冰水甜如蜜。四九三十六，争向路头宿。五九四十五，树头秋叶舞。六九五十四，乘凉不入寺。七九六十三，夜眠寻被单。八九七十二，被单添夹被。九九八十一，家家打炭墼。”

2021 年 5 月 11 日星期二

图 3–18　插入图片后的样文

步骤 9: 设置整篇文档上、下页边距为默认值，左、右页边距为 3.2 厘米。

（1）选择“布局”选项卡，在“页面设置”组中单击“页边距”下拉按钮，在弹出的下拉列表中选择“自定义边距”命令，打开“页面设置”对话框，如图 3-19 所示。

（2）在“页面设置”对话框中选择“页边距”选项卡，将“左”“右”设置为“3.2 厘米”，“应用于”设置为“整篇文档”，单击“确定”按钮。

步骤 10: 为整篇文档添加“艺术型”页面边框。

（1）单击“设计”选项卡，在“页面背景”组中单击“页面边框”按钮，打开“边框和底纹”对话框，如图 3-20 所示。

（2）在“边框和底纹”对话框中选择“页面边框”选项卡，在“艺术型”下拉列表中选择一种艺术边框，设置“宽度”为“8 磅”，“应用于”设置为“整篇文档”，单击“确定”按钮。

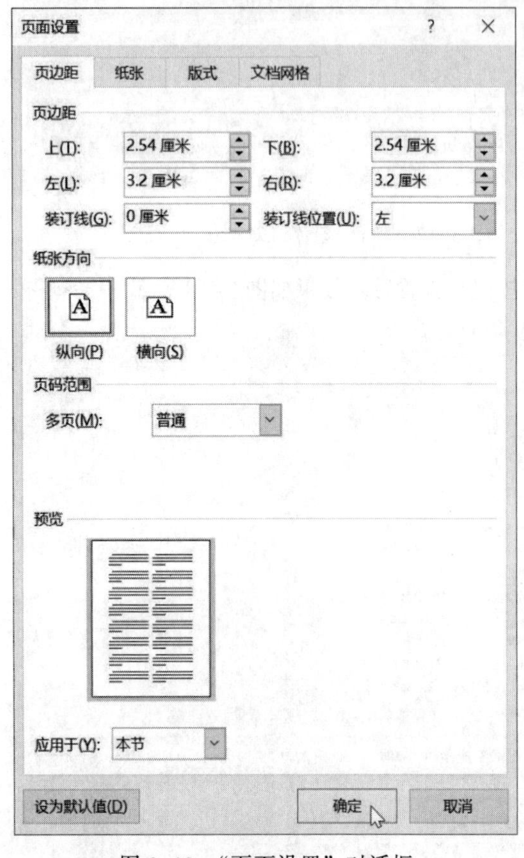

图 3-19 “页面设置”对话框

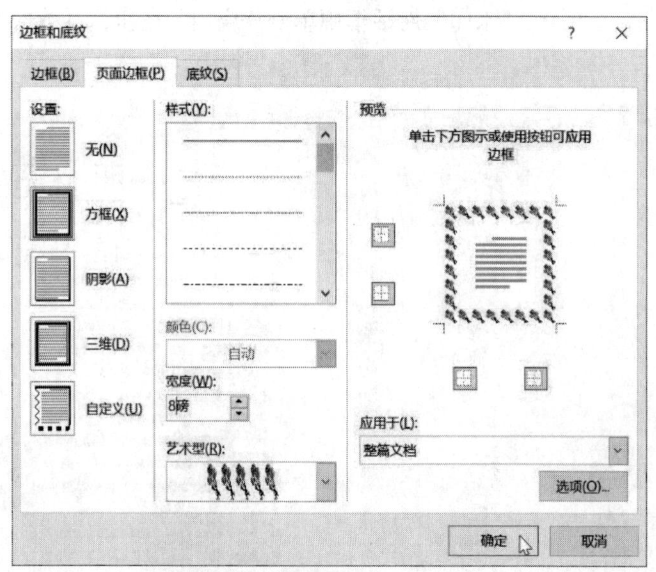

图 3-20 “边框和底纹”对话框

步骤 11: 在页面右下角插入页码。

（1）选择“插入”选项卡，在“页眉和页脚”组中单击“页码”下拉按钮。

（2）在弹出的下拉列表中选择“页面底端”命令，选择“普通数字 3”选项，如图 3-21 所示。

步骤 12: 保存文档。

（1）选择“文件”→“另存为”命令，单击“浏览”按钮，打开“另存为”对话框，如图 3-22 所示。

（2）在“另存为”对话框中，选择保存位置（如 D 盘根目录下的“作业”文件夹），输入文件名“二十四节气的来历.docx”，单击“保存”按钮。

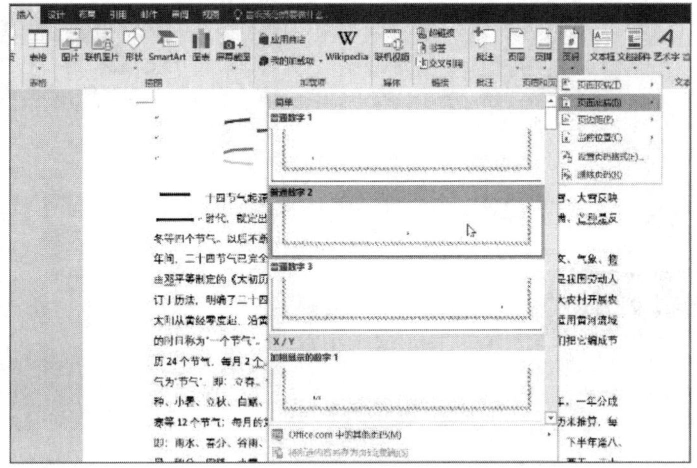

图 3-21　插入“页码”

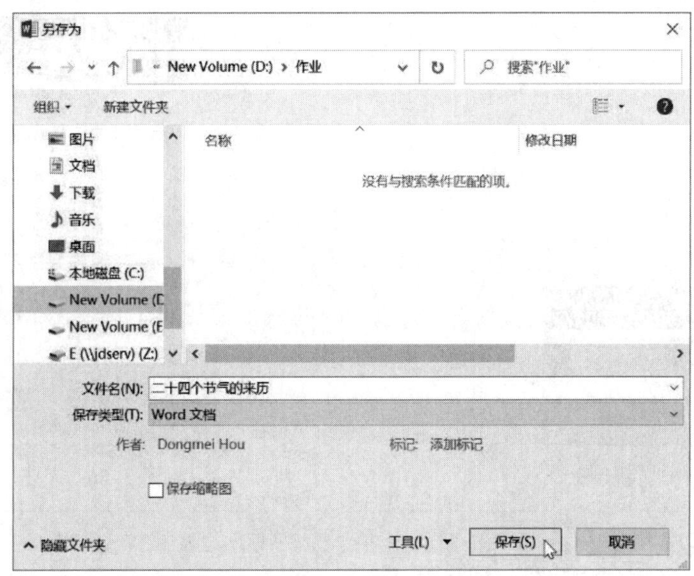

图 3-22　“另存为”对话框

操作技巧

Word 2016 中，在左上角有快速访问工具栏（或快捷工具栏），其中有保存、撤销和恢复等常用工具。快速访问工具栏可以自定义，也就是既能往里添加工具，也能把工具从那里删除，可以根据自己的习惯自定义快速访问工具栏。

Word 2016 自定义快速访问工具栏的方法如下：

（1）Word 2016 左上角有自定义快速访问工具栏的下拉按钮（右起第一个），如图 3-23 所示。

（2）单击“自定义快速访问工具栏”下拉按钮，弹出下拉列表，如图 3-24 所示。

（3）从图 3-24 中可以看出，已经列出了 10 个快捷工具，其中有 3 个已被选中，它们就是显示于 Word 2016 左上角的快捷工具。如果想把其他工具添加到左上角，选中即可实现。例如，选中“新建”，则它立即显示到左上角，成功添加新建命令，如图 3-25 所示。

（4）如果想添加的工具在这里没有，可选择“其他命令”，如图 3-26 所示。

（5）打开 Word 2016 文档页面，选择“文件”→“选项”命令，在打开的“Word 选项”对话框中单击“快速访问工具栏”选项，并自动选中“快速访问工具栏”，选中“打开”命令，单击“添加”按钮，如图 3-27 所示。单击“确定”按钮，成功添加“打开”按钮，如图 3-28 所示。

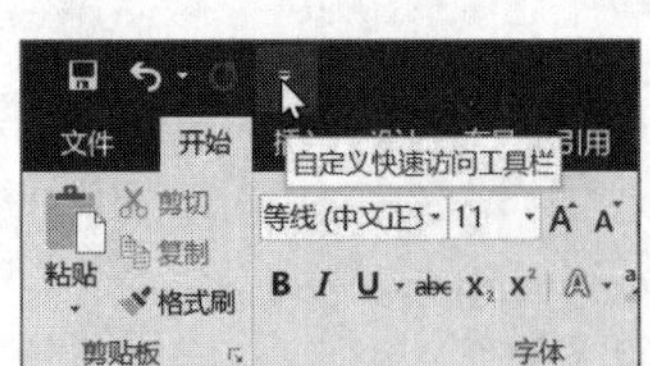

图 3-23 “自定义快速访问工具栏”下拉按钮

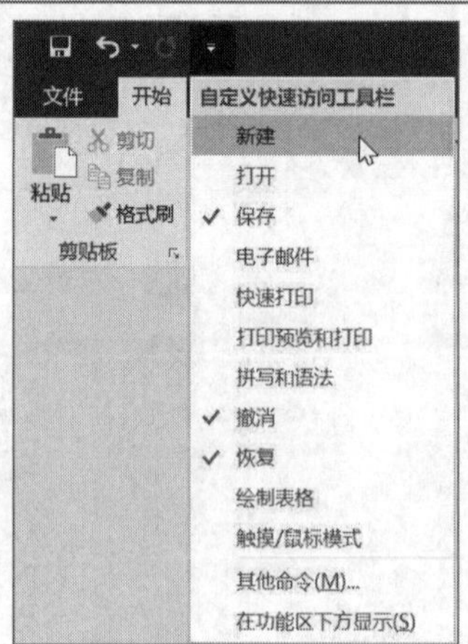

图 3-24 添加“新建”命令

图 3-25 成功添加新建命令

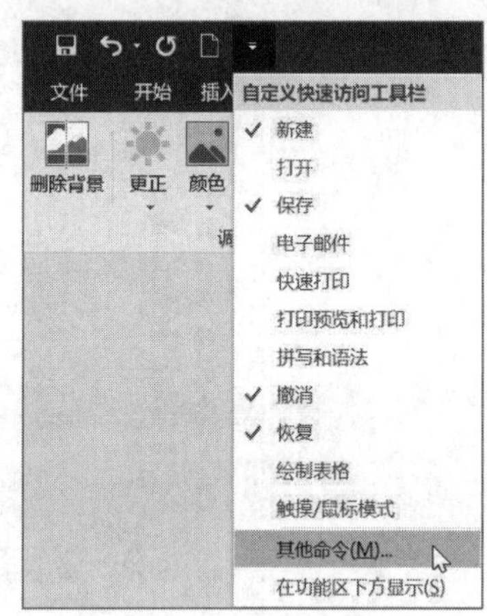

图 3-26 单击“其他命令”

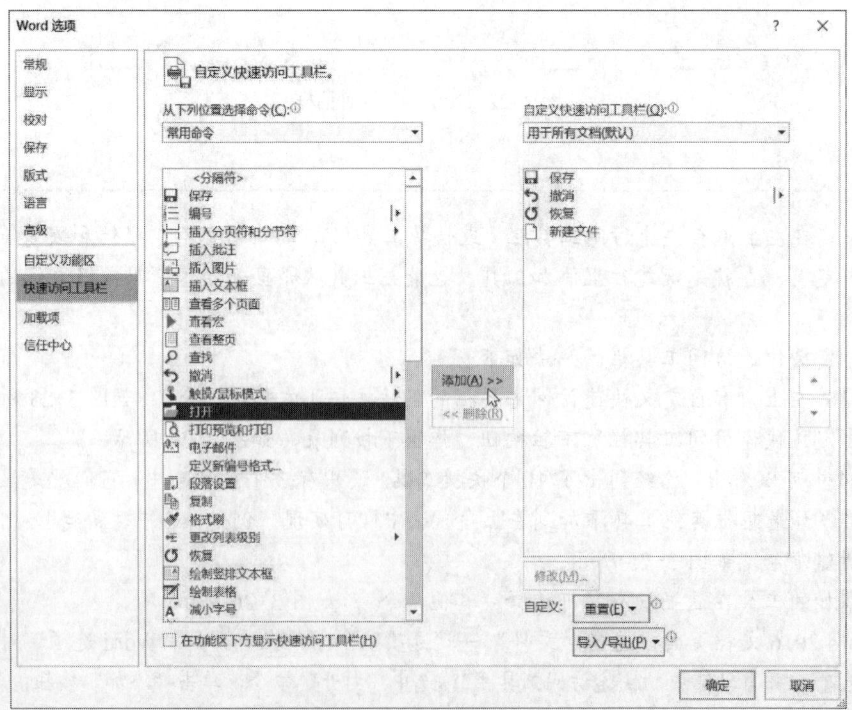

图 3-27 添加“打开”命令

从图 3-27 中可以看出，左上角的四个快速访问工具已经显示在右边。图 3-29“自定义快速访问工具栏”左边是供选择的命令列表，右边是选择的（自定义的）命令，两边都各有一个下拉列表框，左边的默认选择的是“常用命令”，如图 3-29 所示。

（6）选择什么命令，则在下面的列表中显示该命令的子命令，例如选择“开始”选项卡，则显示“开始”选项卡的子命令，如图 3-30 所示。

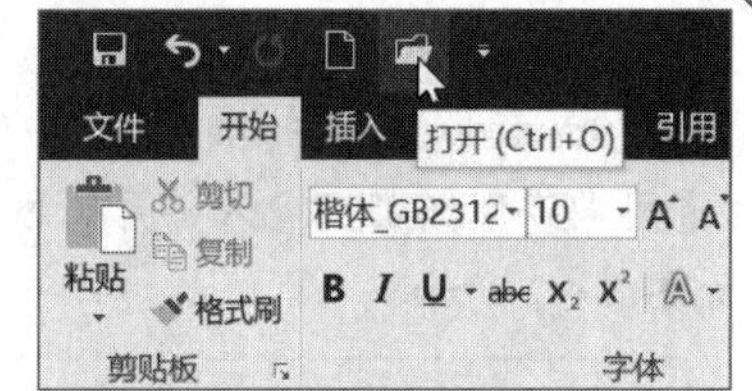

图 3-28　成功添加“打开”按钮

（7）右边也有一个下拉列表框，用于选择自定义命令是用于所有文档还是用于当前打开的文档，如图 3-31 所示。

图 3-29　自定义快速访问工具栏

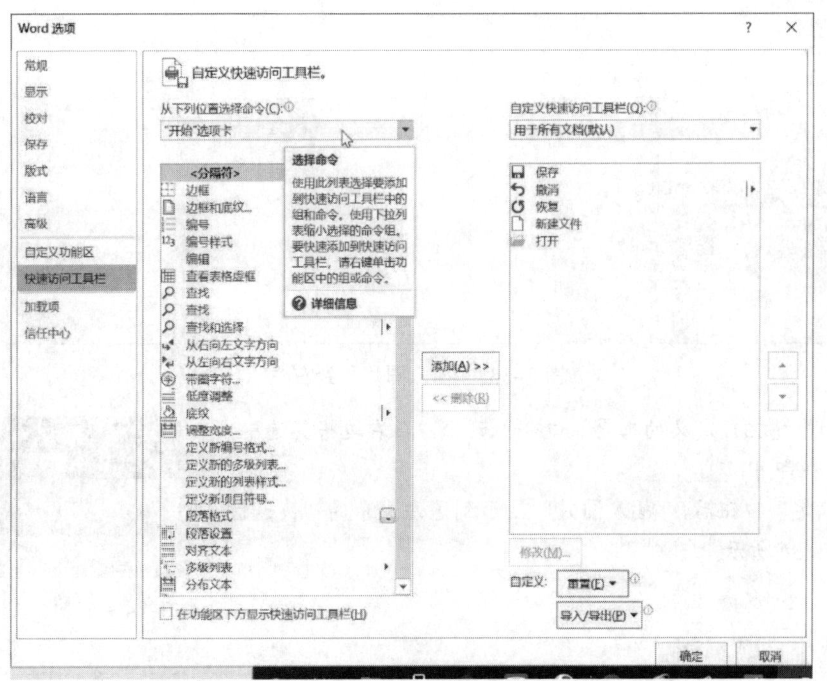

图 3-30　显示“开始”选项卡的子命令

（8）一般来说，保持默认的“用于所有文档”即可；也可选择用于当前打开的文档。

（9）假如想把左边的命令添加到“自定义快速访问工具栏”，只需选中它，单击“添加”即可。例如，把“常用命令”下的“插入图片”添加到“自定义快速访问工具栏”，再次选择“常用命令”，选中“插入图片”，如图 3-32 所示。

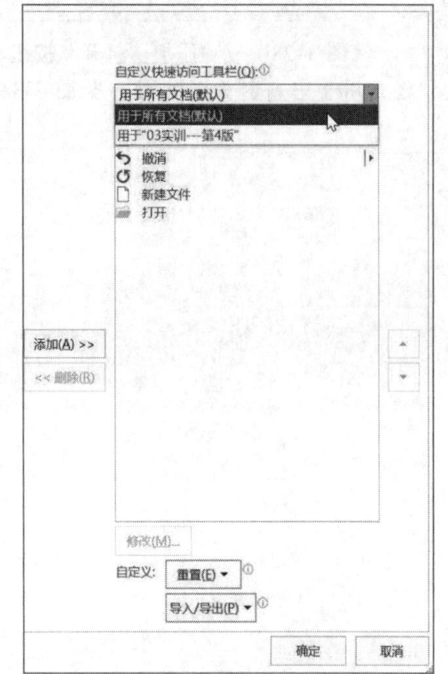

图 3-31 用于所有文档

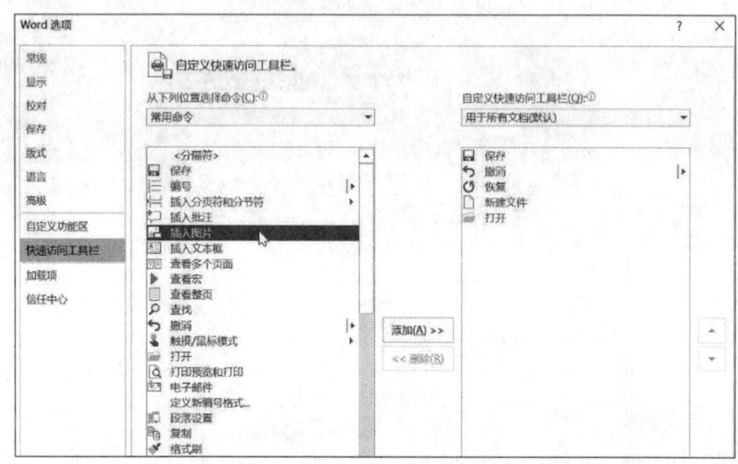

图 3-32 将“插入图片”添加到“自定义快速访问工具栏”

（10）单击“添加”按钮，则在右边也有了“插入图片”，如图 3-33 所示。

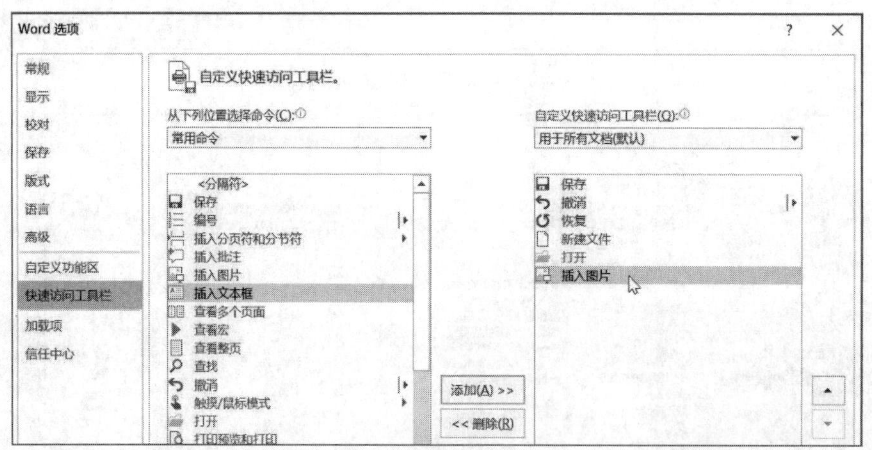

图 3-33 “插入图片”到右栏

（11）同理，如果想把自定义的工具（命令）删除，在右边将其选中，再单击“删除”按钮即可。

（12）单击“确定”按钮后，“插入图片”显示到了左上角的“快速访问工具栏”，如图 3-34 所示。

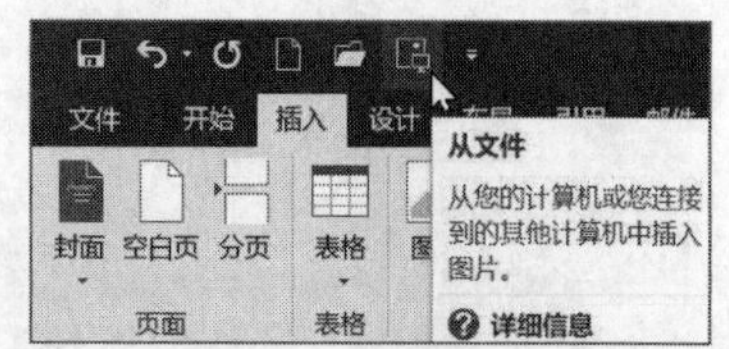

图 3-34 成功添加“插入图片”按钮

项目 2　Word 2016 中的表格转换

通过本项目的学习，可使读者掌握在 Word 中如何将文本转换成表格、表格边框线及底纹的设置、单元格的设置，使读者更加高效快捷地掌握 Word 的实际应用。

项目目标

- 熟练掌握 Word 中如何将文本转换成表格。
- 熟练掌握表格边框线及底纹的设置。
- 熟练掌握单元格的设置。

项目描述

制作一份表格并转换为文档,包括文本转换成表格、格式化表格及单元格的设置。使用“表格素材.docx”，如图 3-35 所示。

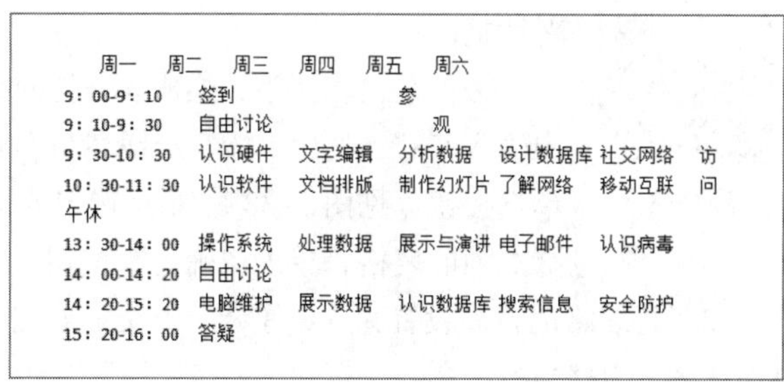
周一　周二　周三　周四　周五　周六
9：00-9：10　签到　参
9：10-9：30　自由讨论　观
9：30-10：30　认识硬件　文字编辑　分析数据　设计数据库　社交网络　访
10：30-11：30　认识软件　文档排版　制作幻灯片　了解网络　移动互联　问
午休
13：30-14：00　操作系统　处理数据　展示与演讲　电子邮件　认识病毒
14：00-14：20　自由讨论
14：20-15：20　电脑维护　展示数据　认识数据库　搜索信息　安全防护
15：20-16：00　答疑

图 3-35　表格素材

解决路径

本项目要求利用 Word 2016 的表格创建、编辑、排版等功能完成“表格转换”的制作，包括格式化表格及单元格的设置。项目的基本流程如图 3-36 所示。按照项目实施的步骤完成该文档的编辑。

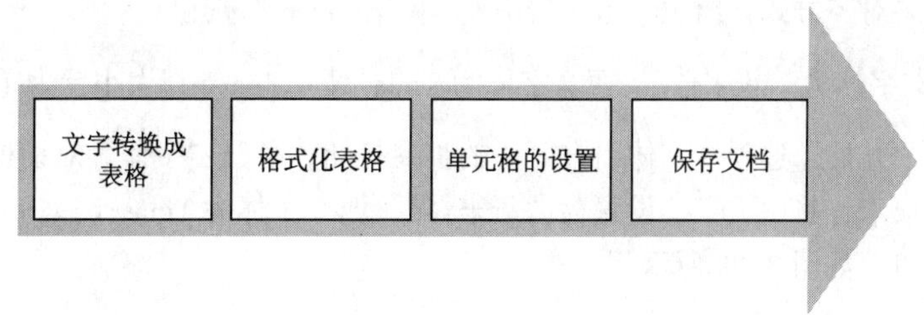

图 3-36　表格转换的基本流程

制作后的效果如图 3-37 所示。

	周一	周二	周三	周四	周五	周六
9：00-9：10	签到					参观访问
9：10-9：30	自由讨论					
9：30-10：30	认识硬件	文字编辑	分析数据	设计数据库	社交网络	
10：30-11：30	认识软件	文档排版	制作幻灯片	了解网络	移动互联	
午休						
13：30-14：00	操作系统	处理数据	展示与演讲	电子邮件	认识病毒	
14：00-14：20	自由讨论					
14：20-15：20	电脑维护	展示数据	认识数据库	搜索信息	安全防护	
15：20-16：00	答疑					

图 3-37　设置后的样文

项目实施

步骤 1: 打开“表格素材.docx”文档，参见图 3-35。

步骤 2: 选中表格素材文本，将文本转换为表格，并设置表格行高为 1.3 厘米。所有单元格内容水平居中、垂直居中对齐；表格居中对齐。

视频

项目 2

（1）选中表格素材文本，单击“插入”选项卡，选择“表格”→“文本转换成表格”命令，打开“将文字转换成表格”对话框。

（2）在“将文字转换成表格”对话框的“列数”数值框中输入“8”，选中“文字分隔位置”选项组中的“制表符”单选按钮（见图 3-38），则将选定的文本段落转换为一个 10 行 8 列的表格，单击“确定”按钮。

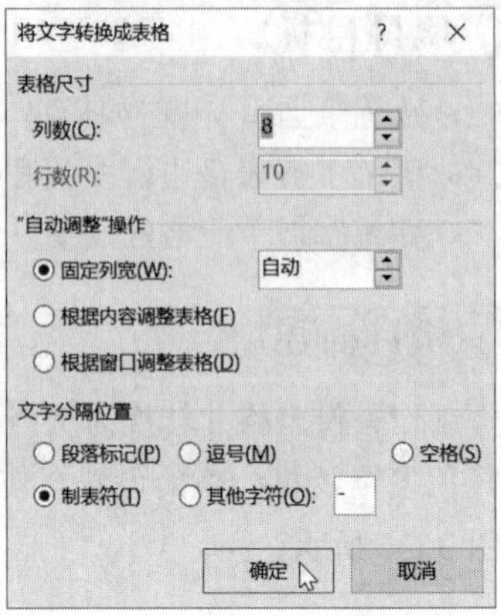

（3）将表格的行高设置为 1.3 厘米，方法是右击表格，在弹出的快捷菜单中选择“表格属性”命令，打开“表格属性”对话框，选择“行”选项卡，在“指定高度”文本框中输入“1.3 厘米”，单击“确定”按钮。

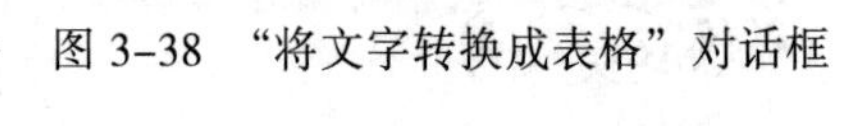

图 3-38 “将文字转换成表格”对话框

（4）单击“布局”选项卡“对齐方式”组中的“水平居中”按钮（此时也包括了垂直居中）。

（5）将表格居中对齐，右击表格，在弹出的快捷菜单中选择“表格属性”命令，打开“表格属性”对话框，选择“表格”选项卡，在“对齐方式”组中单击“居中”，单击“确定”按钮。

步骤 3: 设置表格中文字体为“新宋体”、西文字体为 Times New Roman；大小皆为 10 磅。

（1）选中表格，单击“开始”选项卡字体组右下角的扩展按钮，打开“字体”对话框。

（2）单击“字体”选项卡，将中文字体设置为“新宋体”，西文字体为 Times New Roman，字号设为 10 磅。

（3）单击“确定”按钮，如图 3-39 所示。

步骤 4: 删除第 8 列，并将表格第 1 列宽度设置为 2.6 厘米，其余各列宽度设置为 2.1 厘米。

（1）选中表格的第 8 列，右击，在弹出的快捷菜单中选择“删除列”命令，即可删除。

（2）选择第 1 列，单击“布局”选项卡“单元格大小”组右下角的扩展按钮，打开“表格属性”对话框。

（3）单击“列”选项卡，指定宽度设置为“2.6 厘米”，单击“确定”按钮，如图 3-40 所示。

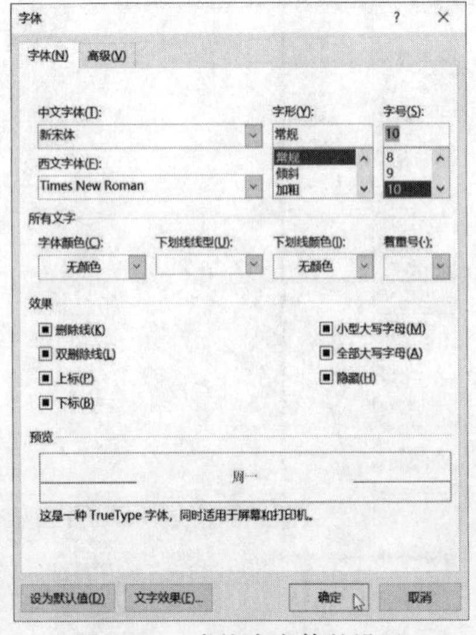

图 3-39 表格中字体的设置

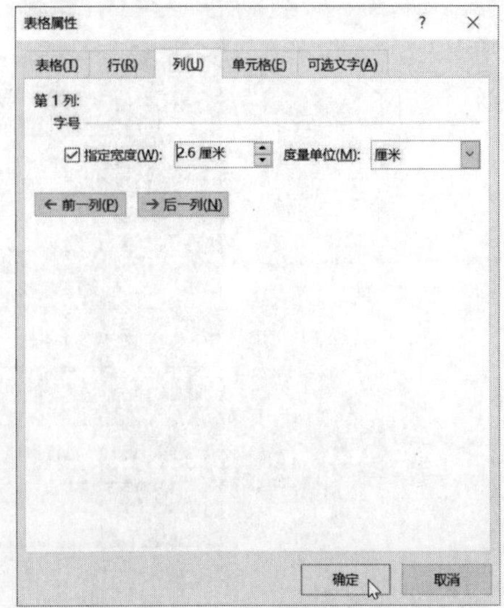

图 3-40 表格宽度的设置

（4）选中第 2 列至第 7 列，单击“布局”选项卡“单元格大小”组“右下角的扩展按钮”打开“表格属性”对话框。

（5）单击“列”选项卡，指定宽度设置为“2.1 厘米”，单击“确定”按钮。

步骤 5: 参照图 3-37 设置后的样文，合并相关单元格。

（1）选中第 2 行的第 2 列至第 6 列，单击“表格工具–布局”选项卡“合并”组中的“合并单元格”按钮，完成合并。

（2）使用相同的方法，完成其他行和列单元格的合并，合并后的效果如图 3-41 所示。

	周一	周二	周三	周四	周五	周六
9：00-9：10	签到					参观访问
9：10-9：30	自由讨论					
9：30-10：30	认识硬件	文字编辑	分析数据	设计数据库	社交网络	
10：30-11：30	认识软件	文档排版	制作幻灯片	了解网络	移动互联	
午休						
13：30-14：00	操作系统	处理数据	展示与演讲	电子邮件	认识病毒	
14：00-14：20	自由讨论					
14：20-15：20	电脑维护	展示数据	认识数据库	搜索信息	安全防护	
15：20-16：00	答疑					

图 3-41　合并单元格

步骤 6: 更改第 1 行文字为 20 pt、粗体样式。

选中第 1 行文字，单击“开始”选项卡在“字体”组中的“加粗”按钮，将字号设置为 20 磅。

步骤 7: 参照样例使用“表格”工具绘制表格外框，粗细为 3 磅、蓝色。

（1）选中表格，单击“设计”选项卡，在“绘图边框”组中单击右下角的扩展按钮，打开“边框和底纹”对话框。

（2）单击“边框”选项卡，在“设置”下方，单击“自定义”按钮。

（3）在“样式”下方选择线条为双边框（外面是细线，里面是粗线），颜色为“蓝色”宽度为 3 磅。

（4）在“预览”下方，分别单击“上、下、左、右”边框线按钮，单击“确定”按钮，完成设置，如图 3-42 所示。

步骤 8: 第 1 行下方及第 1 列右方边框设置为双框线样式、0.75 磅、蓝色；斜线与内框线样式相同。

（1）选中表格第 1 行，单击“设计”选项卡，在“绘图边框”组中单击右下角的扩展按钮，打开“边框和底纹”对话框。

（2）单击“边框”选项卡，在“设置”下方，单击“自定义”按钮。

（3）在“样式”下方选择线条为双框线条，颜色为“蓝色”，宽度为 0.75 磅。

（4）在“预览”下方，单击“下”边框线按钮，单击“确定”按钮，即可完成。

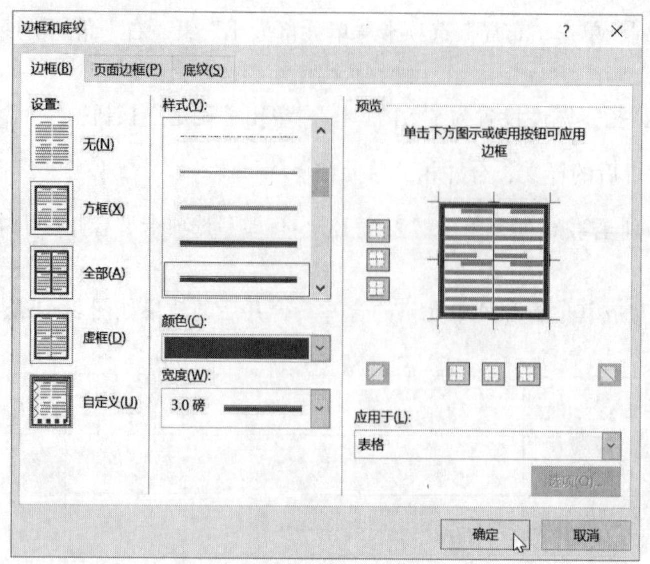

图 3-42　设置表格边框线

（5）使用同样的方法完成第 1 列右方边框的设置，分两次完成，“午休”的上面和“午休”的下面，如图 3-43 所示。

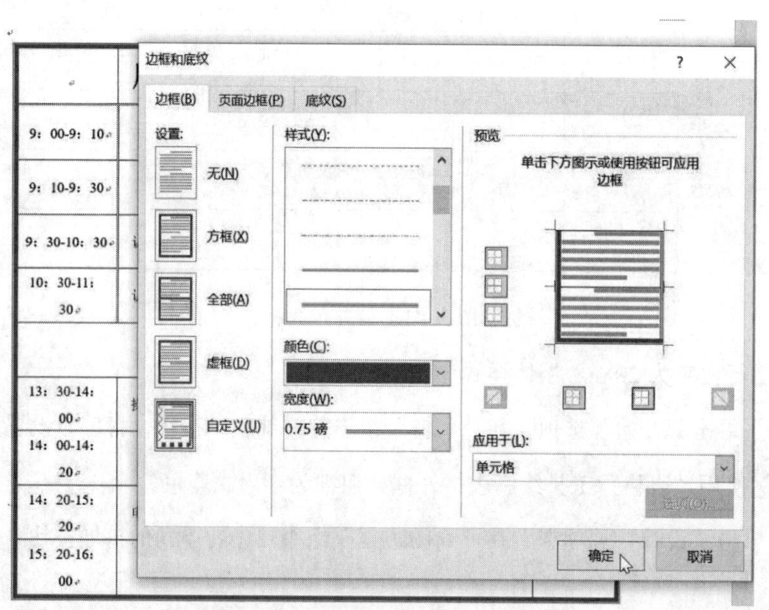

图 3-43　自定义表格边框线

（6）绘制左上角和右下角斜线，单击“插入”选项卡，在“表格”组中单击“绘制表格”按钮，启动铅笔工具，在指定表格中画斜线（和实际的铅笔一样的使用），参见图 3-37 样文。

步骤 9：底纹填色：第 1 行底纹为“橙色，个性色 6，淡色 60%”，所有时间的单元格底纹为“蓝色，个性色 1，淡色 60%”，文字“午休”及“自由讨论”单元格填色为“橄榄色，个性色 3，淡色 60%”。

（1）选中表格第 1 行，单击“设计”选项卡，在“绘图边框组”中单击右下角的扩展按钮，打开“边框和底纹”对话框。

（2）单击“底纹”选项卡，在“填充”下方选择“橙色，个性色 6，淡色 60%”，单击“确定”按钮，如图 3-44 所示。

（3）使用同样的方法完成其他单元格的底纹设置。

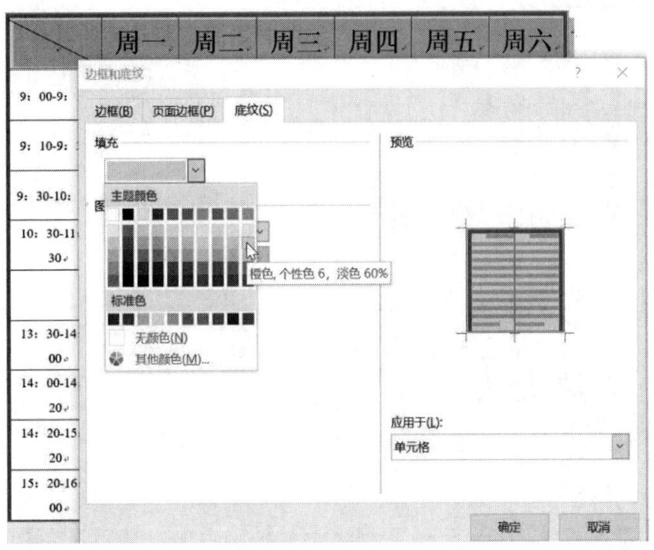

图 3-44　设置底纹

步骤 10：将文档进行保存。

操作技巧

（1）将表格转换成文本。项目 2 是完成文本转换成表格的操作，下面介绍如何将表格转换成文本及插入脚注、插入日期等的操作，将图 3-45 设置成图 3-46 所示的样式。

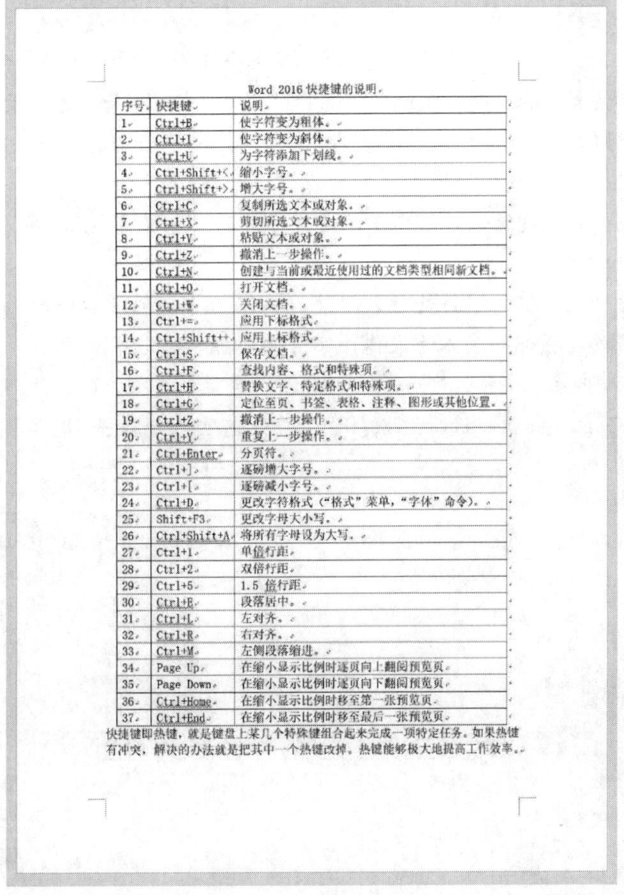

Word 2016 快捷键的说明

序号	快捷键	说明
1	Ctrl+B	使字符变为粗体。
2	Ctrl+I	使字符变为斜体。
3	Ctrl+U	为字符添加下划线。
4	Ctrl+Shift+<	缩小字号。
5	Ctrl+Shift+>	增大字号。
6	Ctrl+C	复制所选文本或对象。
7	Ctrl+X	剪切所选文本或对象。
8	Ctrl+V	粘贴文本或对象。
9	Ctrl+Z	撤消上一步操作。
10	Ctrl+N	创建与当前或最近使用过的文档类型相同新文档。
11	Ctrl+O	打开文档。
12	Ctrl+W	关闭文档。
13	Ctrl+=	应用下标格式
14	Ctrl+Shift++	应用上标格式
15	Ctrl+S	保存文档。
16	Ctrl+F	查找内容、格式和特殊项。
17	Ctrl+H	替换文字、特定格式和特殊项。
18	Ctrl+G	定位至页、书签、表格、注释、图形或其他位置。
19	Ctrl+Z	撤消上一步操作。
20	Ctrl+Y	重复上一步操作。
21	Ctrl+Enter	分页符。
22	Ctrl+]	逐磅增大字号。
23	Ctrl+[	逐磅减小字号。
24	Ctrl+D	更改字符格式（“格式”菜单，“字体”命令）。
25	Shift+F3	更改字母大小写。
26	Ctrl+Shift+A	将所有字母设为大写。
27	Ctrl+1	单倍行距
28	Ctrl+2	双倍行距
29	Ctrl+5	1.5 倍行距
30	Ctrl+E	段落居中。
31	Ctrl+L	左对齐。
32	Ctrl+R	右对齐。
33	Ctrl+M	左侧段落缩进。
34	Page Up	在缩小显示比例时逐页向上翻阅预览页
35	Page Down	在缩小显示比例时逐页向下翻阅预览页
36	Ctrl+Home	在缩小显示比例时移至第一张预览页
37	Ctrl+End	在缩小显示比例时移至最后一张预览页

快捷键即热键，就是键盘上某几个特殊键组合起来完成一项特定任务。如果热键有冲突，解决的办法就是把其中一个热键改掉。热键能够极大地提高工作效率。

图 3-45　表格转换文本素材

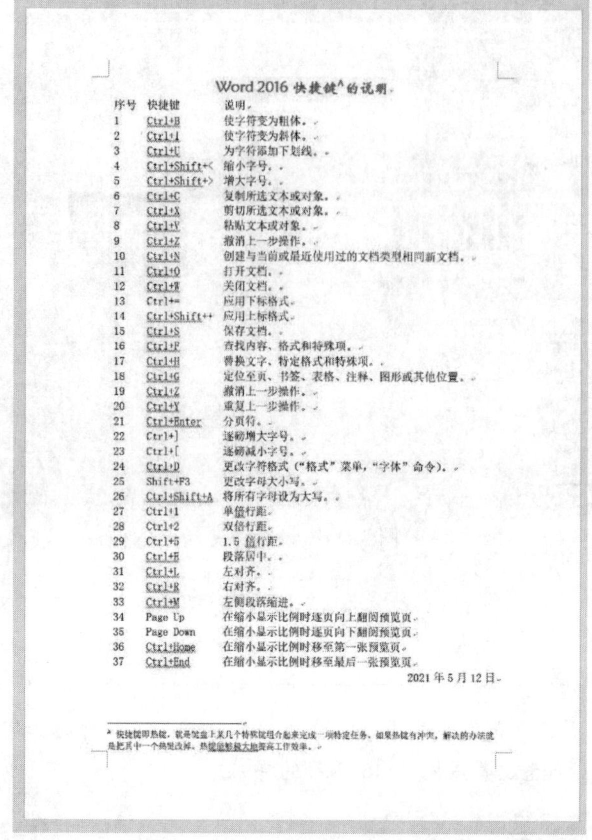

Word 2016 快捷键[A]的说明

序号	快捷键	说明
1	Ctrl+B	使字符变为粗体。
2	Ctrl+I	使字符变为斜体。
3	Ctrl+U	为字符添加下划线。
4	Ctrl+Shift+<	缩小字号。
5	Ctrl+Shift+>	增大字号。
6	Ctrl+C	复制所选文本或对象。
7	Ctrl+X	剪切所选文本或对象。
8	Ctrl+V	粘贴文本或对象。
9	Ctrl+Z	撤消上一步操作。
10	Ctrl+N	创建与当前或最近使用过的文档类型相同新文档。
11	Ctrl+O	打开文档。
12	Ctrl+W	关闭文档。
13	Ctrl+=	应用下标格式。
14	Ctrl+Shift++	应用上标格式。
15	Ctrl+S	保存文档。
16	Ctrl+F	查找内容、格式和特殊项。
17	Ctrl+H	替换文字、特定格式和特殊项。
18	Ctrl+G	定位至页、书签、表格、注释、图形或其他位置。
19	Ctrl+Z	撤消上一步操作。
20	Ctrl+Y	重复上一步操作。
21	Ctrl+Enter	分页符。
22	Ctrl+]	逐磅增大字号。
23	Ctrl+[	逐磅减小字号。
24	Ctrl+D	更改字符格式（“格式”菜单，“字体”命令）。
25	Shift+F3	更改字母大小写。
26	Ctrl+Shift+A	将所有字母设为大写。
27	Ctrl+1	单倍行距。
28	Ctrl+2	双倍行距。
29	Ctrl+5	1.5 倍行距。
30	Ctrl+E	段落居中。
31	Ctrl+L	左对齐。
32	Ctrl+R	右对齐。
33	Ctrl+M	左侧段落缩进。
34	Page Up	在缩小显示比例时逐页向上翻阅预览页。
35	Page Down	在缩小显示比例时逐页向下翻阅预览页。
36	Ctrl+Home	在缩小显示比例时移至第一张预览页。
37	Ctrl+End	在缩小显示比例时移至最后一张预览页。

2021 年 5 月 12 日

[A] 快捷键即热键，就是键盘上某几个特殊键组合起来完成一项特定任务。如果热键有冲突，解决的办法就是把其中一个热键改掉。热键能够极大地提高工作效率。

图 3-46　表格转换文本样文

① 将“表格转换文本”素材（除标题外）选中，选择“表格工具-布局”选项卡，单击“数据”组中的“转换为文本”按钮，打开“表格转换成文本”对话框。在“文字分隔符”选项组中选中“制表符”单选按钮，（见图 3-47），单击“确定”按钮，完成表格转换成文本的操作。

② 选中标题“Word 2016 快捷键的说明”文字，设置字体为“华文新魏”，字号为“三号”、加粗，颜色为“篮色”，个性色 1，居中，如图 3-46（样文）所示。

③ 插入脚注，为该文档“快捷键”字符处插入脚注，内容为原文的最后一段文字。

④ 脚注格式设置要求：放在底部，字体为宋体，字号为小五号。

⑤ 单击“引用”→“插入脚注”按钮，然后单击“脚注和尾注”按钮，打开“脚注和尾注”对话框，在“格式”选项组的“编号格式”下拉列表框中选择“A,B,C,…”选项，如图 3-48 所示。

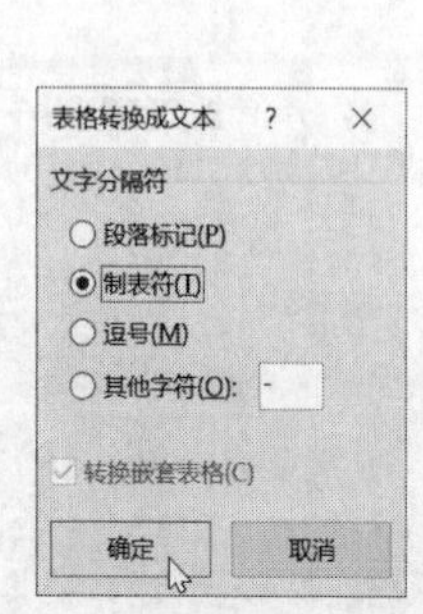

图 3-47　“表格转换成文本”对话框

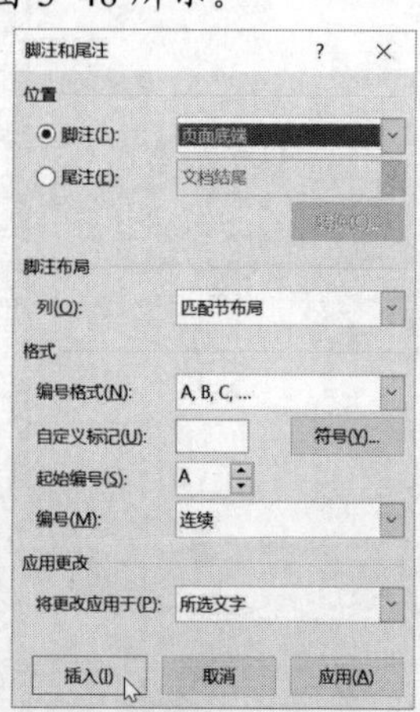

图 3-48　“脚注和尾注”对话框

⑥ 在"位置"选项区中设置"脚注"为"页面底端"，单击"插入"按钮。

⑦ 在页面底端录入脚注内容："快捷键即热键，就是键盘上某几个特殊键组合起来完成一项特定任务。如果热键有冲突，解决的办法就是把其中一个热键改掉。热键能够极大地提高工作效率。"或者将最后一段文字采用剪切、复制的方法完成脚注的录入，或者将"表格转换文本素材.doc"原文的最后一段直接录入，然后将原文最后一段删除。

⑧ 将刚由"表格转换成文本"的内容，设置正文的字体为宋体、小四号。

⑨ 在该文档末尾插入可自动更新的日期。

⑩ 将光标定位到文档的末尾，单击"插入"选项卡，在"文本"组中单击"日期和时间"按钮，打开"日期和时间"对话框，如图3-49所示。

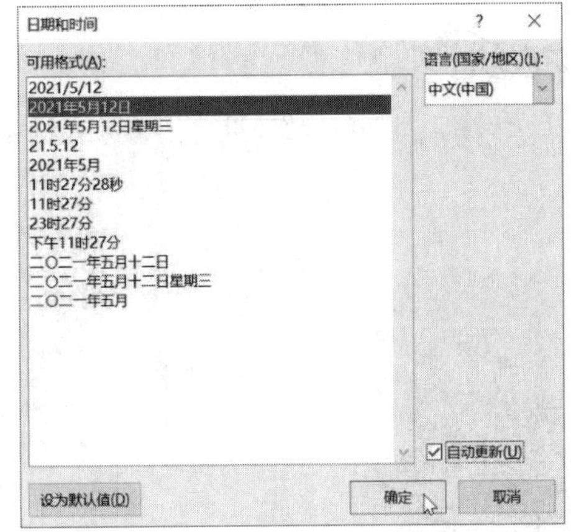

图3-49 "日期和时间"对话框

（2）设置表格格式，单击"设计"选项卡"绘图边框"组中的"边框和底纹"按钮，打开"边框和底纹"对话框，进行相应选项的设置。

（3）合并单元。同时选定如第1列中第2个和第3个单元格，单击"布局"选项卡中的"合并单元格"按钮，即可实现合并单元格操作。也可以右击所选对象，在弹出的快捷菜单中选择"合并单元格"命令。

（4）在表格中插入一列或多列。右击所选对象，在弹出的快捷菜单中选择"插入列"命令，单击"布局"选项卡，在"行和列"组中插入列按钮，即可插入一列，插入行与插入列类同。

（5）平均分布各列。选定整张表格，选择"布局"选项卡，在"单元格大小"组中单击"分布列"按钮，即可完成列宽相等的设置，行高设置与列宽设置类同。

（6）指定列宽的设置，选择"布局"选项卡，在"单元格大小"组中单击"表格属性"按钮，在弹出的"表格属性"对话框中选择"列"选项卡，在"指定宽度"数值框中输入"2厘米"，也可精确设置列宽值。

项目3 制作"移动设备销售额统计表"

为了使文档中的数据表示得简洁、明了、形象，表格处理技术是最好的选择。在本项目中，将进行基本的排版，着重运用表格及图表来突出文章的内容。

项目目标

- 熟练掌握表格的插入、表格的简单计算及表格的设置。
- 熟练掌握在文字处理软件中，依据表格数据生成簇状柱形图图表。
- 能够对文字、图、表进行混合排列。

项目描述

制作一份"移动设备销售额统计表"，包括文字的录入、表格的插入、计算机表格的设置、页面设置，依据表格数据生成簇状柱形图图表等操作，保存该文档。

解决路径

本项目主要内容包括文档的建立，录入素材中的文字内容，版面设置、插入表格、在表格中进行简单计算并设置表格的边框，图表的建立及修饰，保存该文档。项目的基本流程如图3-50所示。

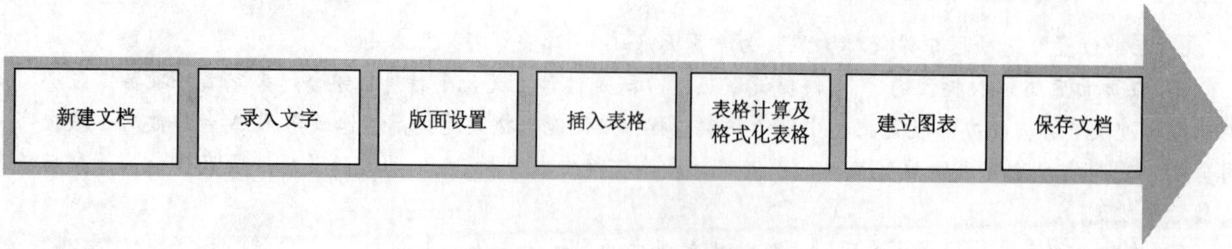

新建文档 → 录入文字 → 版面设置 → 插入表格 → 表格计算及格式化表格 → 建立图表 → 保存文档

图 3-50　项目 3 的基本工作流程

步骤 1: 打开“移动设备销售额素材.docx”文档，如图 3-51 所示。

视 频

项目 3

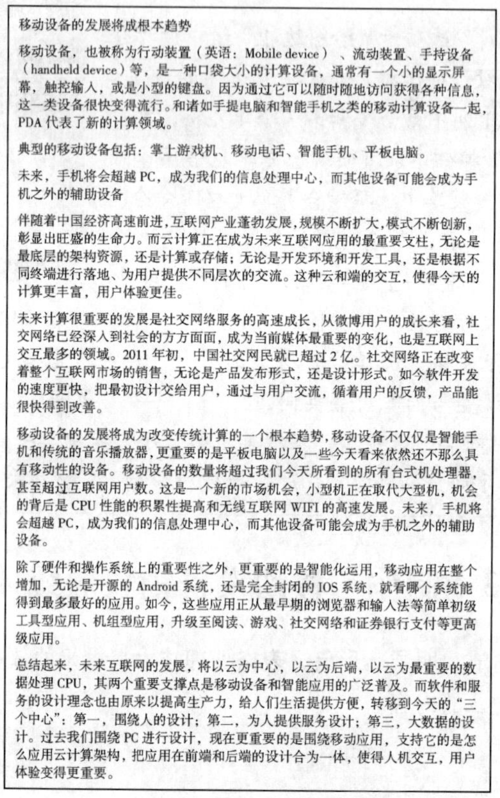

移动设备的发展将成根本趋势

移动设备，也被称为行动装置（英语：Mobile device）、流动装置、手持设备（handheld device）等，是一种口袋大小的计算设备，通常有一个小的显示屏幕，触控输入，或是小型的键盘。因为通过它可以随时随地访问获得各种信息，这一类设备很快变得流行。和诸如手提电脑和智能手机之类的移动计算设备一起，PDA 代表了新的计算领域。

典型的移动设备包括：掌上游戏机、移动电话、智能手机、平板电脑。

未来，手机将会超越 PC，成为我们的信息处理中心，而其他设备可能会成为手机之外的辅助设备

伴随着中国经济高速前进，互联网产业蓬勃发展，规模不断扩大，模式不断创新，彰显出旺盛的生命力。而云计算正在成为未来互联网应用的最重要支柱，无论是最底层的架构资源，还是计算或存储；无论是开发环境和开发工具，还是根据不同终端进行落地、为用户提供不同层次的交流。这种云和端的交互，使得今天的计算更丰富，用户体验更佳。

未来计算很重要的发展是社交网络服务的高速成长，从微博用户的成长来看，社交网络已经深入到社会的方方面面，成为当前媒体最重要的变化，也是互联网上交互最多的领域。2011 年初，中国社交网民就已超过 2 亿。社交网络正在改变着整个互联网市场的销售，无论是产品发布形式，还是设计形式。如今软件开发的速度更快，把最初设计交给用户，通过与用户交流，循着用户的反馈，产品能很快得到改善。

移动设备的发展将成为改变传统计算的一个根本趋势，移动设备不仅仅是智能手机和传统的音乐播放器，更重要的是平板电脑以及一些今天看来依然还不那么具有移动性的设备。移动设备的数量将超过我们今天所看到的所有台式机处理器，甚至超过互联网用户数。这是一个新的市场机会，小型机正在取代大型机，机会的背后是 CPU 性能的积累性提高和无线互联网 WIFI 的高速发展。未来，手机将会超越 PC，成为我们的信息处理中心，而其他设备可能会成为手机之外的辅助设备。

除了硬件和操作系统上的重要性之外，更重要的是智能化运用，移动应用在整个增加，无论是开源的 Android 系统，还是完全封闭的 IOS 系统，就看哪个系统能得到最多最好的应用。如今，这些应用正从最早期的浏览器和输入法等简单初级工具型应用、机组型应用，升级至阅读、游戏、社交网络和证券银行支付等更高级应用。

总结起来，未来互联网的发展，将以云为中心，以云为后端，以云为最重要的数据处理 CPU，其两个重要支撑点是移动设备和智能应用的广泛普及。而软件和服务的设计理念也由原来以提高生产力，给人们生活提供方便，转移到今天的“三个中心”：第一，围绕人的设计；第二，为人提供服务设计；第三，大数据的设计。过去我们围绕 PC 进行设计，现在更重要的是围绕移动应用，支持它的是怎么应用云计算架构，把应用在前端和后端的设计合为一体，使得人机交互，用户体验变得更重要。

图 3-51　移动设备销售额（原文）

销售额统计表如表 3-1 所示。

表 3-1　销售额统计表

星期 项目	星期一	星期二	星期三	星期四	星期五	星期六	星期日
掌上游戏机	120	310	480	1080	120	960	3600
数码照相机	600	120	240	120	840	240	2400
智能手机	600	240	360	1080	1200	720	4800
平板计算机	600	620	240	480	720	1080	300
移动电话	600	120	240	120	840	240	2400
移动电源	840	600	350	720	840	120	300
笔记本计算机	960	840	1200	480	360	360	300
移动硬盘	960	840	1200	480	360	360	300

移动设备销售额样文如图 3-52 所示。

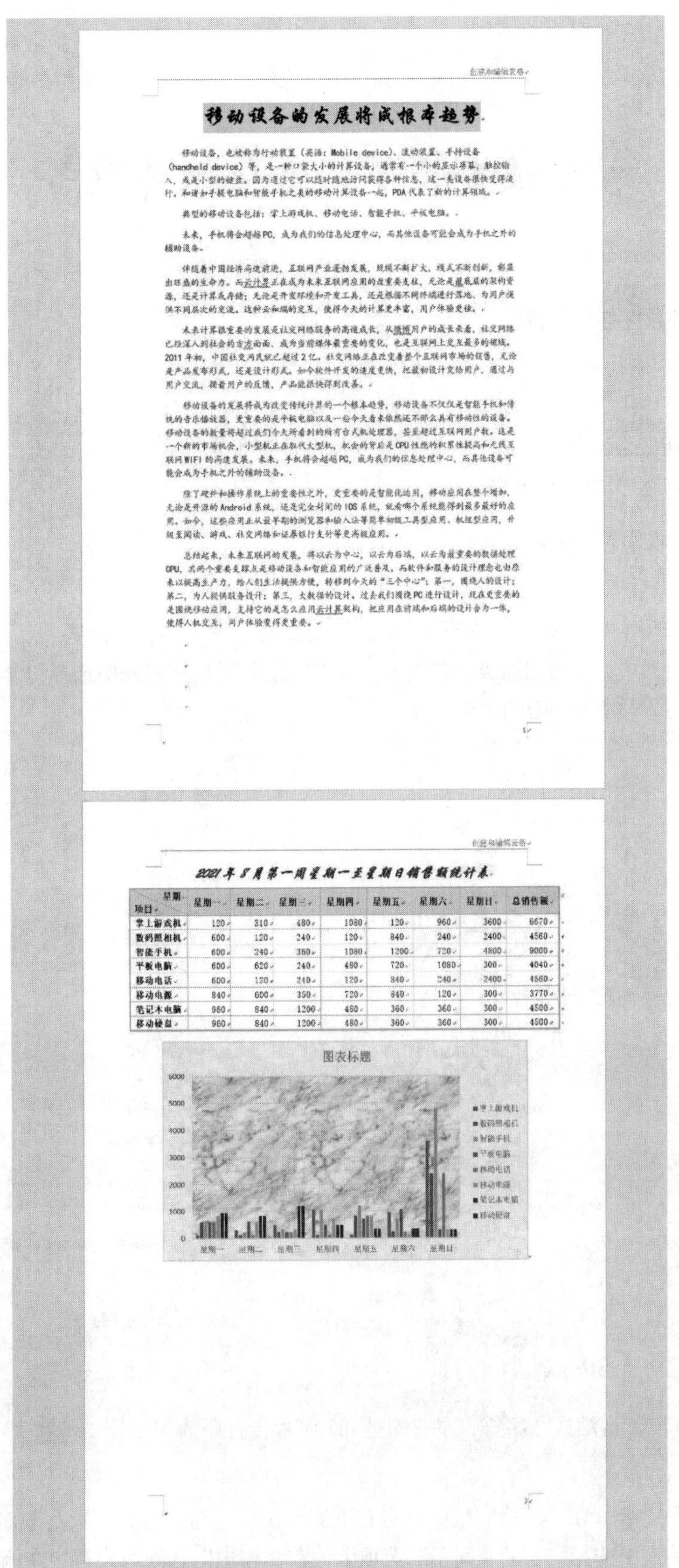

移动设备的发展将成根本趋势

移动设备，也被称为行动装置（英语：Mobile device）、流动装置、手持设备（handheld device）等，是一种口袋大小的计算设备，通常有一个小的显示屏幕，触控输入，或是小型的键盘。因为通过它可以随时随地访问获得各种信息，这一类设备很快变得流行。和诸如手提电脑和智能手机之类的移动计算设备一起，PDA 代表了新的计算领域。

典型的移动设备包括：掌上游戏机、移动电话、智能手机、平板电脑。

未来，手机将会超越 PC，成为我们的信息处理中心，而其他设备可能会成为手机之外的辅助设备。

伴随着中国经济高速前进，互联网产业蓬勃发展，规模不断扩大，模式不断创新，彰显出旺盛的生命力。而云计算正在成为未来互联网应用的最重要支柱，无论是最底层的架构资源，还是计算或存储；无论是开发环境和开发工具，还是根据不同终端进行落地，为用户提供不同层次的更迭。这种云和端的交互，使得今天的计算更丰富，用户体验更佳。

未来计算很重要的发展是社交网络服务的高速成长，从微博用户的成长来看，社交网络已经深入到社会的方方面面，成为当前媒体最重要的变化，也是互联网上交互最多的领域。2011 年初，中国社交网民就已超过 2 亿。社交网络正在改变着整个互联网市场的版图，无论是产品发布形式，还是设计形式。如今软件开发的速度更快，把最初设计交给用户，通过与用户交流，跟着用户的反馈，产品能很快得到改善。

移动设备的发展将成为改变传统计算的一个根本趋势，移动设备不仅仅是智能手机和传统的音乐播放器，更重要的是平板电脑以及一些今天看来依然还不那么具有移动性的设备。移动设备的数量将超过我们今天所看到的所有台式机处理器，甚至超过互联网用户数。这是一个新的市场机会，小型机正在取代大型机，机会的背后是 CPU 性能的积累性提高和无线互联网 WIFI 的高速发展。未来，手机将会超越 PC，成为我们的信息处理中心，而其他设备可能会成为手机之外的辅助设备。

除了硬件和操作系统上的重要性之外，更重要的是智能化应用，移动应用在整个增加，无论是开源的 Android 系统，还是完全封闭的 IOS 系统，就看哪个系统能得到最多最好的应用。如今，这些应用正从最早期的浏览器和输入法等简单初级工具型应用、机组型应用，升级至阅读、游戏、社交网络和证券银行支付等更高级应用。

总结起来，未来互联网的发展，将以云为中心，以云为后端，以云为最重要的数据处理 CPU，其两个重要支撑点是移动设备和智能应用的广泛普及。而软件和服务的设计理念也由原来以提高生产力，给人们生活提供方便，转移到今天的"三个中心"：第一，围绕人的设计；第二，为人提供服务设计；第三，大数据的设计。过去我们围绕 PC 进行设计，现在更重要的是围绕移动应用，支持它的是怎么应用云计算架构，把应用在前端和后端的设计合为一体，使得人机交互，用户体验变得更重要。

2021 年 8 月第一周星期一至星期日销售额统计表

星期 项目	星期一	星期二	星期三	星期四	星期五	星期六	星期日	总销售额
掌上游戏机	120	310	480	1080	120	960	3600	6670
数码照相机	600	120	240	120	840	240	2400	4560
智能手机	600	240	360	1080	1200	720	4800	9000
平板电脑	600	620	240	480	720	1080	300	4040
移动电话	600	120	240	120	840	240	2400	4560
移动电源	840	600	350	720	840	120	300	3770
笔记本电脑	960	840	1200	480	360	360	300	4500
移动硬盘	960	840	1200	480	360	360	300	4500

图 3-52　移动设备销售额样文

步骤 2: 设置文档标题字体为华文行楷，字号小一，加粗，居中对齐（步骤参考项目 1），加字符底纹。

（1）选定文档标题。

（2）单击“开始”选项卡，在“字体”组中单击“字符底纹” A 按钮，设置后的标题效果如图 3-53 所示。

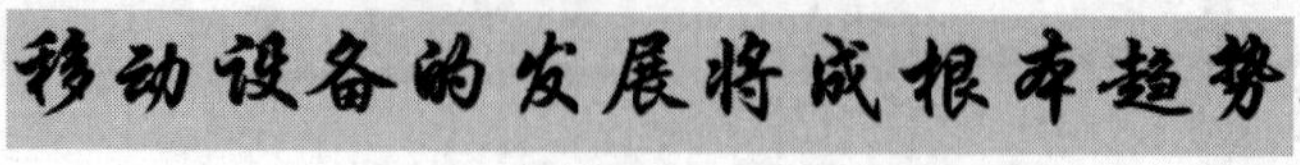

移动设备的发展将成根本趋势

图 3-53　设置后的标题效果

步骤 3: 设置正文各段字体为楷体，字号五号，字体颜色“深蓝，文字 2”。

（1）选定正文。

（2）单击“开始”选项卡“字体”组右下侧的扩展按钮，打开“字体”对话框。

（3）在“字体”对话框中选择“字体”选项卡，选择中文字体为“楷体”，字形为“常规”，字号为“五号”，字体颜色为“深蓝，文字 2”，单击“确定”按钮，如图 3-54 所示。

步骤 4: 设置正文各段字符间距加宽 0.3 磅。

（1）选定正文。

（2）单击“开始”选项卡“字体”组右下侧的扩展按钮，打开“字体”对话框。

（3）在“字体”对话框中，单击“高级”选项卡，在“间距”下拉列表框中选择“紧缩”选项，“磅值”设置为“0.3 磅”，单击“确定”按钮，如图 3-55 所示。

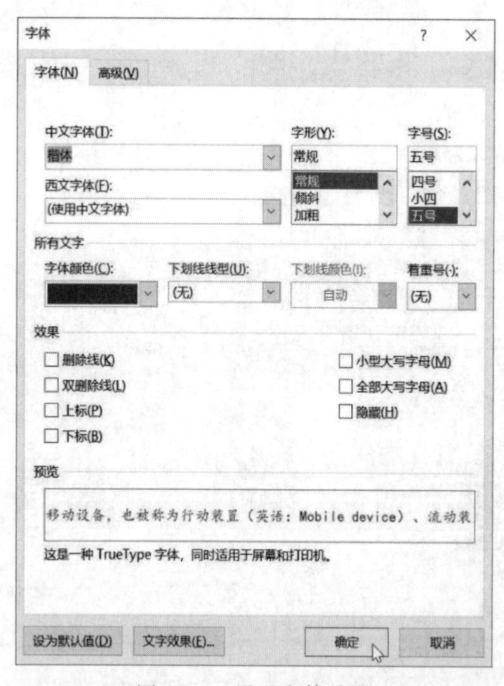

图 3-54　设置字体效果

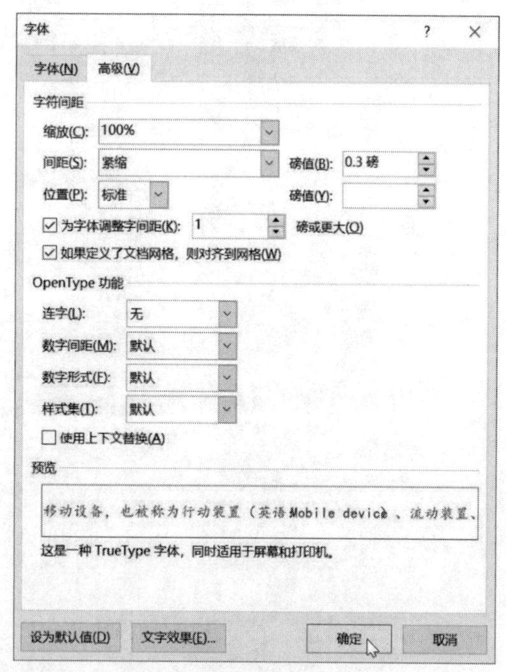

图 3-55　设置字符间距

步骤 5: 设置正文各段首行缩进 2 字符，左右缩进 0.2 厘米，行距为固定值 15 磅。

（1）选定正文。

（2）选择“开始”选项卡，在“段落”组中单击右下侧的扩展按钮，打开“段落”对话框。

（3）在“段落”对话框中选择“缩进和间距”选项卡，在“缩进”选项组中将“左侧”、“右侧”设置为“0.2 厘米”；在“特殊格式”下拉列表中选择“首行缩进”选项，设置“磅值”为“2 字符”；在“行距”下拉列表中，选择“固定值”选项，设置“设置值”为“15 磅”，单击“确定”按钮，如图 3-56 所示。

步骤 6: 在正文下方输入表格名称“2021 年 8 月第一周星期一至星期日销售额统计表”。设置表格名称“2021 年 8 月第一周星期一至星期日销售额统计表”字体为华文行楷，字号三号、加粗、倾斜、深蓝，文字 2，居中对齐。

步骤 7: 在表格名称下方创建 9 行 8 列的空表格。

（1）选择“插入”选项卡，单击“表格”下拉按钮，选择“插入表格”命令，弹出“插入表格”对话框，如图 3-57 所示。

图 3-56　设置段落效果

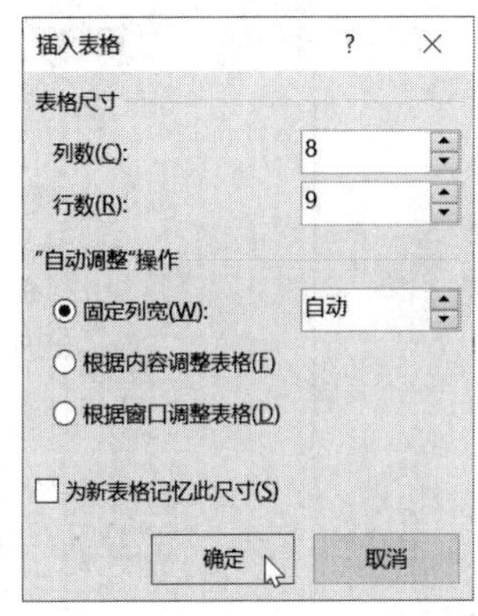

图 3-57　“插入表格”对话框

（2）在“插入表格”对话框的“表格尺寸”选项组中设置“列数”为“8”、“行数”为“9”，单击“确定”按钮，生成 9 行 8 列的空表格。

步骤 8: 在表格中输入表 3-1 中的数据。

步骤 9: 在表格右侧添加一列，标题为“总销售额”。

（1）选定表格的最后一列。

（2）右击表格，选择“插入”→“在右侧插入列”命令，添加一列。

（3）在添加列的最上方单元格中输入“总销售额”。

步骤 10: 设置表格行和列标题字体为宋体，字号五号，加粗；所有数据字体为宋体，字号五号。

步骤 11: 表格内容对齐方式为水平方向、垂直方向全部居中对齐。

（1）选定整个表格。

（2）单击“表格工具”下方的“布局”选项卡，再单击“对齐方式”中的水平居中按钮。

步骤 12: 调整表格的宽度和高度。

（1）选定整个表格。

（2）将鼠标指针移动到表格右下角的控制点上，当鼠标指针变为双向箭头时，拖动鼠标调整整个表格的大小。

（3）将鼠标指针移动到第一个单元格右侧的边框线上，拖动鼠标调整该单元格的宽度；将鼠标指针移动到第一个单元格底端的边框线上，拖动鼠标调整该单元格的高度。调整后的表格如图 3-58 所示。

2021年8月第一周星期一至星期日销售额统计表

	星期一	星期二	星期三	星期四	星期五	星期六	星期日	总销售额
掌上游戏机	120	310	480	1080	120	960	3600	
数码照相机	600	120	240	120	840	240	2400	
智能手机	600	240	360	1080	1200	720	4800	
平板电脑	600	620	240	480	720	1080	300	
移动电话	600	120	240	120	840	240	2400	
移动电源	840	600	350	720	840	120	300	
笔记本电脑	960	840	1200	480	360	360	300	
移动硬盘	960	840	1200	480	360	360	300	

图 3-58 调整后的表格

步骤 13: 在表格左上角单元格内加入斜线表头，行标题为“星期”，列标题为“项目”。

（1）将光标定位于表格的第一个单元格。

（2）选择“表格工具-设计”选项卡，在“边框”组中单击“边框”下拉按钮，打开下拉菜单，单击“斜下框线”按钮，单击“确定”按钮，如图 3-59 所示。

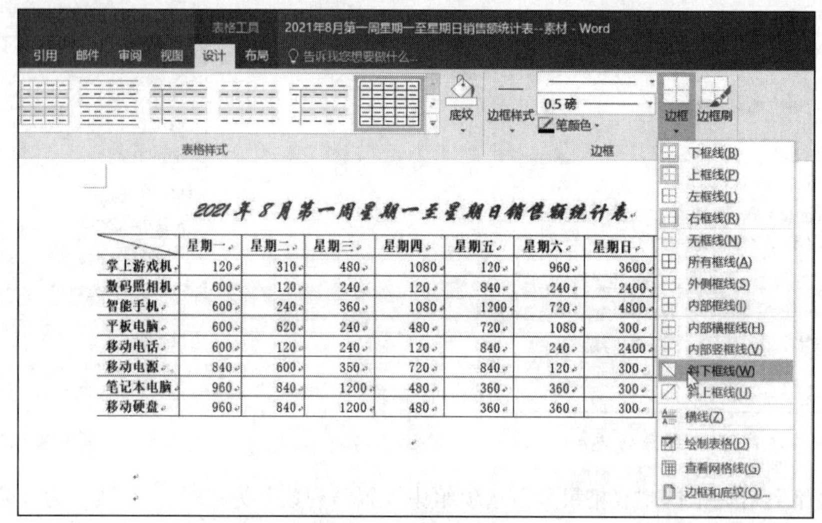

图 3-59 插入斜线

（3）在第一个单元格中输入“星期”文字，然后按【Enter】键，然后再输入“项目”文字，最后调整合适的位置即可。

步骤 14: 以“星期一”列为依据，进行递增排序。

（1）将光标定位于表格的任意单元格。

（2）选择“表格工具-布局”选项卡，在“数据”组中单击“排序”按钮，打开“排序”对话框，如图 3-60 所示。

（3）在“排序”对话框的“主要关键字”下拉列表框中选择“星期一”选项，再选中“升序”单选按钮，单击“确定”按钮。

步骤 15: 利用公式对每种设备“总销售额”求和。

（1）将光标定位于放置第一种设备“总销售额”结果的单元格。

（2）选择“表格工具-布局”选项卡，在“数据”组中单击“公式”按钮，弹出“公式”对话框，如图 3-61 所示。

（3）在“公式”对话框中，输入公式“=SUM(B2:H2)”（或输入公式“=SUM(LEFT)”），单击“确定”按钮。

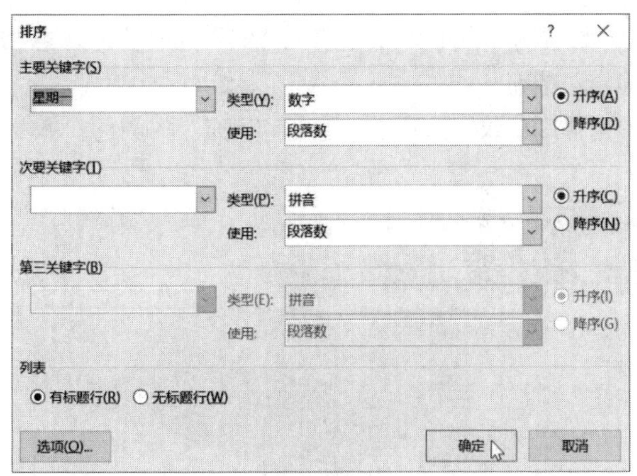

图 3-60 “排序”对话框

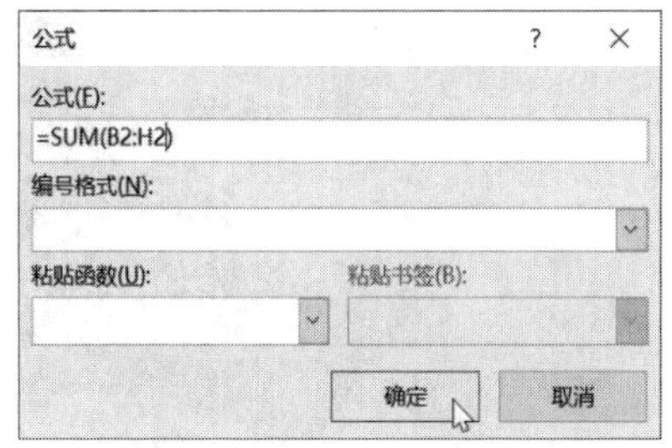

图 3-61 “公式”对话框

（4）计算出每种设备的“总销售额”，方法同以上三步，只是每次输入的公式不同。计算后的表格如图 3-62 所示。

2021年8月第一周星期一至星期日销售额统计表

星期 项目	星期一	星期二	星期三	星期四	星期五	星期六	星期日	总销售额
掌上游戏机	120	310	480	1080	120	960	3600	6670
数码照相机	600	120	240	120	840	240	2400	4560
智能手机	600	240	360	1080	1200	720	4800	9000
平板电脑	600	620	240	480	720	1080	300	4040
移动电话	600	120	240	120	840	240	2400	4560
移动电源	840	600	350	720	840	120	300	3770
笔记本电脑	960	840	1200	480	360	360	300	4500
移动硬盘	960	840	1200	480	360	360	300	4500

图 3-62 计算后的表格

步骤 16: 对表格进行简单的修饰：设置表格的边框线，设置单元格的底纹，可以根据自己的喜好进行设计，也可以参考样文来设置。

（1）选定整个表格。

（2）选择“表格工具”，单击“设计”选项卡，在“边框”组中单击右下角的扩展按钮，打开“边框和底纹”对话框，如图 3-63 所示。

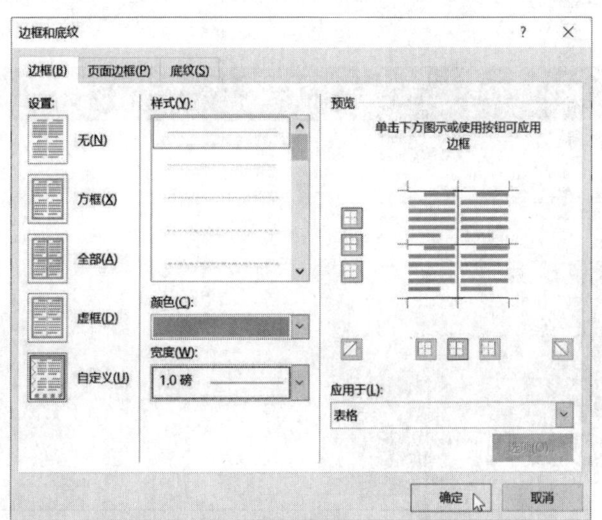

图 3-63 “边框和底纹”对话框

（3）在“边框和底纹”对话框中选择“边框”选项卡，设置为“自定义”，选择“样式”“颜色”，设置“外边框”；再选择“样式”“颜色”，设置“内边框”，单击“确定”按钮。

（4）选定表格的第一行，在“边框和底纹”对话框中选择“底纹”选项卡，选择“填充”的颜色，单击“确定”按钮。修饰后的表格如图 3-64 所示。

2021 年 8 月第一周星期一至星期日销售额统计表

星期 项目	星期一	星期二	星期三	星期四	星期五	星期六	星期日	总销售额
掌上游戏机	120	310	480	1080	120	960	3600	6670
数码照相机	600	120	240	120	840	240	2400	4560
智能手机	600	240	360	1080	1200	720	4800	9000
平板电脑	600	620	240	480	720	1080	300	4040
移动电话	600	120	240	120	840	240	2400	4560
移动电源	840	600	350	720	840	120	300	3770
笔记本电脑	960	840	1200	480	360	360	300	4500
移动硬盘	960	840	1200	480	360	360	300	4500

图 3-64 修饰后的表格

步骤 17: 设置整篇文档页边距（上、下为 2.6 厘米，左、右为 3.2 厘米）。

步骤 18: 在页眉居右位置输入“创建和编辑表格”，页脚居中输入页码。

（1）选择“插入”选项卡，在“页眉和页脚”组中单击“页眉”按钮，选择“编辑页眉”命令，进入“页眉和页脚”编辑状态。

（2）将光标定位到页眉位置，输入“创建和编辑表格”，单击“开始”选项卡，在“段落组”中单击“文本右对齐”按钮≡。

（3）在“插入”选项卡的“页眉和页脚”组中，单击“页码”按钮，单击“页面底端”→“普通数字 3”，单击“关闭页眉页脚”按钮。

步骤 19: 依据表格数据生成簇状柱形图图表。

（1）选定表格的前 8 列，单击“复制”按钮或按下【Ctrl+C】组合键，将鼠标定位到需要插入图表的位置，本例是表格的下方。

（2）单击“插入”选项卡，在“插图”选项组中单击“图表”按钮，在打开的“插入图表”对话框中选择图表类型，选择簇状柱形图，单击“确定”按钮。

（3）在随即打开的 Excel 表中，单击 A1 单元格（如果图表区域的大小不合适，请拖动区域的右下角，默认只有系列 3，本例是系列 7），按【Ctrl+V】组合键将先前复制的表格粘贴过来，可以看到当前的 Word 文档也会插入一个图表，如图 3-65 所示。

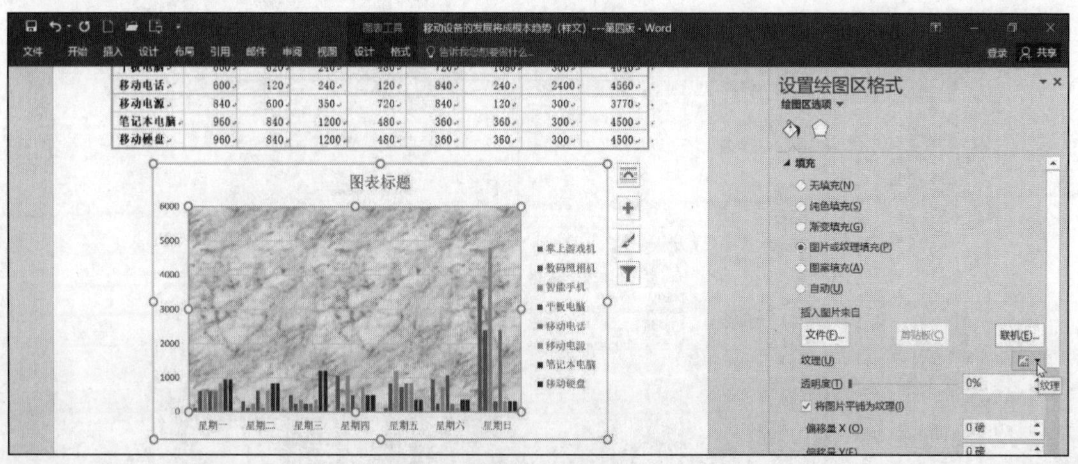

图 3-65 插入图表

（4）如果对图表效果不是很满意，也可以通过单击“图表工具–设计”选项卡进行相关调整，本例 需要行列转换。在“数据”组中单击“切换行/列”按钮，如图 3–66 所示。

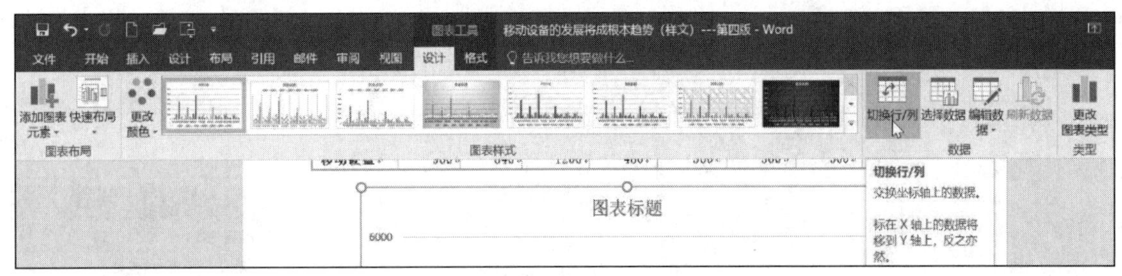

图 3–66 “切换行/列”按钮

（5）图表操作完成后，可以直接关闭右方这个 Excel 电子表格，可以看到 Word 当中已经出现基于表格所创建的图表，如图 3–67 所示。单击“图表”将其选中，仍然可以使用“图表工具”来进行相关编辑操作。

（6）双击图表的“绘图区”区域，打开“设置绘图区格式”窗格，如图 3–68 所示。

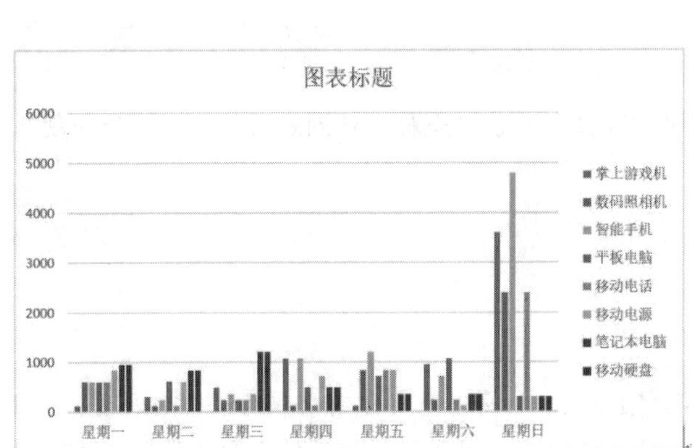

图 3–67 “切换行/列”后的图表

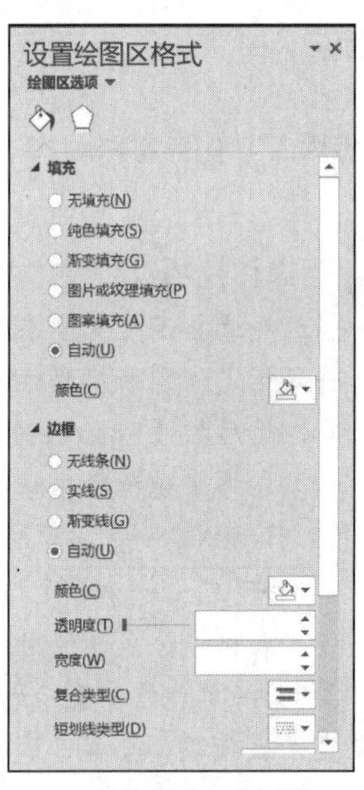

图 3–68 “设置绘图区格式”窗格

（7）单击“填充”选项组中的“图片或纹理填充”单选按钮，单击“纹理”下拉按钮，弹出“填充”的样式，如图 3–69 所示。选择“纹理”区域中的“白色大理石”样式，单击“关闭”按钮。

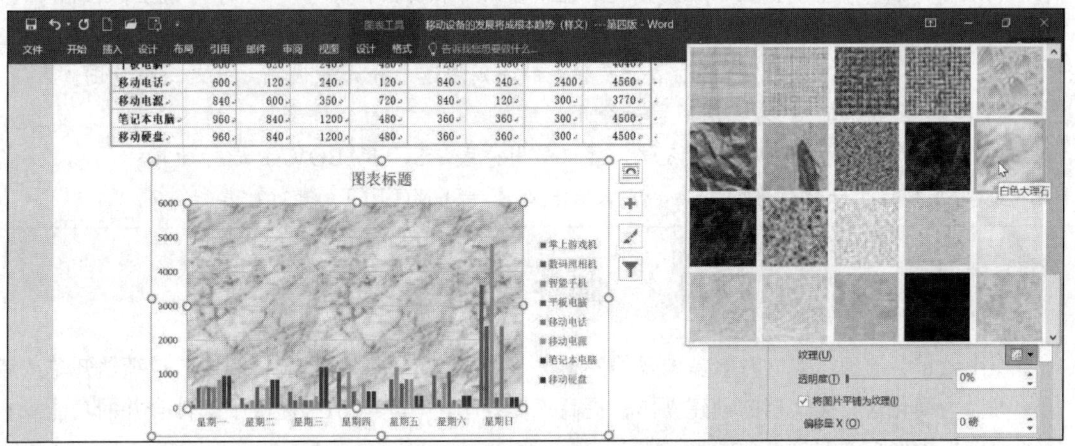

图 3–69 设置“绘图区”的样式

（8）用同样的方法，将“图表区”设置为“羊皮”样式，如图 3-70 所示。

（9）提示：设置绘图区和图表区，特别注意在设置图表区格式组中，选择绘图区或图表区，逐一设置，如图 3-71 所示。

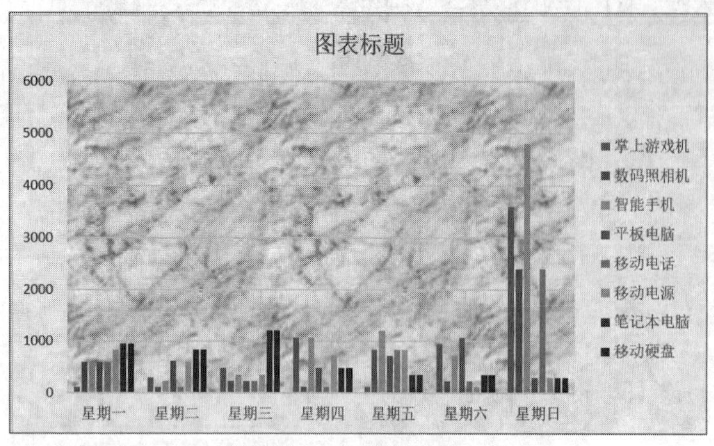

图 3-70　设置后的图表

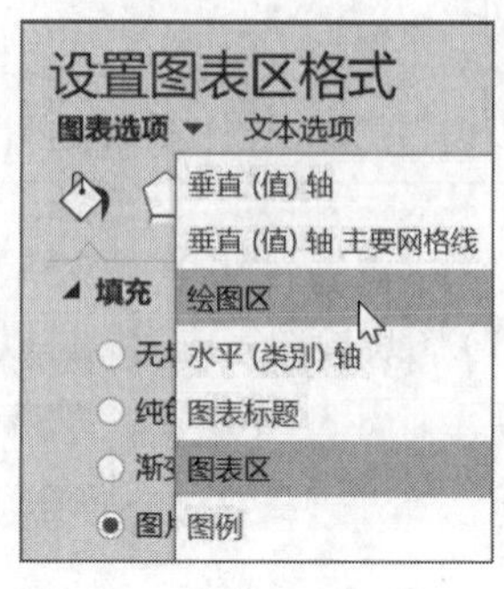

图 3-71　设置图表区格式

步骤 20: 保存文档。

操作技巧

（1）在表格末尾快速添加一行。

将光标定位到表格最后一行的最后一个单元格，然后按【Tab】键；或将光标定位到表格最后一行外的段落标记处，然后按【Enter】键。

（2）表格中光标顺序移动的快捷键：

① 移动到下一个单元格的快捷键：【Tab】。

② 移动到上一个单元格的快捷键：【Shift+Tab】。

（3）表格中公式的使用：

① 如果单元格中显示的是大括号和代码（例如，{=SUM(LEFT)}）而不是实际的求和结果，则表明 Word 正在显示域代码。要显示域代码的计算结果，可按【Shift+F9】组合键；相反的，如果想查看域代码，也可按【Shift+F9】组合键。

② 如果在域代码中对公式进行了修改，则按【F9】键可对计算结果进行更新。

③ 如果在表格中进行算术运算，公式中的加法符号为“+”，减法符号为“-”，乘法符号为“*”，除法符号为“/”，乘方的表示方法为“5^3”。在“公式”文本框中输入计算公式，等号“=”不可缺少，在括号内指定计算范围，指定单元格用字母加数字的形式表示。A、B、C、... 表示第 1 列、第 2 列、第 3 列、...、1、2、3、... 表示第 1 行、第 2 行、第 3 行、... 指定的单元格若是独立的，则用逗号分开其代码；若是一个范围，只输入其第一个和最后一个单元格的代码，两者之间用冒号分开。

④ 如果选定的单元格位于一列数值的底端，建议采用公式 =SUM(ABOVE) 进行计算。

如果选定的单元格位于一行数值的右端，建议采用公式 =SUM(LEFT) 进行计算。

项目 4　邮件合并的应用

在实际工作中经常会遇到需要同时给多人发信的情况，例如，生日邀请、节日问候、成绩通知单或者单位写给客户的信件等。为简化这一类文档的创建操作，提高工作效率，Word 2016 提供了邮件合并的功能。本项目以制作一份成绩通知单为例来说明这一功能。

项目目标

- 了解邮件合并功能的基本概念。
- 熟练掌握邮件合并功能的应用。
- 将图 3-72 所示的样式配合表 3-2 中的数据，利用邮件合并功能生成如图 3-73 所示的每名学生的成绩单。

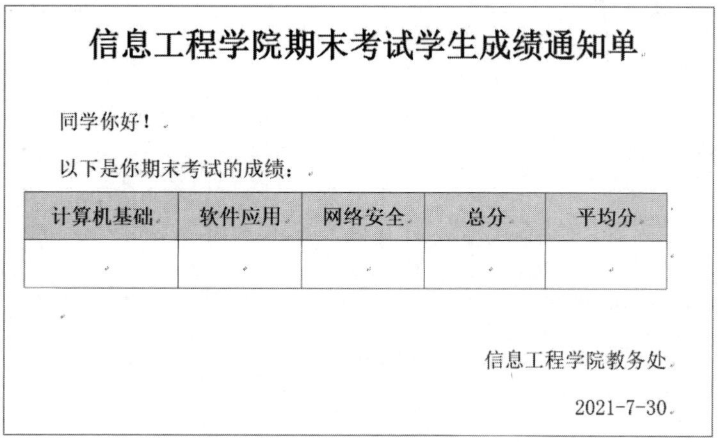

信息工程学院期末考试学生成绩通知单

同学你好！

以下是你期末考试的成绩：

计算机基础	软件应用	网络安全	总分	平均分

信息工程学院教务处

2021-7-30

图 3-72　成绩单样式

表 3-2　成　绩　表

专　　业	姓　　名	性　　别	计算机基础	软 件 应 用	网 络 安 全	总　　分	平　均　分	评　　价
计应	钱莎莎	男	98.0	87.0	85.0	270.0	90.0	优秀
网管	郭晓晨	女	68.0	77.0	80.0	225.0	75.0	中
电子	刘丁丁	女	83.0	79.0	82.0	244.0	81.3	良好
网管	张大伟	男	75.0	80.0	76.0	231.0	77.0	中
网管	闫方方	男	85.0	90.0	88.0	263.0	87.7	良好
计应	李小光	女	82.0	81.0	76.0	239.0	79.7	中
计应	李红霞	女	77.0	86.0	8.01	2431	81.3	良好
网管	王豪	男	84.0	92.0	90.0	266.0	88.7	良好
网管	金婷婷	男	88.0	56.0	88.0	232.0	77.3	中
电子	李健	男	73.0	72.0	80.0	225.0	75.0	中
计应	崔航	女	78.0	80.0	80.0	238.0	79.3	中
电子	李劲	女	67.0	75.0	77.0	219.0	73.0	中
网管	古源源	女	86.0	70.0	70.0	226.0	75.3	中
电子	陈旭旭	男	87.0	77.0	64.0	228.0	76.0	中
电子	魏新爽	男	79.0	80.0	79.0	238.0	79.3	中
电子	李立丽	女	71.0	90.0	87.0	248.0	82.7	良好
网管	于亮亮	男	90.0	88.0	92.0	27.0.0	90.0	优秀
计应	张小楠	男	58.0	65.0	60.0	183.0	61.0	及格
电子	刘丰硕	女	87.0	90.0	89.0	266.0	88.7	良好
网管	闫加	男	60.0	50.0	57.0	167.0	55.7	不及格
电子	张林	女	69.0	76.0	73.0	218.0	726.67	中
计应	毛晓鑫	男	89.0	78.0	90.0	257.0	85.67	良好

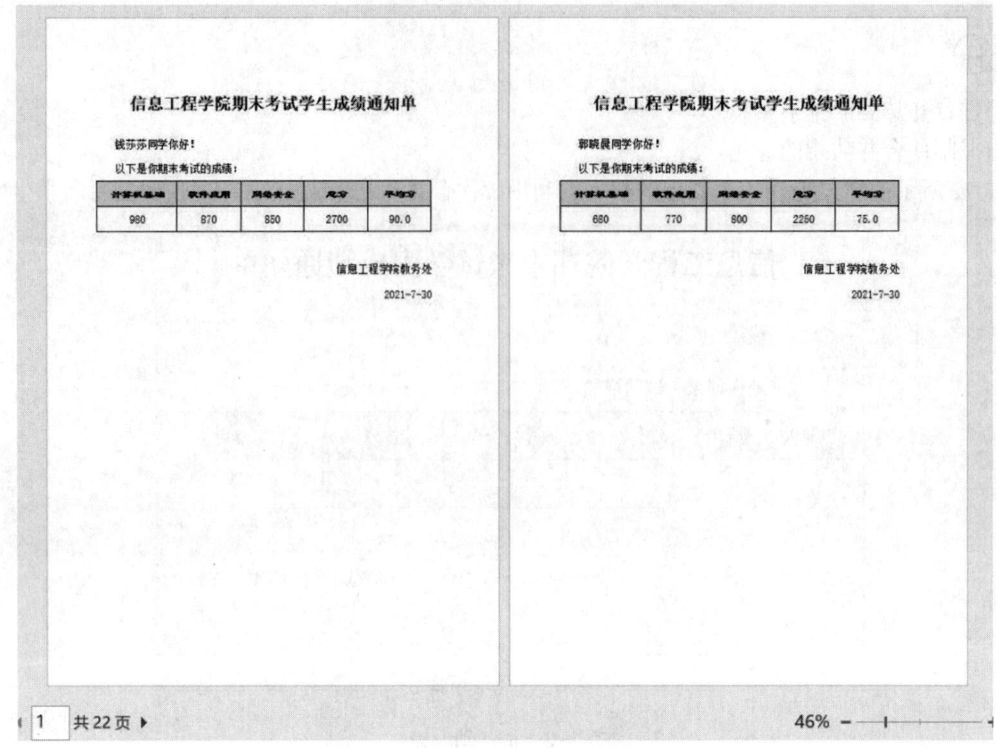

信息工程学院期末考试学生成绩通知单

钱莎莎同学你好！

以下是你期末考试的成绩：

计算机基础	软件应用	网络安全	总分	平均分
980	870	850	2700	90.0

信息工程学院教务处

2021-7-30

信息工程学院期末考试学生成绩通知单

郭晓晨同学你好！

以下是你期末考试的成绩：

计算机基础	软件应用	网络安全	总分	平均分
680	770	800	2250	75.0

信息工程学院教务处

2021-7-30

图 3-73 合并后的成绩单样文

项目描述

使用邮件合并功能，制作一份“学生成绩通知单”，包括邮件合并主文档内容的录入、版面设置及数据源的提供（本例使用“表 3-2 的数据”），生成每个学生的成绩通知单，并作为新文件保存。生成后的样文如图 3-73 所示。

解决路径

本项目主要内容包括新建文档，录入并保存如图 3-72 所示原文所给出的文档作为主文档，并设置版面。建立数据源数据、录入并保存表 3-2 所示的内容（作为数据源）。使用邮件合并功能对主文档和数据源建立关联。生成每个学生的成绩通知单，并作为新文件保存。该项目的基本工作流程如图 3-74 所示。

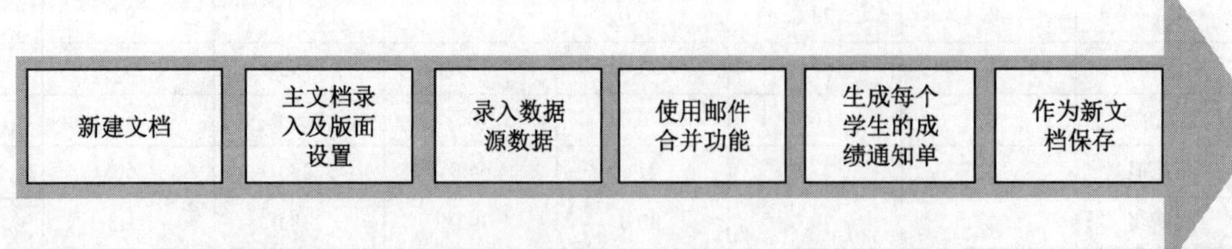

图 3-74 项目 4 的基本工作流程

项目实施

步骤 1：启动 Word 2016，建立空文档，录入并保存原文所给出的文档作为主文档。

（1）新建文档。

（2）录入主文档文字，进行版面设置。

步骤 2: 建立空文档，录入并保存表 3-2 所示的表格内容，作为数据源。

步骤 3: 将“信息工程学院期末考试学生成绩通知单”设置为标题 1 样式并且居中。

（1）选定标题。

（2）在“开始”选项卡中的“样式”区域单击“标题 1”选项，单击“段落”区域中的“居中”按钮，效果如图 3-75 所示。

信息工程学院期末考试学生成绩通知单

图 3-75　标题设置效果

步骤 4: 将正文字体设置为宋体，字号为四号。

步骤 5: 将表格中的文字靠下居中对齐；设置表标题字体为隶书并且加粗，底纹为白色，背景 1，深色 15%。

（1）设置单元格对齐方式。选定整个表格，单击“表格工具-布局”，在对齐方式组中，单击“靠下居中对齐”按钮，如图 3-76 所示。

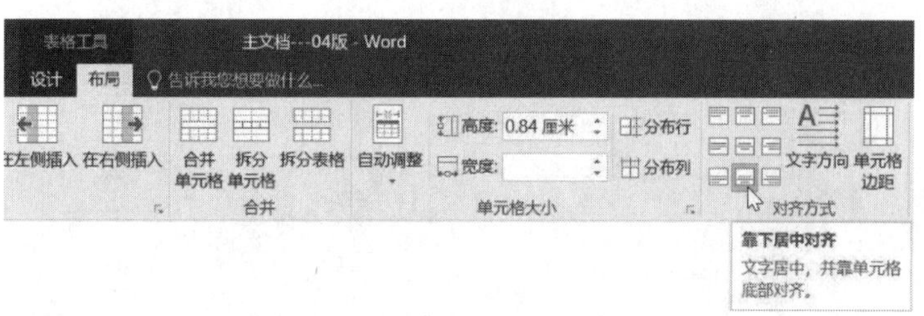

图 3-76　“靠下居中对齐”按钮

（2）设置表标题底纹格式。选定表格第 1 行，选择“页面布局”选项卡，在“页面背景”组中单击“页面边框”按钮，打开“边框和底纹”对话框，单击“底纹”选项卡，设置“填充”为“白色，背景 1，深色 15%”，单击“确定”按钮，如图 3-77 所示。

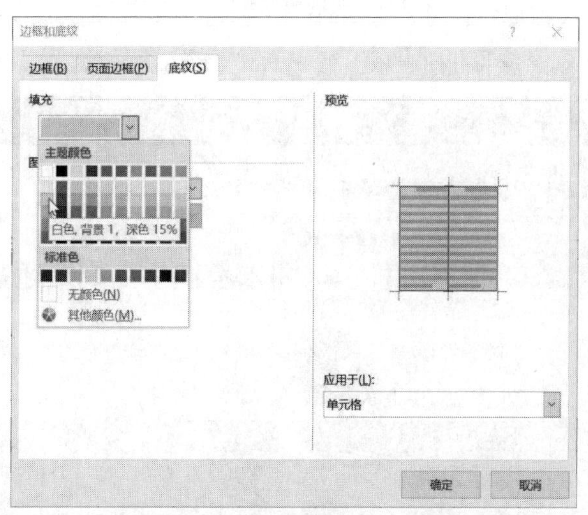

图 3-77　“边框和底纹”对话框

步骤 6: 使用邮件合并功能对主文档和数据源建立关联。

（1）打开“主文档”，指定插入的位置，单击“邮件”选项卡，在“开始邮件合并”组中单击“选择收件人”下拉按钮，在弹出的下拉列表中选择“使用现有列表”命令，如图 3-78 所示。

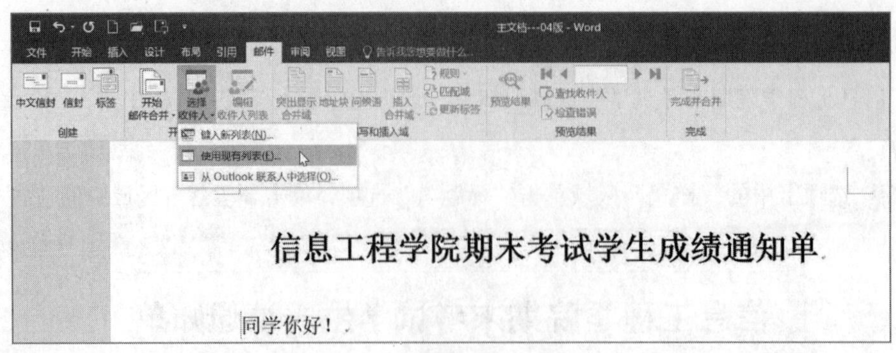

图 3-78 使用现有列表

（2）打开“选取数据源”对话框，打开文档“数据源.docx”所在的位置，选定该文档，单击“打开”按钮，如图 3-79 所示。

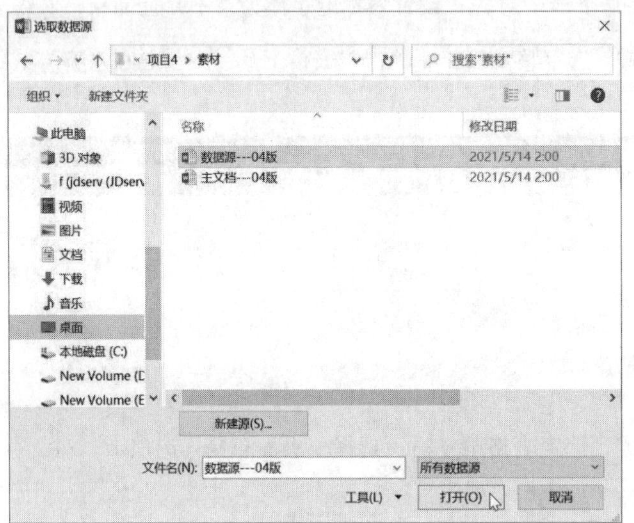

图 3-79 “选取数据源”对话框

（3）单击“邮件”选项卡，在“编写和插入域”组中单击“插入合并域”下拉按钮，如图 3-80 所示。

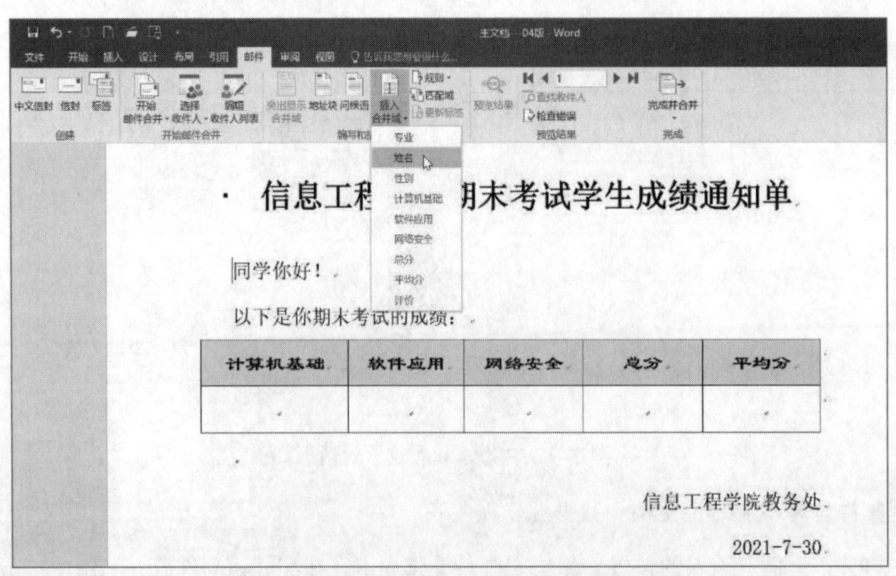

图 3-80 “插入合并域”下拉列表

步骤 7: 在主文档中插入合并域。

（1）以上把数据源引入到主文档中，将定位在“同学你好!”前，在“插入合并域”下拉列表中，选择“姓名”选项。

（2）参照上述（1）的操作方法，分别将“数据库域”中的“计算机基础”“软件应用”“网络安全”“总分”“平均成绩”插入到表格相应的位置。插入合并域后的主文档如图 3-81 所示。

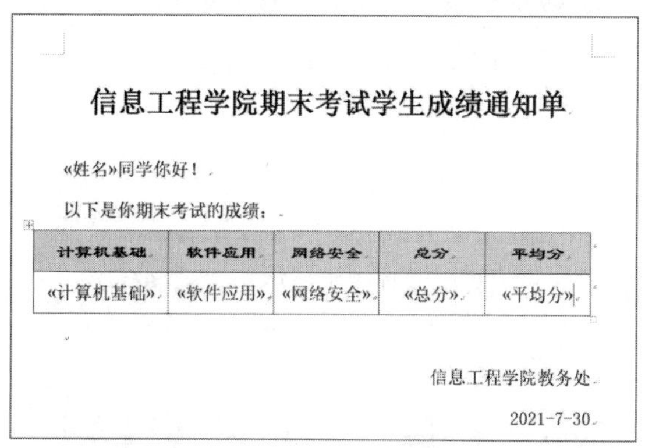

信息工程学院期末考试学生成绩通知单

«姓名»同学你好！

以下是你期末考试的成绩：

计算机基础	软件应用	网络安全	总分	平均分
«计算机基础»	«软件应用»	«网络安全»	«总分»	«平均分»

信息工程学院教务处

2021-7-30

图 3-81　“插入合并域”后的主文档

步骤 8: 生成每个同学的成绩单，并作为新文件保存。

（1）单击“邮件”选项卡，在“完成”组中单击“完成并合并”下拉按钮，选择“编辑单个文档”命令，打开“合并到新文档”对话框，在“合并记录”选项组中选中“全部”单选按钮（见图 3-82），单击“确定”按钮，完成合并链接。

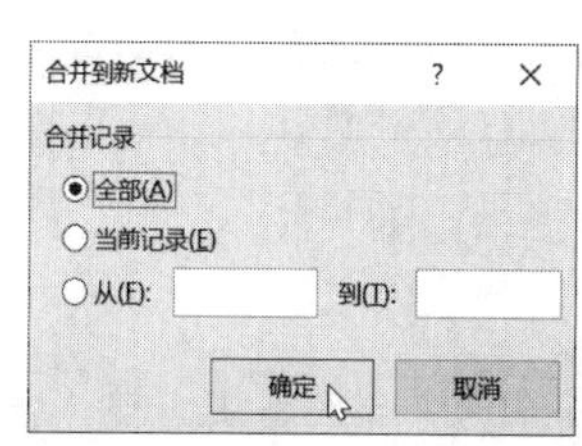

图 3-82　“合并到新文档”对话框

（2）生成一个新的文档，内容是每个学生的成绩单，如图 3-83 所示。将该文档进行保存。

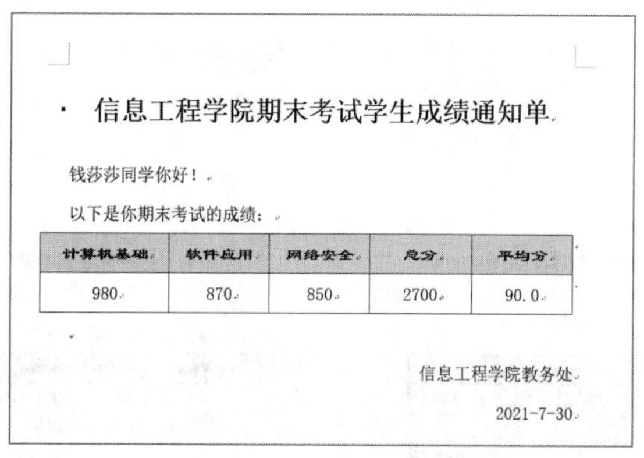

信息工程学院期末考试学生成绩通知单

钱莎莎同学你好！

以下是你期末考试的成绩：

计算机基础	软件应用	网络安全	总分	平均分
980	870	850	2700	90.0

信息工程学院教务处

2021-7-30

图 3-83　生成一个新的文档

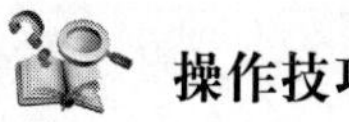

操作技巧

邮件合并中、省纸办法如下：

（1）在一页 A4 纸上显示两名学生的成绩单。在主文档中将插入域后的成绩单在同一页复制一份，调整两份成绩单的间隔，将光标定位到第 2 张成绩单之前的位置。单击“邮件”选项卡，在“编写和插入域”组中，单击“规则”下拉按钮，选择“下一条记录”选项，如图 3-84 所示。

（2）插入 Word 域后的效果，注意两条记录中间的《下一记录》显示，表明一页纸可以打印两个成绩单。调整后的效果如图 3-85 所示。

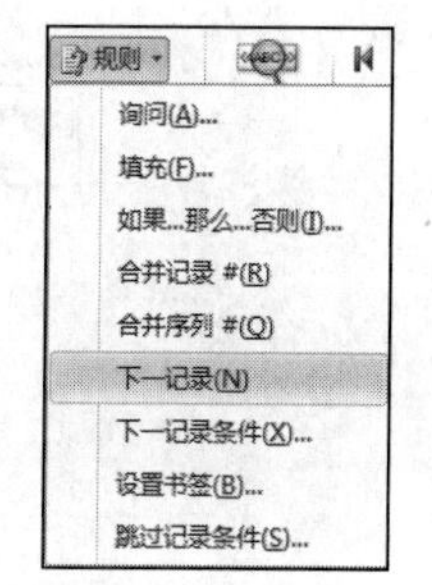

图 3-84　插入 Word 域

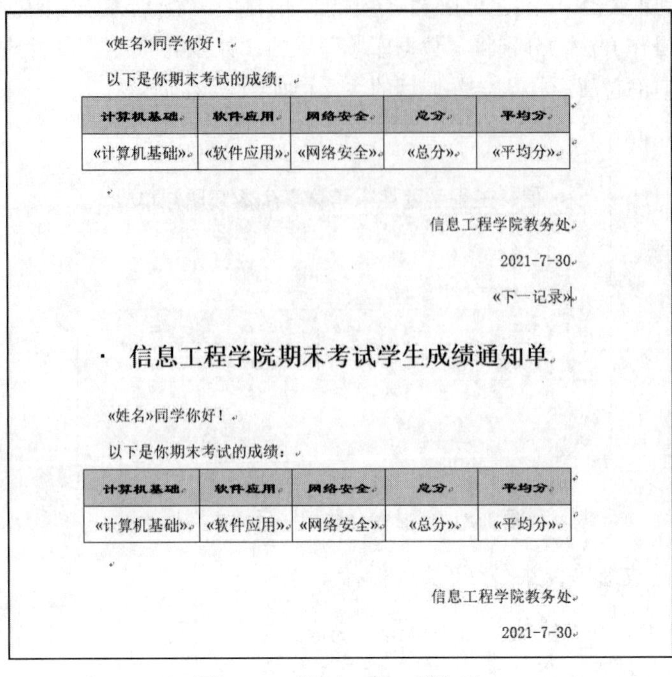

«姓名»同学你好！

以下是你期末考试的成绩：

计算机基础	软件应用	网络安全	总分	平均分
«计算机基础»	«软件应用»	«网络安全»	«总分»	«平均分»

信息工程学院教务处

2021-7-30

«下一记录»

信息工程学院期末考试学生成绩通知单

«姓名»同学你好！

以下是你期末考试的成绩：

计算机基础	软件应用	网络安全	总分	平均分
«计算机基础»	«软件应用»	«网络安全»	«总分»	«平均分»

信息工程学院教务处

2021-7-30

图 3-85 “插入 Word 域”后

（3）如果真正实现一张纸打印两份成绩单，还需要再一次在“完成”组中，单击“完成合并”下拉按钮，选择“编辑单个文档”命令，打开“合并到新文档”对话框，在“合并记录”选项组中选中“全部”单选按钮，单击“确定”按钮（见图 3-82），完成合并链接。

（4）又一次生成一个新的文档，每页纸可以显示两名学生的成绩单。将该文档再一次进行保存，效果如图 3-86 所示。

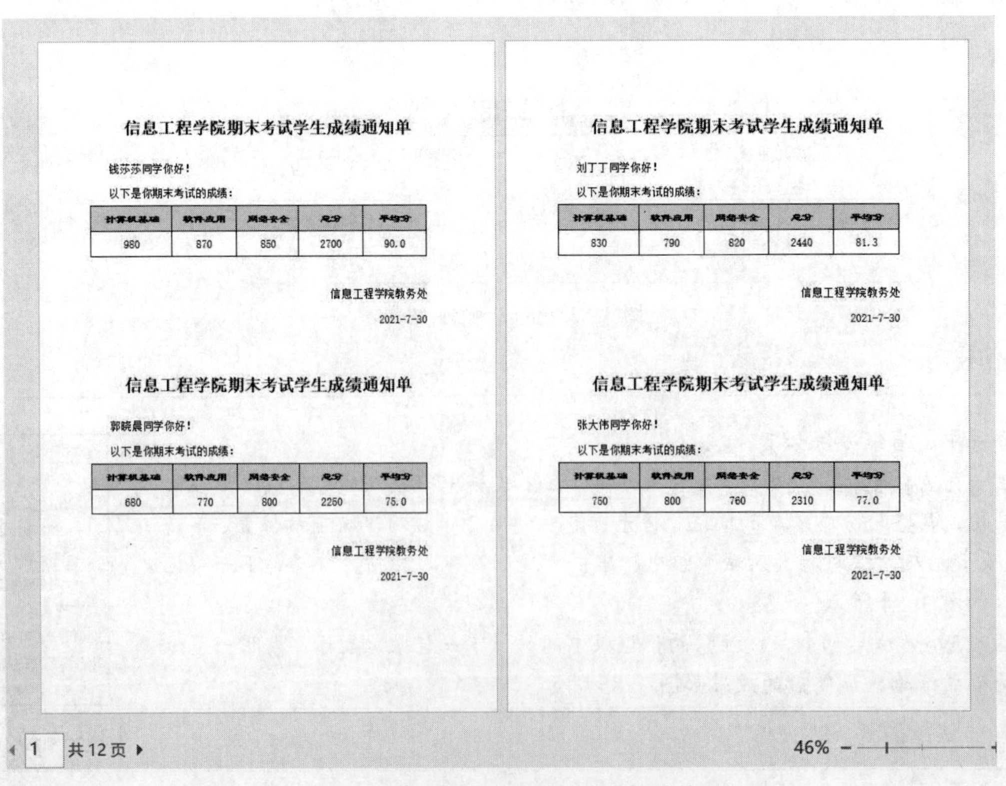

信息工程学院期末考试学生成绩通知单

钱莎莎同学你好！

以下是你期末考试的成绩：

计算机基础	软件应用	网络安全	总分	平均分
980	870	850	2700	90.0

信息工程学院教务处

2021-7-30

信息工程学院期末考试学生成绩通知单

郭晓晨同学你好！

以下是你期末考试的成绩：

计算机基础	软件应用	网络安全	总分	平均分
680	770	800	2250	75.0

信息工程学院教务处

2021-7-30

信息工程学院期末考试学生成绩通知单

刘丁丁同学你好！

以下是你期末考试的成绩：

计算机基础	软件应用	网络安全	总分	平均分
830	790	820	2440	81.3

信息工程学院教务处

2021-7-30

信息工程学院期末考试学生成绩通知单

张大伟同学你好！

以下是你期末考试的成绩：

计算机基础	软件应用	网络安全	总分	平均分
750	800	760	2310	77.0

信息工程学院教务处

2021-7-30

图 3-86 每页纸显示两名学生的成绩单

项目5 制作个人简历

在Word 2016中除了通用型的空白文档模板之外，还内置了多种文档模板，如博客文章、书法文字、简历模板等。另外，Office网站还提供了证书、奖状、名片、简历等特定功能模板。借助这些模板，读者可以创建比较专业的Word 2016文档。该项目指导读者使用Word 2016制作一份图文混排创建个人简历的方法，通过制作个人简历，使读者进一步熟练提高文字处理排版的操作能力及使用技巧。

通过本项目的学习，不仅可使读者掌握在Word 2016中如何使用分节来设置同一篇文档中不同设置的高级技巧，同时使读者更熟练地使用绘图工具的高级应用及表格样式的自动套用格式，并且给读者提供了一个书写个人简历的真实模板。

项目目标

- 熟练掌握绘图工具的使用。
- 熟练掌握表格的建立及自动套用。
- 录入简历内容及版面设置。
- 熟练掌握页眉页脚的设置。

项目描述

制作一份个人简历：包括封面和个人简历表格样式的自动套用格式，制作后的效果如图3-87～图3-89所示。

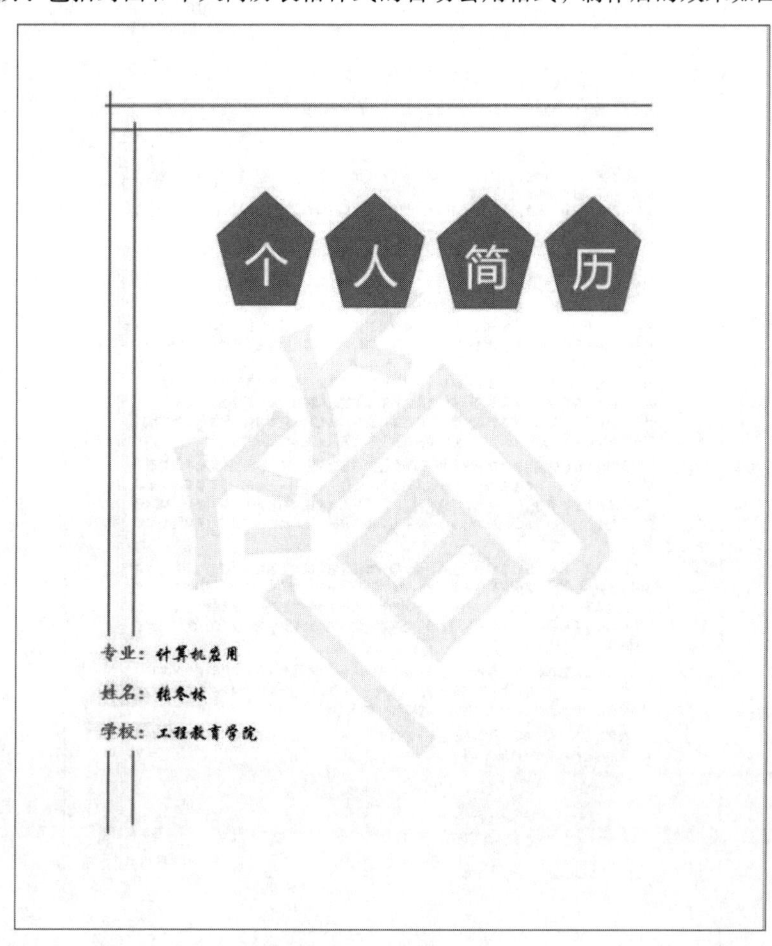

图3-87 个人简历封面

张冬林个人简历

2021届计算机信息教育学院硕士研究生简历

应聘岗位：计算机教师

个人信息				
姓名	张冬林	出生日期	1995.06	
政治面貌	中共党员	生源地-	山东青岛	
专　业	计算机应用	职务	院学习部部长	
英语等级	六级	计算机等级	三级	
普通话等级	一级甲等	电子邮箱	lili2014@163.com	
电话	13601066665（京）	QQ	12345678	

教育经历

2017/09—2020/07：计算机信息教育学院　计算机应用专业　硕士学位

2013/09—2017/07：计算机信息教育学院　计算机科学与技术专业　学士学位

奖励情况

2019/11：获计算机信息教育学院2018-2019年优秀研究生

2019/11：获计算机信息教育学院2018-2019年优秀研究生一等奖学金

2019/03：获计算机信息教育学院2017-2018年优秀研究生单项奖学金（社会活动奖）

2018/12：获计算机信息教育学院2018年度校园文化先进个人

2018/11：获计算机信息教育学院参与十一运会志愿服务先进志愿者

2016-2017：获国家励志奖学金（班级唯一获奖者）、北京市优秀毕业生（班级仅有的两名获奖者之一）、计算机信息教育学院优秀毕业生（班级仅有的两名获奖者之一）、计算机信息教育学院优秀学生干部、优秀团干部、优秀团员、三好学生、一等奖学金

2015-2016：获北京市优秀学生干部、优秀团干部、三好学生、一等奖学金

科研情况

参与北京市第四批研究生重点课程建设项目《多媒体教学资源设计与开发》，编号：YKC0099

责任描述：主要负责该课程教学网站的版面设计及图片处理、效果制作。

论文：

1、《浅析PHOTOSHOP CS4内容识别比例功能》《照相机》　国家中文核心期刊　2018/12

2、《图像尺寸变换技巧》　《电脑开发与应用》　普通期刊　2020/03

3、《学做懒人轻松打造HDR效果》　《照相机》　国家中文核心期刊　2020/10

4、《一分钟快速修图体验》　《摄影与摄像》　中国摄影摄像类核心期刊　2014/01

实习经历

1 北京第九十六中学　实习岗位：计算机老师 时间：2019/10-2019/12

2 教授初中一年级信息技术课程，锻炼了自我教育教学能力，提高自我教学实践经验。

3 帮助该校计算机老师开展全国中小学电脑制作活动作品的准备工作。

4 成功策划、组织并完成学校电子海报设计大赛。

5 教授山东英才学院学生全国计算机等级二级c语言课程

课外活动

1 第十三届全国运动会赛会志愿者　地点：北京　时间：2018/04—2018/10

1

图 3-88　个人简历样文 1

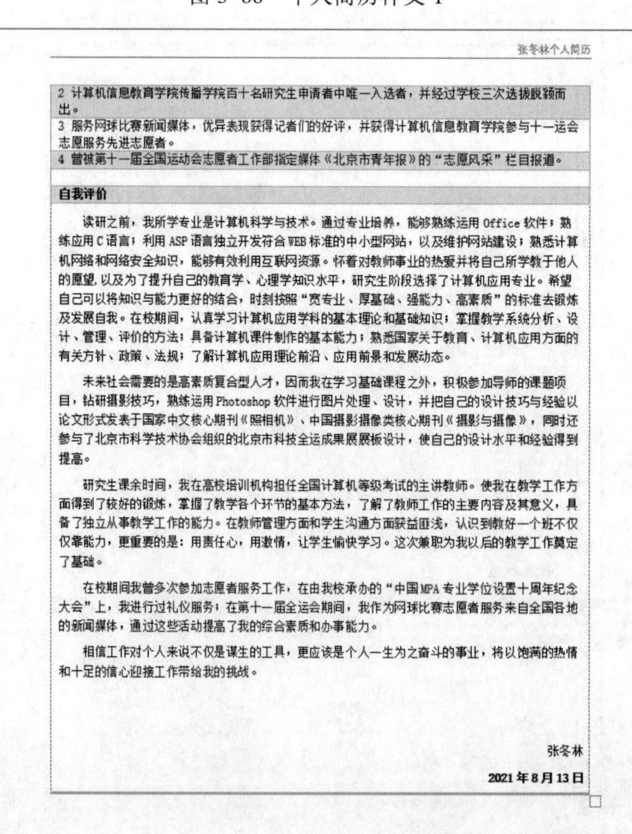

张冬林个人简历

2 计算机信息教育学院传播学院百十名研究生申请者中唯一入选者，并经过学校三次选拔脱颖而出。

3 服务网球比赛新闻媒体，优异表现获得记者们的好评，并获得计算机信息教育学院参与十一运会志愿服务先进志愿者。

4 曾被第十一届全国运动会志愿者工作部指定媒体《北京市青年报》的“志愿风采”栏目报道。

自我评价

读研之前，我所学专业是计算机科学与技术。通过专业培养，能够熟练运用Office软件；熟练应用C语言；利用ASP语言独立开发符合WEB标准的中小型网站，以及维护网站建设；熟悉计算机网络和网络安全知识，能够有效利用互联网资源。怀着对教师事业的热爱并将自己所学教于他人的愿望,以及为了提升自己的教育学、心理学知识水平，研究生阶段选择了计算机应用专业。希望自己可以将知识与能力更好的结合，时刻按照“宽专业、厚基础、强能力、高素质”的标准去锻炼及发展自我。在校期间，认真学习计算机应用学科的基本理论和基础知识；掌握教学系统分析、设计、管理、评价的方法；具备计算机课件制作的基本能力；熟悉国家关于教育、计算机应用方面的有关方针、政策、法规；了解计算机应用理论前沿、应用前景和发展动态。

未来社会需要的是高素质复合型人才，因而我在学习基础课程之外，积极参加导师的课题项目，钻研摄影技巧，熟练运用Photoshop软件进行图片处理、设计，并把自己的设计技巧与经验以论文形式发表于国家中文核心期刊《照相机》、中国摄影摄像类核心期刊《摄影与摄像》，同时还参与了北京市科学技术协会组织的北京市科技全运成果展展板设计，使自己的设计水平和经验得到提高。

研究生课余时间，我在高校培训机构担任全国计算机等级考试的主讲教师。使我在教学工作方面得到了较好的锻炼，掌握了教学各个环节的基本方法，了解了教师工作的主要内容及其意义，具备了独立从事教学工作的能力。在教师管理方面和学生沟通方面获益匪浅，认识到教好一个班不仅仅靠能力，更重要的是：用责任心，用激情，让学生愉快学习。这次兼职为我以后的教学工作奠定了基础。

在校期间我曾多次参加志愿者服务工作，在由我校承办的“中国MPA专业学位设置十周年纪念大会”上，我进行过礼仪服务；在第十一届全运会期间，我作为网球比赛志愿者服务来自全国各地的新闻媒体，通过这些活动提高了我的综合素质和办事能力。

相信工作对个人来说不仅是谋生的工具，更应该是个人一生为之奋斗的事业，将以饱满的热情和十足的信心迎接工作带给我的挑战。

张冬林

2021年8月13日

2

图 3-89　个人简历样文 2

解决路径

项目 5 主要内容包括：新建文档、封面的设置、个人简历表格样式的设置，简历内容的录入及排版，页眉页脚的设置，保存此文档。该项目的基本工作流程如图 3-90 所示。

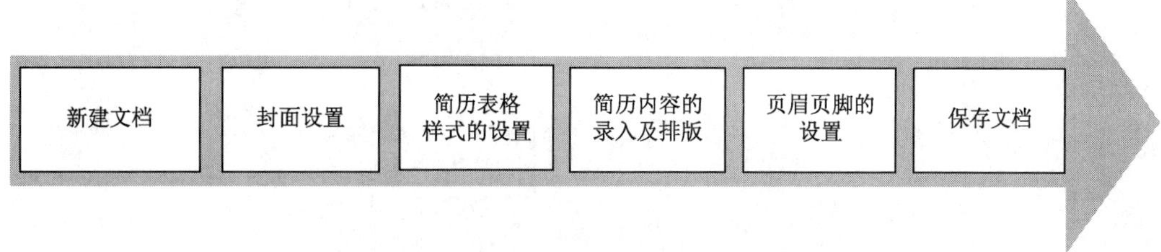

图 3-90　项目 5 的基本工作流程

项目实施

步骤 1: 启动 Word 2016，创建空文档，以下所有内容均在同一篇文档中编辑。

步骤 2: 设计个人简历的封面，利用“插图”组中的形状制作封面。

（1）单击“插入”选项卡，在“插图”组中单击“形状”下拉按钮，打开“形状”下拉列表，如图 3-91 所示。

（2）单击“形状”选项中的“直线”按钮，拖动鼠标画出四条直线，分别为水平线两条、垂直线两条。调整 4 条直线的长度及宽度的摆放位置。然后选定第一条直线双击，打开“绘图工具-格式”选项卡，在“形状样式”组中单击“其他”按钮，打开“主题样式”图例，选择“粗线-强调颜色 5”，如图 3-92 所示。

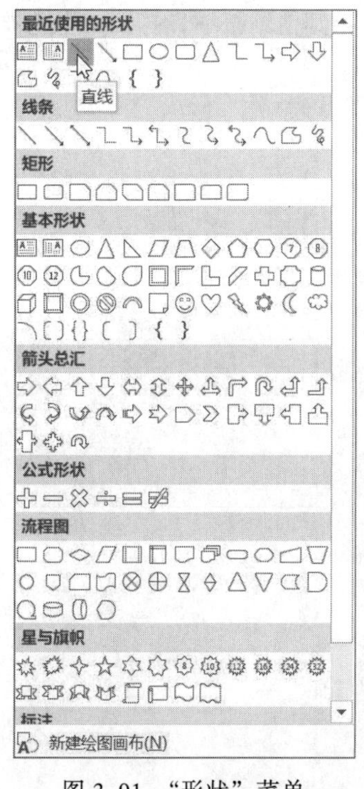

图 3-91　“形状”菜单

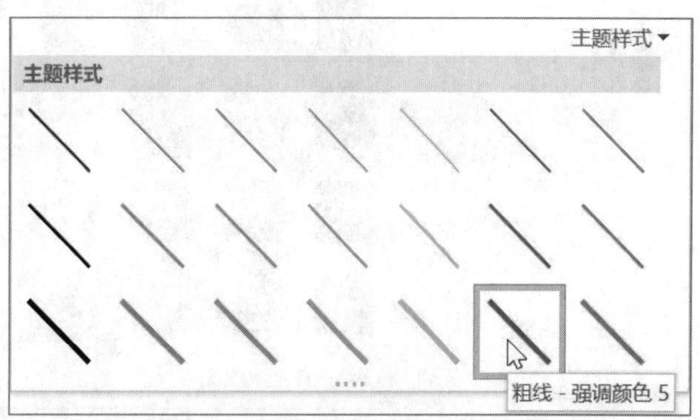

图 3-92　打开“形状样式”

（3）按照相同的方法，设置第二条、第三条、第四条直线，效果如图 3-93 所示。

（4）文档的水印。单击“设计”选项卡“页面背景”组中的“水印”下拉按钮，选择“自定义水印”命令，打开“水印”对话框，选中“文字水印”单选按钮，然后选择或输入所需文本。再对文本进行设置，选择所需的其他选项，然后单击“应用”按钮。本例中，选中“文字水印”单选按钮，然后在“文字”文本框中输入文字“简”，在“颜色”下拉列表框中选择“蓝色，个性色 1，淡色 60%”；选中“半透明”复选框，其他选项按 Word 默认效果，单击“确定”按钮，如图 3-94 所示。

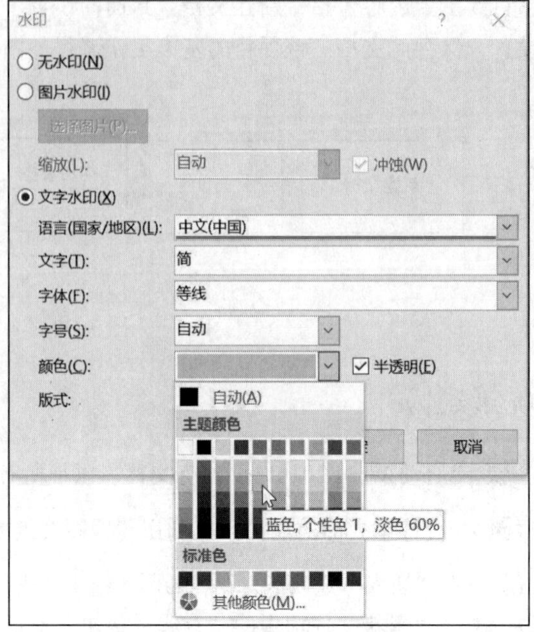

图 3-93　封面 4 条线的效果　　　图 3-94　“水印”对话框

（5）单击“形状”选项中的“基本形状”→“正五边形”按钮，拖动鼠标画出一个正五边形。调整图形的大小，选定图形，打开“绘图工具-格式”选项卡，在“形状样式”组中单击“其他”按钮，打开“主题样式”图例，选择“中等效果-蓝色，强调颜色 1”，如图 3-95 所示。

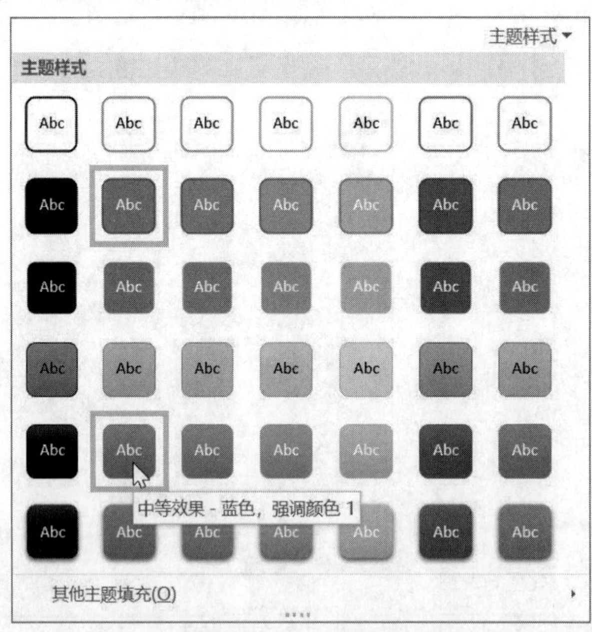

图 3-95　打开“主题样式”

（6）设置形状效果，方法是单击“形状效果”下拉按钮，选择“预设”→“预设 5”，如图 3-96 所示。

（7）添加文字。选定已做好的“正五边形图形”，复制 3 个，然后将 4 个正五边形调整好位置，并添加“个人简历”文字，设置字体字号适中，效果如图 3-97 所示。

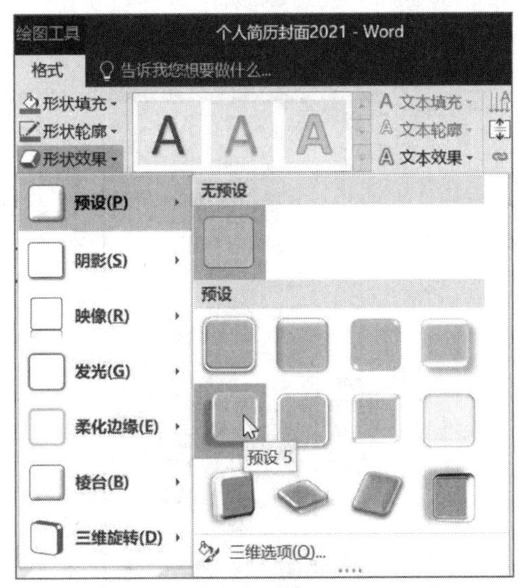

图 3-96 设置“形状效果”

图 3-97 “正五边形”效果

（8）单击“插入”选项卡，在“文本”组中单击“文本框”按钮，弹出“文本框”的样式，选择“绘制文本框”命令，如图 3-98 所示。

（9）拖动鼠标画出文本框，添加文字，输入“专业:”，设置为楷体、小三、加粗，颜色为“水绿色，强调文字颜色 5”，然后输入“计算机应用”文字，设置为华文行楷、四号，颜色为“自动配色”，其他两行设置与第 1 行相同。

（10）选定文本框，出现“绘图工具-格式”选项卡，单击“格式”，在“形状样式”组中单击“形状轮廓”下拉按钮，单击“无轮廓”选项，如图 3-99 所示。设置后的效果如图 3-100 所示。

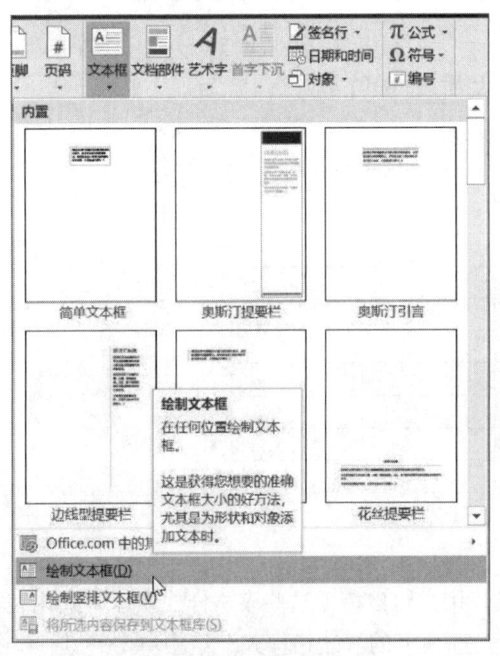

图 3-98 绘制文本框

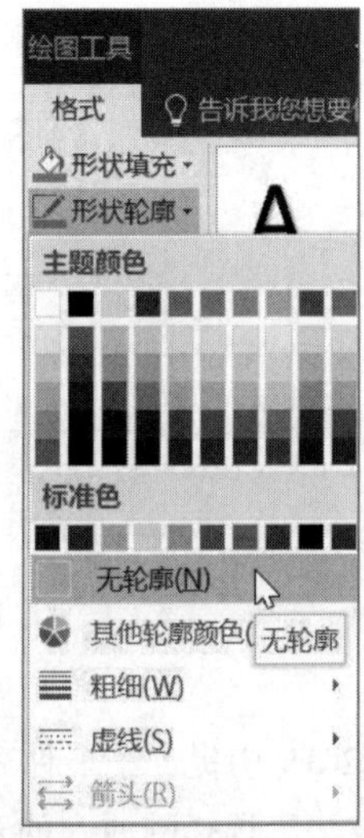

图 3-99 设置“形状轮廓”选项

（11）将图 3-100 所示的文本框，叠放次序置于顶层，效果如图 3-87 所示。

步骤 3: 将“个人简历”的内容输入到第 2 页，建立表格，自动套用表格样式，修改表格样式，录入表格内容。

（1）将光标定位到第 1 页的最后，单击“布局”选项卡，在“页面设置”组中单击“分隔符”下拉按钮，在

“分节符”选项组中单击“下一页”选项，如图 3-101 所示。

专业：计算机应用

姓名：张冬林

学校：工程教育学院

图 3-100 文本框效果

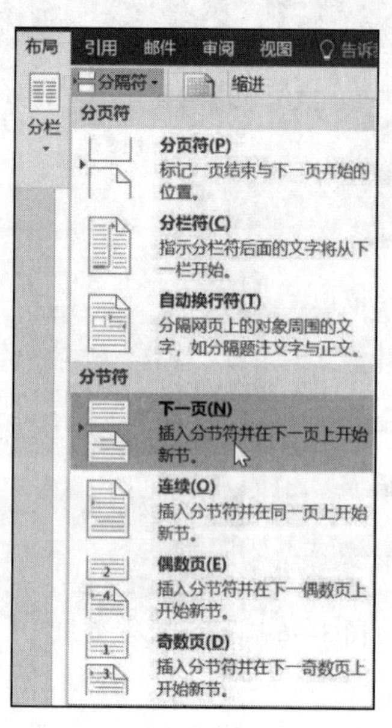

图 3-101 “分隔符”选项

（2）在第 2 页中，输入“个人简历”的内容，插入表格，并且对标题及表格内容，字体、字号、颜色等进行设置。

（3）输入简历第 1 行文字内容为“2021 届工程教育学院硕士研究生简历”，设置为华文行楷、二号，居中。

（4）第 2 行文字内容为“应聘岗位：计算机教师”，设置为华文行楷、三号、加粗、居中。

（5）插入 10 行 5 列的表格，如图 3-102 所示。刚插入的表格，每一个单元格的大小都是一样的，若要做有特殊要求的表格，必须做进一步设置。

2021 届工程教育学院硕士研究生简历

应聘岗位：计算机教师

图 3-102 新建表格

（6）Word 2016 中提供了多种适用于不同用途的表格样式。用户可以借助这些表格样式快速格式化表格，选择表格样式的方法：选择刚插入的表格，在“表格工具-设计”选项卡的“表格样式”组中单击“其他”按钮，弹出“表格样式”分组中的表格样式列表，将鼠标指向“表格样式”，通过预览选择合适的表格样式，本例选择的是“网格表 4-着色 1”，如图 3-103 所示。

（7）设置表格为“普通表格”，方法：在“表格样式”组中单击“其他”按钮，弹出“表格样式”分组中的表格样式列表，选择“修改表格样式”命令，打开“修改样式”对话框，在“样式基准”下拉列表框中选择“普通表格”列表，单击“确定”按钮，如图 3-104 所示。

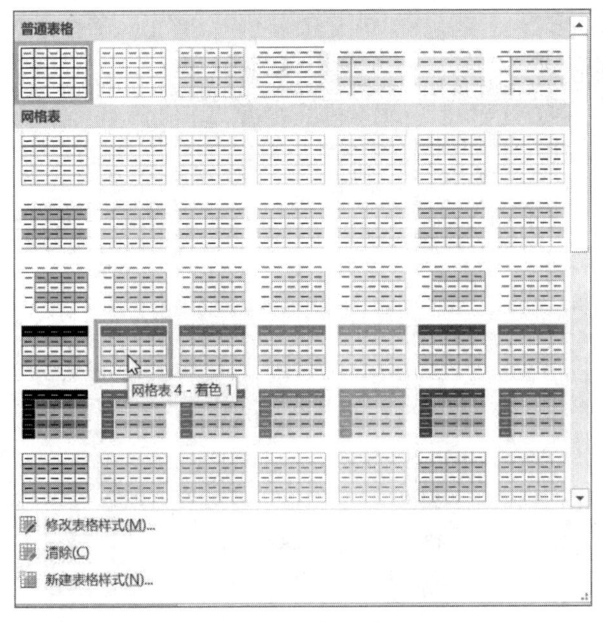

图 3-103　表格样式

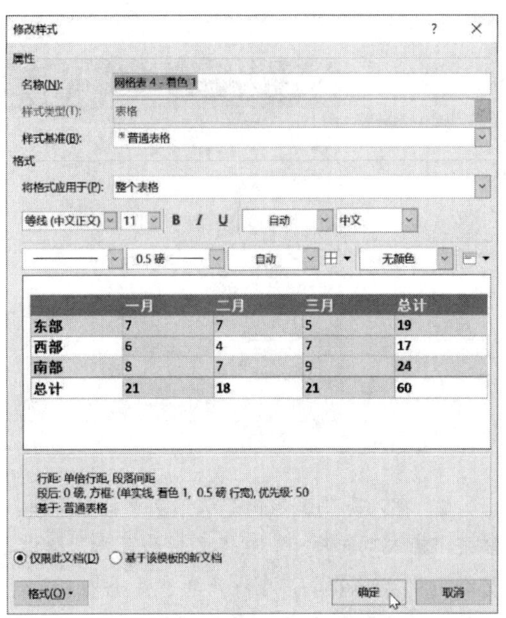

图 3-104　“修改样式”对话框

（8）合并单元格。合并单元格是将多个单元格合为一个单元格，操作方法：选中表格的第 1 行，右击，在弹出的快捷菜单中选择“合并单元格”命令，输入文字“个人信息”，设置为宋体、五号、加粗、左对齐。

（9）将第 2 行 ~ 第 7 行最后一列的 6 个单元格合并成一个单元格，选定这 6 个单元格，右击，在弹出的快捷菜单中选择“合并单元格”命令。

（10）插入照片。选定合并后的单元格，单击“插入”→“插图”→“图片”按钮，查找“个人简历照片.jpg”，单击“插入”按钮，调整照片大小，效果参见图 3-87。

（11）调整表格的行高和列宽。

（12）录入第 2 行 ~ 第 7 行各单元格的全部内容，读者自己填写的内容统一为宋体五号，表格要求参见图 3-88。例如，“姓名”设置为宋体、五号、加粗。

（13）选中表格的第 8 行，选择“合并单元格”命令，输入文字“教育经历”，设置为宋体、五号、加粗，左对齐。

（14）个人简历后面的内容操作方法如（5）、（6）的操作步骤，表格最初插入的是 5 列 10 行。对于本案例来说，行数是远远不够的，建议边录入，边插入新的行，一直插入到够用为止，同时要考虑是合并一行，还是合并多行，然后进行边框和底纹、表格内文字的设置。整体效果参见图 3-88。

（15）在个人简历最后输入“张冬林”设置为华文行楷、小四，插入当天的日期，选择“自动更新”。

步骤 4: 为个人简历表格所在的页添加页眉和页脚，页眉内容为“张冬林个人简历”，右对齐；页脚内容为插入页码，居中对齐。

步骤 5: 将文档进行保存。

操作技巧

（1）分节符的实际应用。节由若干段落组成，小至一个段落，大至整个文档。同一个节具有相同的编排格式，不同的节可以设置不同的编排格式。本案例有封面和个人简历两部分，要求在一篇文档中完成，编辑时可将封面和个人简历设置为不同的两个节。

① 使用分节符设置“与上节不同”。一旦插入分节符后，需要取消与上节相同。方法为：打开“页眉和页脚”工具栏，单击“链接到前一条页眉”按钮，取消与上节相同，否则封面会插入页码，如图 3-105 所示。

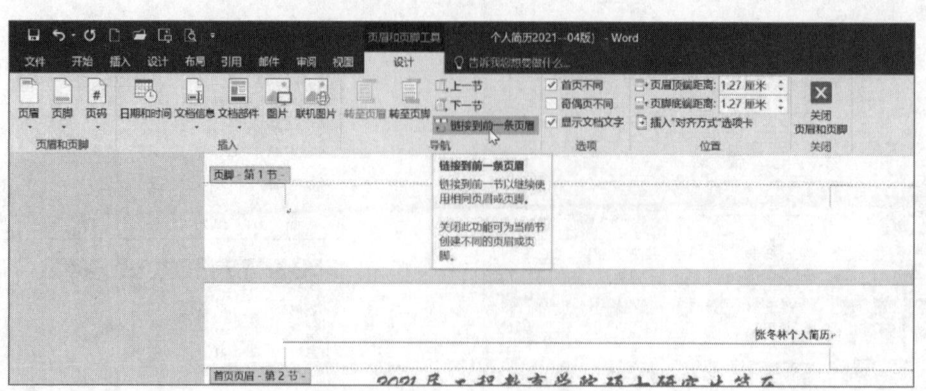

图 3-105　分节符

② 插入页码。本例是从第 2 页插入页码，而且是由页码 1 开始。方法为：单击“插入”选项卡，在“页眉和页脚”组中单击“页码”下拉按钮，选择“设置页码格式”命令，在打开的“页码格式”对话框中选中“起始页码”单选按钮并输入“1”，单击“确定”按钮，如图 3-106 所示。

③ 对于封面插入的水印，从第 2 页开始不需要显示水印，在“页眉和页脚”编辑模式中删除本节的水印，即可实现。

（2）快速改变文档中的字号大小。对于文档中的文字大小，可以使用快捷键实现效果，如想把文字变小，使用【Ctrl+[】组合键；想把文字变大，使用【Ctrl+]】组合键；文字居中使用【Ctrl+E】组合键。

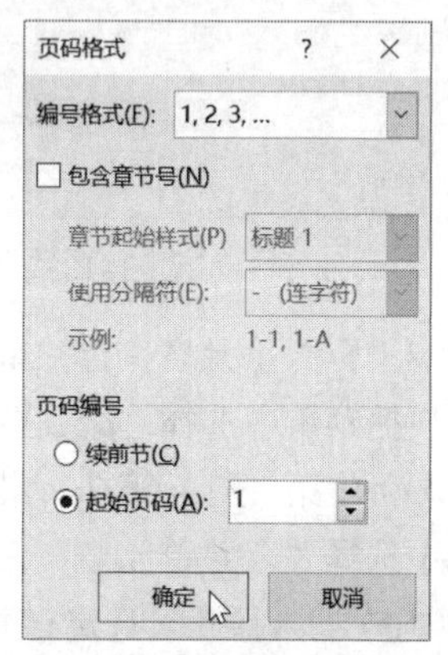

图 3-106　“页码格式”对话框

项目 6　论 文 排 版

无论是大学毕业还是硕士、博士毕业，都需提交毕业论文，除写好论文外，更关键的一环是如何为论文排版，如何生成目录，如何添加不同的页眉页脚。读者应当在制作长文档前规划好各种设置，尤其是样式设置。不同的篇章部分一定要分节，而不是分页。本项目将以一篇论文为例，对其进行编辑排版，在排版过程中解决以上问题。

项目目标

- 熟练掌握论文封面的设置。
- 熟练掌握表格样式的自动套用。
- 熟练掌握论文目录的生成。
- 熟练掌握脚注、尾注及页码格式的设置。
- 熟练掌握全文格式的版面设置。

项目描述

本项目要求读者按照题目的要求独立完成该任务的排版工作，完成后的效果可参考图 3-110～图 3-119。

解决路径

本项目是一份论文的版面设置，论文要求的格式：A4 纸；要有封面和目录；单面打印；除封面和目录外，每页的页眉是论文的题目；页码一律在页面底端的右侧，封面和摘要没有页码，目录是单独的页码，目录之后的页码从第 1 页开始，按页码的顺序进行排版，包括参考文献。

将图 3-107～图 3-109 所示的论文原文，排版成图 3-110～图 3-119 所示的形式。

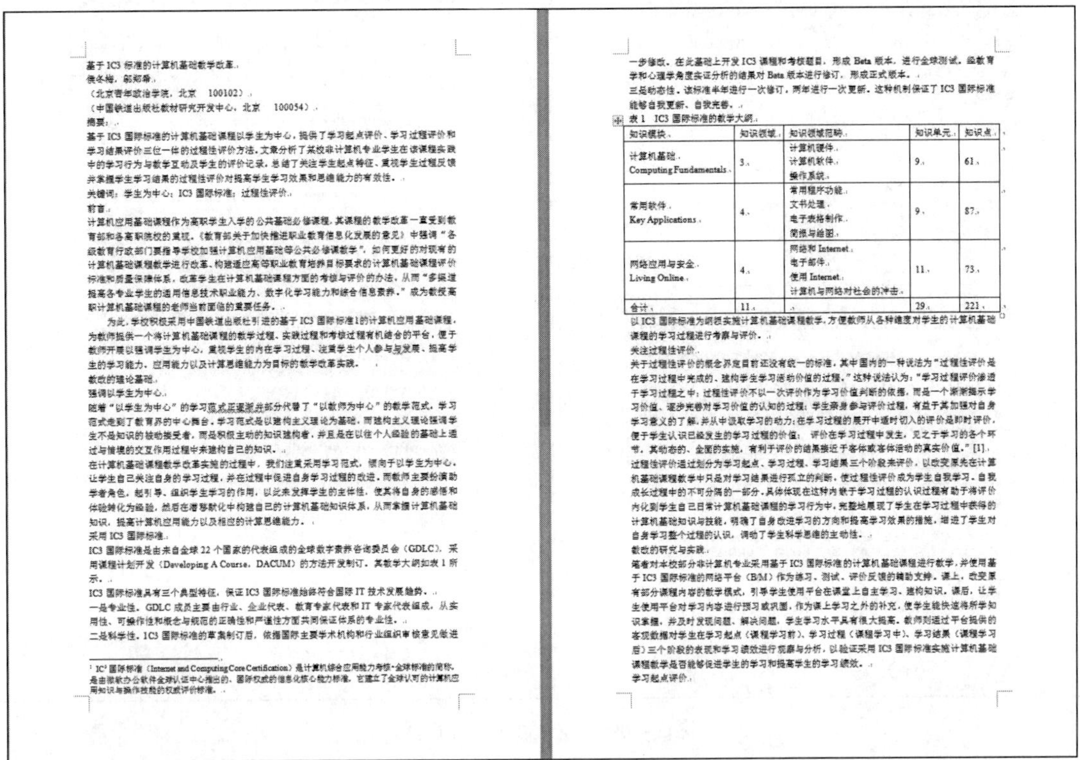

图 3-107 原文第 1、第 2 页

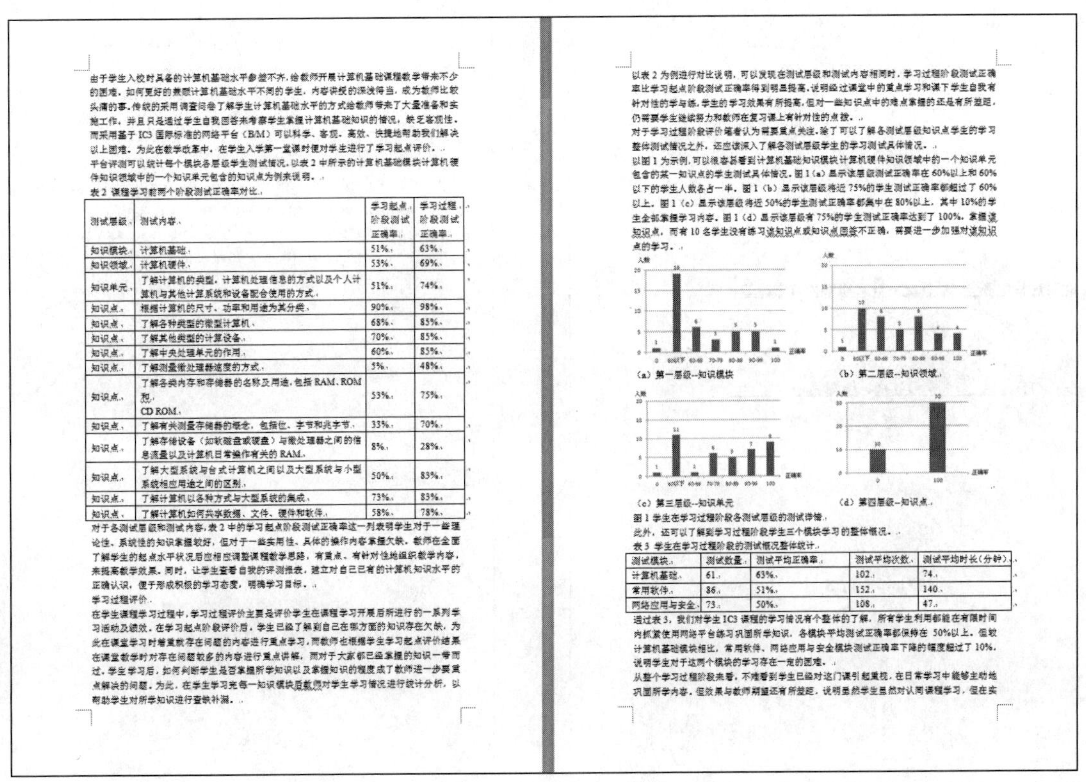

图 3-108 原文第 3、第 4 页

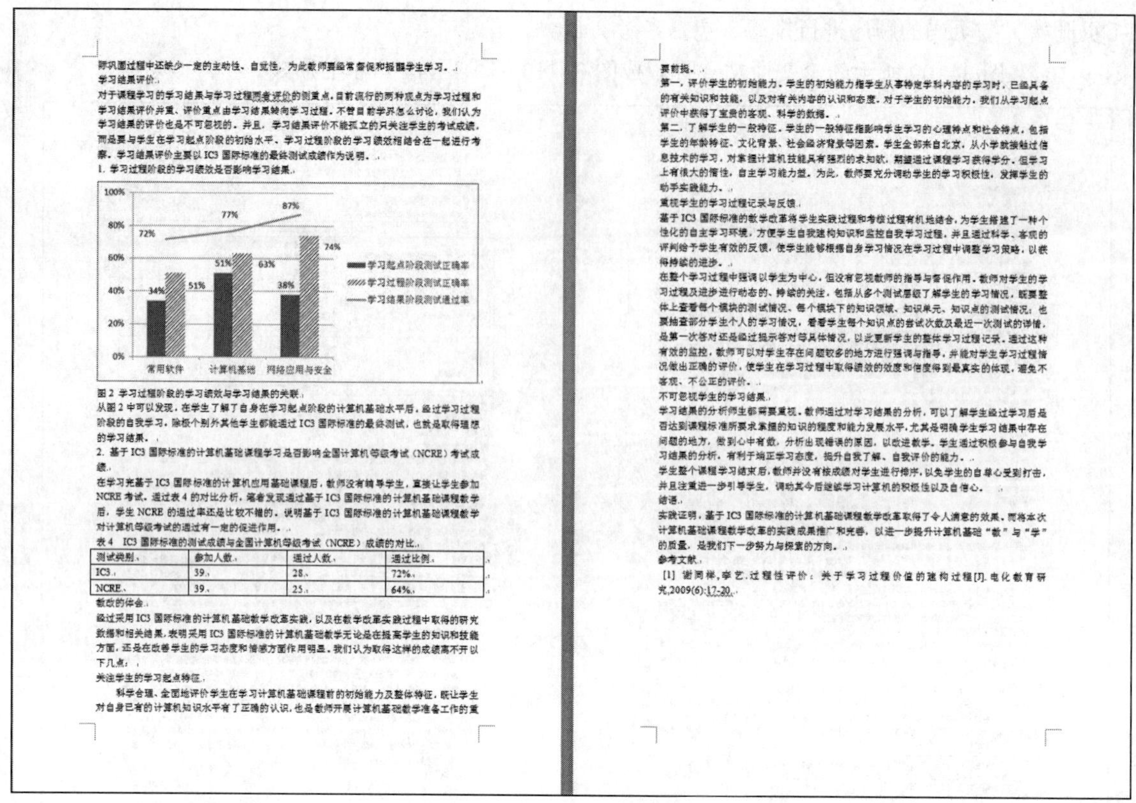

师巩固过程中还缺少一定的主动性、自觉性，为此教师要经常督促和提醒学生学习。

学习结果评价。

对于课程学习的学习结果与学习过程两者评价的侧重点，目前流行的两种观点为学习过程和学习结果评价并重、评价重点由学习结果转向学习过程。不管目前学界怎么讨论，我们认为学习结果的评价也是不可忽视的。并且，学习结果评价不能孤立的只关注学生的考试成绩，而是要与学生在学习起点阶段的初始水平、学习过程阶段的学习绩效相结合在一起进行考察。学习结果评价主要以 IC3 国际标准的最终测试成绩作为说明。

1. 学习过程阶段的学习绩效是否影响学习结果。

图 2 学习过程阶段的学习绩效与学习结果的关联。

从图 2 中可以发现，在学生了解了自身在学习起点阶段的计算机基础水平后，经过学习过程阶段的自我学习，除极个别外其他学生都能通过 IC3 国际标准的最终测试，也就是取得理想的学习结果。

2. 基于 IC3 国际标准的计算机基础课程学习是否影响全国计算机等级考试（NCRE）考试成绩。

在学习完基于 IC3 国际标准的计算机应用基础课程后，教师没有辅导学生，直接让学生参加 NCRE 考试。通过表 4 的对比分析，笔者发现通过基于 IC3 国际标准的计算机基础课程教学后，学生 NCRE 的通过率还是比较不错的。说明基于 IC3 国际标准的计算机基础课程教学对计算机等级考试的通过有一定的促进作用。

表 4　IC3 国际标准的测试成绩与全国计算机等级考试（NCRE）成绩的对比。

测试类别	参加人数	通过人数	通过比例
IC3	39	28	72%
NCRE	39	25	64%

教改的体会。

经过采用 IC3 国际标准的计算机基础教学改革实践，以及在教学改革实践过程中取得的研究数据和相关结果，表明采用 IC3 国际标准的计算机基础教学无论是在提高学生的知识和技能方面，还是在改善学生的学习态度和情感方面作用明显。我们认为取得这样的成绩离不开以下几点：

关注学生的学习起点特征。

科学合理、全面地评价学生在学习计算机基础课程前的初始能力及整体特征，既让学生对自身已有的计算机知识水平有了正确的认识，也是教师开展计算机基础教学准备工作的重要前提。

第一，评价学生的初始能力。学生的初始能力指学生从事特定学科内容的学习时，已经具备的有关知识和技能，以及对有关内容的认识和态度。对于学生的初始能力，我们从学习起点评价中获得了宝贵的客观、科学的数据。

第二，了解学生的一般特征。学生的一般特征指影响学生学习的心理特点和社会特点，包括学生的年龄特征、文化背景、社会经济背景等因素。学生全部来自北京，从小学就接触过信息技术的学习，对掌握计算机技能具有强烈的求知欲，期望通过课程学习获得学分。但学习上有很大的惰性，自主学习能力差。为此，教师要充分调动学生的学习积极性，发挥学生的动手实践能力。

重视学生的学习过程记录与反馈。

基于 IC3 国际标准的教学改革将学生实践过程和考核过程有机地结合，为学生搭建了一种个性化的自主学习环境，方便学生自我建构知识和监控自我学习过程，并且通过科学、客观的评判给予学生有效的反馈，使学生能够根据自身学习情况在学习过程中调整学习策略，以获得持续的进步。

在整个学习过程中强调以学生为中心，但没有忽视教师的指导与督促作用。教师对学生的学习过程及进步进行动态的、持续的关注，包括从多个测试层级了解学生的学习情况，既要整体上查看每个模块的测试情况、每个模块下的知识领域、知识单元、知识点的测试情况；也要抽查部分学生个人的学习情况，看看学生每个知识点的尝试次数及最近一次测试的详情，是第一次答对还是经过提示答对等具体情况，以此更新学生的整体学习过程记录。通过这种有效的监控，教师可以对学生存在问题较多的地方进行强调与指导，并能对学生学习过程情况做出正确的评价，使学生在学习过程中取得绩效的效度和信度得到最真实的体现，避免不客观、不公正的评价。

不可忽视学生的学习结果。

学习结果的分析师生都需要重视。教师通过对学习结果的分析，可以了解学生经过学习后是否达到课程标准所要求掌握的知识的程度和能力发展水平，尤其是明确学生学习结果中存在问题的地方，做到心中有数，分析出现错误的原因，以改进教学。学生通过积极参与自我学习结果的分析，有利于端正学习态度，提升自我了解、自我评价的能力。

学生整个课程学习结束后，教师并没有按成绩对学生进行排序，以免学生的自尊心受到打击，并且注重进一步引导学生，调动其今后继续学习计算机的积极性以及自信心。

结语。

实践证明，基于 IC3 国际标准的计算机基础课程教学改革取得了令人满意的效果。而将本次计算机基础课程教学改革的实践成果推广和完善，以进一步提升计算机基础“教”与“学”的质量，是我们下一步努力与探索的方向。

参考文献。

[1] 谢同祥，李艺. 过程性评价：关于学习过程价值的建构过程[J]. 电化教育研究,2009(6):17-20.

图 3-109　原文第 5、第 6 页

论文

论文题目：基于 IC³标准的计算机基础教学改革

作　者：侯冬梅、邬郑希

2021 年 1 月 8 日

图 3-110　论文封面

基于 IC³标准的计算机基础教学改革

侯冬梅，邬郑希

（北京青年政治学院，北京　100102）

（中国铁道出版社教材研究开发中心，北京　100054）

摘要：

基于 IC³国际标准的计算机基础课程以学生为中心，提供了学习起点评价、学习过程评价和学习结果评价三位一体的过程性评价方法。文章分析了某校非计算机专业学生在该课程实践中的学习行为与教学互动及学生的评价记录，总结了关注学生起点特征、重视学生过程反馈并掌握学生学习结果的过程性评价对提高学生学习效果和思维能力的有效性。

关键词：学生为中心；IC³国际标准；过程性评价

图 3-111　论文摘要

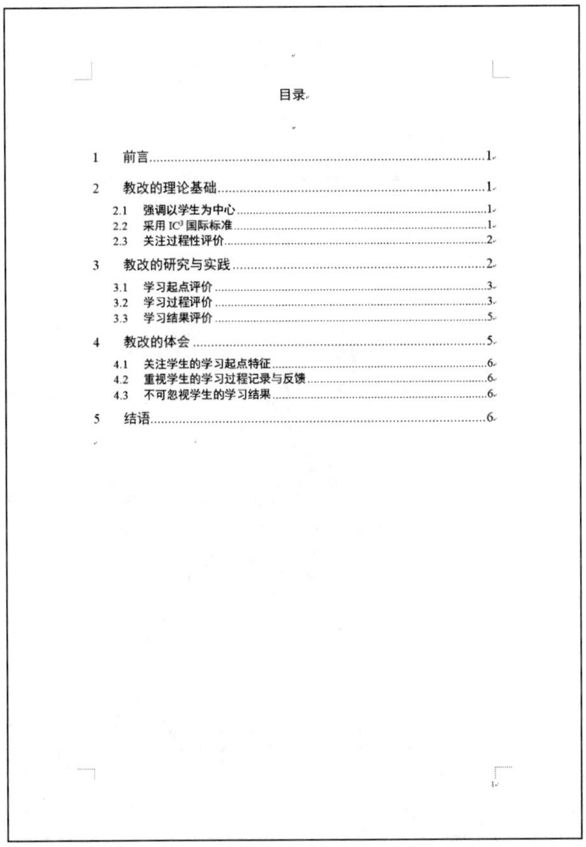

目录

图 3-112 论文目录

1 前言

计算机应用基础课程作为高职学生入学的公共基础必修课程，其课程的教学改革一直受到教育部和各高职院校的重视。《教育部关于加快推进职业教育信息化发展的意见》中强调“各级教育行政部门要指导学校加强计算机应用基础等公共必修课教学”，如何更好地对现有的计算机基础课程教学进行改革、构建适应高等职业教育培养目标要求的计算机基础课程评价标准和质量保障体系，改革学生在计算机基础课程方面的考核与评价的办法，从而“多渠道提高各专业学生的通用信息技术职业能力、数字化学习能力和综合信息素养。”成为教授高职计算机基础课程的老师当前面临的重要任务。

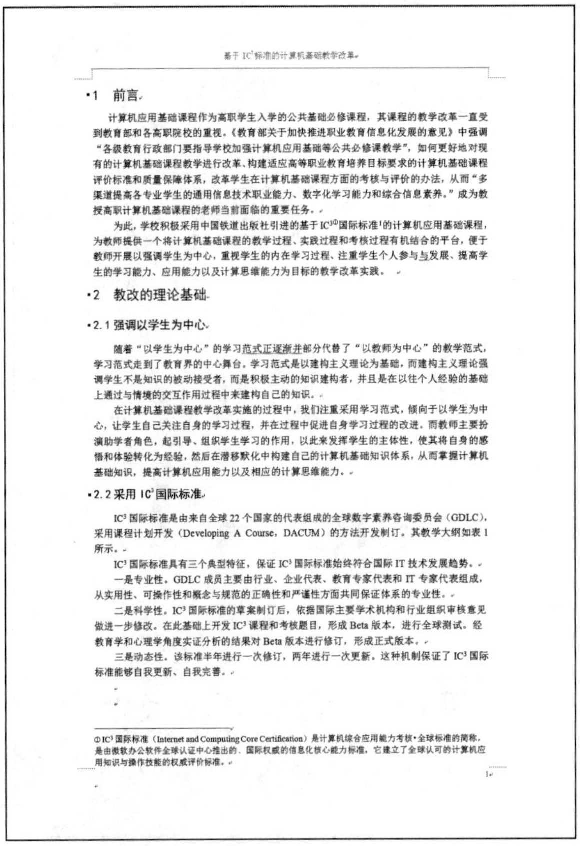

为此，学校积极采用中国铁道出版社引进的基于 IC³①国际标准[1]的计算机应用基础课程，为教师提供一个将计算机基础课程的教学过程、实践过程和考核过程有机结合的平台，便于教师开展以强调学生为中心，重视学生的内在学习过程、注重学生个人参与与发展、提高学生的学习能力、应用能力以及计算思维能力为目标的教学改革实践。

2 教改的理论基础

2.1 强调以学生为中心

随着“以学生为中心”的学习范式正逐渐并部分代替了“以教师为中心”的教学范式，学习范式走到了教育界的中心舞台。学习范式是以建构主义理论为基础，而建构主义理论强调学生不是知识的被动接受者，而是积极主动的知识建构者，并且是在以往个人经验的基础上通过与情境的交互作用过程中来建构自己的知识。

在计算机基础课程教学改革实施的过程中，我们注重采用学习范式，倾向于以学生为中心，让学生自己关注自身的学习过程，并在过程中促进自身学习过程的改进。而教师主要扮演助学者角色，起引导、组织学生学习的作用，以此来发挥学生的主体性，使其将自身的感悟和体验转化为经验，然后在潜移默化中构建自己的计算机基础知识体系，从而掌握计算机基础知识，提高计算机应用能力以及相应的计算思维能力。

2.2 采用 IC³ 国际标准

IC³ 国际标准是由来自全球 22 个国家的代表组成的全球数字素养咨询委员会（GDLC），采用课程计划开发（Developing A Course，DACUM）的方法开发制订。其教学大纲如表 1 所示。

IC³ 国际标准具有三个典型特征，保证 IC³ 国际标准始终符合国际 IT 技术发展趋势。

一是专业性。GDLC 成员主要由行业、企业代表、教育专家代表和 IT 专家代表组成，从实用性、可操作性和概念与规范的正确性和严谨性方面共同保证体系的专业性。

二是科学性。IC³ 国际标准的草案制订后，依据国际主要学术机构和行业组织审核意见做进一步修改。在此基础上开发 IC³ 课程和考核题目，形成 Beta 版本，进行全球测试。经教育学和心理学角度实证分析的结果对 Beta 版本进行修订，形成正式版本。

三是动态性。该标准半年进行一次修订，两年进行一次更新。这种机制保证了 IC³ 国际标准能够自我更新、自我完善。

①IC³ 国际标准（Internet and Computing Core Certification）是计算机综合应用能力考核·全球标准的简称，是由微软办公软件全球认证中心推出的、国际权威的信息化核心能力标准，它建立了全球认可的计算机应用知识与操作技能的权威评价标准。

图 3-113 排版后论文正文第 1 页

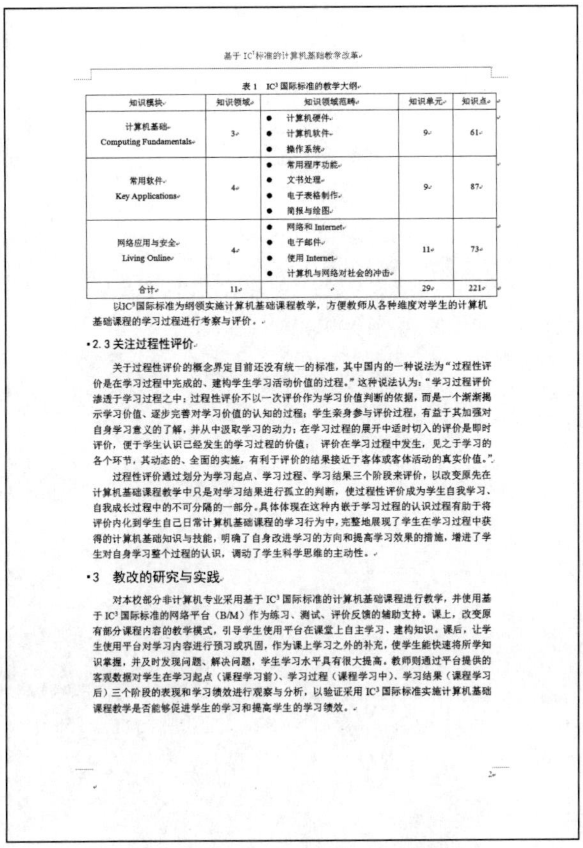

表 1 IC³ 国际标准的教学大纲

知识模块	知识领域	知识领域范畴	知识单元	知识点
计算机基础 Computing Fundamentals	3	● 计算机硬件 ● 计算机软件 ● 操作系统	9	61
常用软件 Key Applications	4	● 常用程序功能 ● 文书处理 ● 电子表格制作 ● 简报与绘图	9	87
网络应用与安全 Living Online	4	● 网络和 Internet ● 电子邮件 ● 使用 Internet ● 计算机与网络对社会的冲击	11	73
合计	11		29	221

以IC³国际标准为纲领实施计算机基础课程教学，方便教师从各种维度对学生的计算机基础课程的学习过程进行考察与评价。

2.3 关注过程性评价

关于过程性评价的概念界定目前还没有统一的标准，其中国内的一种说法为“过程性评价是在学习过程中完成的、建构学生学习活动价值的过程。”这种说法认为：“学习过程评价渗透于学习过程之中：过程性评价不以一次评价作为学习价值判断的依据，而是一个渐渐揭示学习价值、逐步完善对学习价值的认知的过程；学生亲身参与评价过程，有益于其加强对自身学习意义的了解，并从中汲取学习的动力；在学习过程的展开中适时切入的评价是即时评价，便于学生认识已经发生的学习过程的价值； 评价在学习过程中发生，见之于学习的各个环节，其动态的、全面的实施，有利于评价的结果接近于客体或客体活动的真实价值。”

过程性评价通过划分为学习起点、学习过程、学习结果三个阶段来评价，以改变原先在计算机基础课程教学中只是对学习结果进行孤立的判断，使过程性评价成为学生自我学习、自我成长过程中的不可分隔的一部分。具体体现在这种内嵌于学习过程的认识过程有助于将评价内化到学生自己日常计算机基础课程的学习行为中，完整地展现了学生在学习过程中获得的计算机基础知识与技能，明确了自身改进学习的方向和提高学习效果的措施，增进了学生对自身学习整个过程的认识，调动了学生科学思维的主动性。

3 教改的研究与实践

对本校部分非计算机专业采用基于 IC³ 国际标准的计算机基础课程进行教学，并使用基于 IC³ 国际标准的网络平台（B/M）作为练习、测试、评价反馈的辅助支持。课上，改变原有部分课程内容的教学模式，引导学生使用平台在课堂上自主学习、建构知识。课后，让学生使用平台对学习内容进行预习或巩固，作为课上学习之外的补充，使学生能快速将所学知识掌握，并及时发现问题、解决问题，学生学习水平具有很大提高。教师则通过平台提供的客观数据对学生在学习起点（课程学习前）、学习过程（课程学习中）、学习结果（课程学习后）三个阶段的表现和学习绩效进行观察与分析，以验证采用 IC³ 国际标准实施计算机基础课程教学是否能够促进学生的学习和提高学生的学习绩效。

图 3-114 排版后论文正文第 2 页

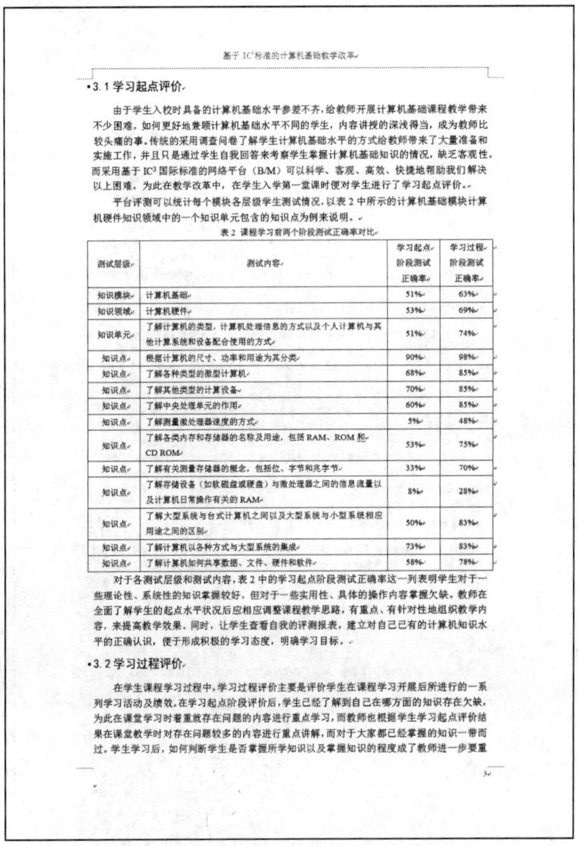

3.1 学习起点评价

由于学生入校时具备的计算机基础水平参差不齐，给教师开展计算机基础课程教学带来不少困难。如何更好地兼顾计算机基础水平不同的学生，内容讲授的深浅得当，成为教师比较头痛的事。传统的采用调查问卷了解学生计算机基础水平的方式给教师带来了大量准备和实施工作，并且只是通过学生自我回答来考察学生掌握计算机基础知识的情况，缺乏客观性。而采用基于 IC³ 国际标准的网络平台（B/M）可以科学、客观、高效、快捷地帮助我们解决以上困难。为此在教学改革中，在学生入学第一堂课时便对学生进行了学习起点评价。

平台评测可以统计每个模块各层级学生测试情况，以表 2 中所示的计算机基础模块计算机硬件知识领域中的一个知识单元包含的知识点为例来说明。

表 2 课程学习前两个阶段测试正确率对比

测试层级	测试内容	学习起点阶段测试正确率	学习过程阶段测试正确率
知识模块	计算机基础	51%	63%
知识领域	计算机硬件	53%	69%
知识单元	了解计算机的类型，计算机处理信息的方式以及个人计算机与其他计算系统和设备配合使用的方式	51%	74%
知识点	根据计算机的尺寸、功率和用途为其分类	90%	98%
知识点	了解各种类型的微型计算机	68%	85%
知识点	了解其他类型的计算设备	70%	85%
知识点	了解中央处理单元的作用	60%	85%
知识点	了解测量微处理器速度的方式	5%	48%
知识点	了解各类内存和存储器的名称及用途，包括 RAM、ROM 和 CD ROM	53%	75%
知识点	了解有关测量存储器的概念，包括位、字节和兆字节	33%	70%
知识点	了解存储设备（如软磁盘或硬盘）与微处理器之间的信息流量以及计算机日常操作有关的 RAM	8%	28%
知识点	了解大型系统与台式计算机之间以及大型系统与小型系统相应用途之间的区别	50%	83%
知识点	了解计算机以各种方式与大型系统的集成	73%	83%
知识点	了解计算机如何共享数据、文件、硬件和软件	58%	78%

对于各测试层级和测试内容，表 2 中的学习起点阶段测试正确率这一列表明学生对于一些理论性、系统性的知识掌握较好，但对于一些实用性、具体的操作内容掌握欠缺。教师在全面了解学生的起点水平状况后应相应调整课程教学思路，有重点、有针对性地组织教学内容，来提高教学效果。同时，让学生查看自我的评测报表，建立对自己已有的计算机知识水平的正确认识，便于形成积极的学习态度，明确学习目标。

3.2 学习过程评价

在学生课程学习过程中，学习过程评价主要是评价学生在课程学习开展后所进行的一系列学习活动及绩效。在学习起点阶段评价后，学生已经了解到自己在哪方面的知识存在欠缺，为此在课堂学习时着重就存在问题的内容进行重点学习，而教师也根据学生学习起点评价结果在课堂教学时对存在问题较多的内容进行重点讲解，而对于大家都已经掌握的知识一带而过。学生学习后，如何判断学生是否掌握所学知识以及掌握知识的程度成了教师进一步要重

图 3-115 排版后论文正文第 3 页

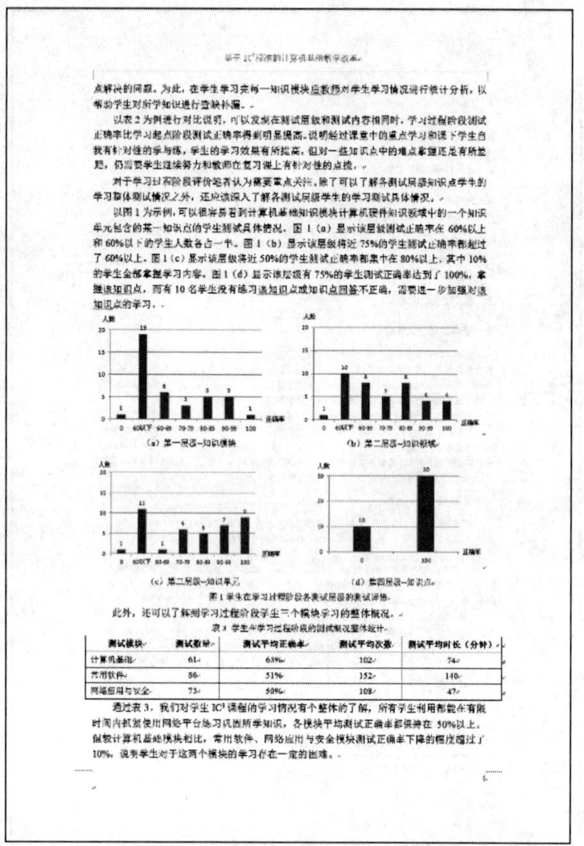
基于 IC³标准的计算机基础教学改革

点解决的问题。为此，在学生学习完每一知识模块后教师对学生学习情况进行统计分析，以帮助学生对所学知识进行查缺补漏。

以表 2 为例进行对比说明，可以发现在测试层级和测试内容相同时，学习过程阶段测试正确率比学习起点阶段测试正确率得到明显提高。说明经过课堂中的重点学习和课下学生自我有针对性的学与练，学生的学习效果有所提高。但对一些知识点中的难点掌握还是有所差距，仍需要学生继续努力和教师在复习课上有针对性的点拨。

对于学习过程阶段评价笔者认为需要重点关注。除了可以了解各测试层级知识点学生的学习整体测试情况之外，还应该深入了解各测试层级学生的学习测试具体情况。

以图 1 为示例，可以很容易看到计算机基础知识模块计算机硬件知识领域中的一个知识单元包含的某一知识点的学生测试具体情况。图 1（a）显示该层级测试正确率在 60%以上和 60%以下的学生人数各占一半。图 1（b）显示该层级将近 75%的学生测试正确率都超过了 60%以上。图 1（c）显示该层级将近 50%的学生测试正确率都集中在 80%以上，其中 10%的学生全部掌握学习内容。图 1（d）显示该层级有 75%的学生测试正确率达到了 100%，掌握该知识点，而有 10 名学生没有练习该知识点或知识点回答不正确，需要进一步加强对该知识点的学习。

（a）第一层级--知识模块　（b）第二层级--知识领域

（c）第三层级--知识单元　（d）第四层级--知识点

图 1 学生在学习过程阶段各测试层级的测试详情

此外，还可以了解到学习过程阶段学生三个模块学习的整体概况。

表 3 学生在学习过程阶段的测试概况整体统计

测试模块	测试数量	测试平均正确率	测试平均次数	测试平均时长（分钟）
计算机基础	61	63%	102	74
常用软件	86	51%	152	140
网络应用与安全	73	50%	108	47

通过表 3，我们对学生 IC³ 课程的学习情况有个整体的了解，所有学生利用都能在有限时间内积极使用网络平台练习巩固所学知识，各模块平均测试正确率都保持在 50%以上。但较计算机基础模块相比，常用软件、网络应用与安全模块测试正确率下降的幅度超过了 10%，说明学生对于这两个模块的学习存在一定的困难。

4

图 3-116　排版后论文正文第 4 页

基于 IC³标准的计算机基础教学改革

从整个学习过程阶段来看，不难看到学生已经对这门课引起重视，在日常学习中能够主动地巩固所学内容。但效果与教师期望还有所差距，说明虽然学生认同课程学习，但在实际巩固过程中还缺少一定的主动性、自觉性，为此教师要经常督促和提醒学生学习。

3.3 学习结果评价

对于课程学习的学习结果与学习过程两者评价的侧重点，目前流行的两种观点为学习过程和学习结果评价并重、评价重点由学习结果转向学习过程。不管目前学界怎么讨论，我们认为学习结果的评价也是不可忽视的。并且，学习结果评价不能孤立求只关注学生的考试成绩，而是要与学生在学习起点阶段的初始水平、学习过程阶段的学习绩效结合在一起进行考察。学习结果评价主要以 IC³ 国际标准的最终测试成绩作为说明。

1. 学习过程阶段的学习绩效是否影响学习结果

100%　80%　60%　40%　20%　0%
72%　77%　87%　74%　51%　63%　34%　51%　38%
常用软件　计算机基础　网络应用与安全
学习起点阶段测试正确率
学习过程阶段测试正确率
学习结果阶段测试通过率

图 2 学习过程阶段的学习绩效与学习结果的关联

从图 2 中可以发现，在学生了解了自身在学习起点阶段的计算机基础水平后，经过学习过程阶段的自我学习，除极个别外其他学生都能通过 IC³ 国际标准的最终测试，也就是取得理想的学习结果。

2. 基于 IC³ 国际标准的计算机基础课程学习是否影响全国计算机等级考试（NCRE）考试成绩

在学习完基于 IC³ 国际标准的计算机应用基础课程后，教师没有辅导学生，直接让学生参加 NCRE 考试。通过表 4 的对比分析，笔者发现通过基于 IC³ 国际标准的计算机基础课程教学后，学生 NCRE 的通过率还是比较不错的，说明基于 IC³ 国际标准的计算机基础课程教学对计算机等级考试的通过有一定的促进作用。

表 4　IC³ 国际标准的测试成绩与全国计算机等级考试（NCRE）成绩的对比

测试类别	参加人数	通过人数	通过比例
IC³	39	26	72%
NCRE	39	25	64%

4　教改的体会

经过采用 IC³ 国际标准的计算机基础教学改革实践，以及在教学改革实践过程中取得的研究数据和相关结果，表明采用 IC³ 国际标准的计算机基础教学无论是在提高学生的知识和技能方面，还是在改善学生的学习态度和情感方面作用明显。我们认为取得这样的成绩离不

5

图 3-117　排版后论文正文第 5 页

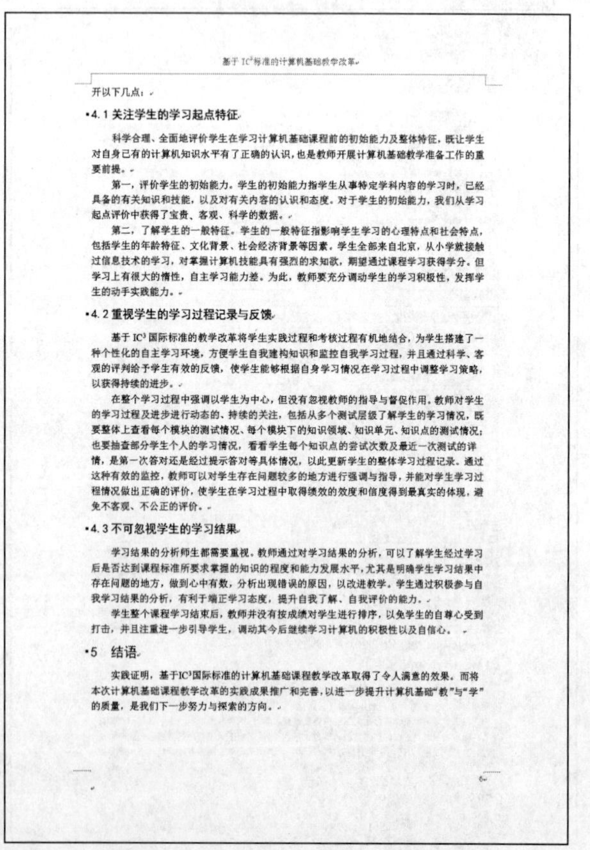
基于 IC³标准的计算机基础教学改革

开以下几点：

4.1 关注学生的学习起点特征

科学合理、全面地评价学生在学习计算机基础课程前的初始能力及整体特征，既让学生对自身已有的计算机知识水平有了正确的认识，也是教师开展计算机基础教学准备工作的重要前提。

第一，评价学生的初始能力。学生的初始能力指学生从事特定学科内容的学习时，已经具备的有关知识和技能，以及对有关内容的认识和态度。对于学生的初始能力，我们从学习起点评价中获得了宝贵、客观、科学的数据。

第二，了解学生的一般特征。学生的一般特征指影响学生学习的心理特点和社会特点，包括学生的年龄特征、文化背景、社会经济背景等因素。学生全部来自北京，从小学就接触过信息技术的学习，对掌握计算机技能具有强烈的求知欲，期望通过课程学习获得学分。但学习上有很大的惰性，自主学习能力差。为此，教师要充分调动学生的学习积极性，发挥学生的动手实践能力。

4.2 重视学生的学习过程记录与反馈

基于 IC³ 国际标准的教学改革将学生实践过程和考核过程有机地结合，为学生搭建了一种个性化的自主学习环境，方便学生自我建构知识和监控自我学习过程，并且通过科学、客观的评判给予学生有效的反馈，使学生能够根据自身学习情况在学习过程中调整学习策略，以获得持续的进步。

在整个学习过程中强调以学生为中心，但没有忽视教师的指导与督促作用。教师对学生的学习过程及进步进行动态的、持续的关注，包括从多个测试层级了解学生的学习情况，既要整体上查看每个模块的测试情况、每个模块下的知识领域、知识单元、知识点的测试情况；也要抽查部分学生个人的学习情况，看看学生每个知识点的尝试次数及最近一次测试的详情，是第一次答对还是经过提示答对等具体情况，以此更新学生的整体学习过程记录。通过这种有效的监控，教师可以对学生存在问题较多的地方进行强调与指导，并能对学生学习过程情况做出正确的评价，使学生在学习过程中取得绩效的效度和信度得到最真实的体现，避免不客观、不公正的评价。

4.3 不可忽视学生的学习结果

学习结果的分析师生都需要重视。教师通过对学习结果的分析，可以了解学生经过学习后是否达到课程标准所要求掌握的知识的程度和能力发展水平，尤其是明确学生学习结果中存在问题的地方，做到心中有数，分析出现错误的原因，以改进教学。学生通过积极参与自我学习结果的分析，有利于端正学习态度，提升自我了解、自我评价的能力。

学生整个课程学习结束后，教师并没有按成绩对学生进行排序，以免学生的自尊心受到打击，并且注重进一步引导学生，调动其今后继续学习计算机的积极性以及自信心。

5　结语

实践证明，基于IC³国际标准的计算机基础课程教学改革取得了令人满意的效果。而将本次计算机基础课程教学改革的实践成果推广和完善，以进一步提升计算机基础“教”与“学”的质量，是我们下一步努力与探索的方向。

6

图 3-118　排版后论文正文第 6 页

基于 IC³标准的计算机基础教学改革

参考文献

[1] 谢同祥，李艺. 过程性评价：关于学习过程价值的建构过程[J]. 电化教育研究，2009(6)：17-20.

7

图 3-119　论文参考文献

该项目的基本工作流程如图 3-120 所示。

图 3-120 项目 6 的基本工作流程

项目实施

步骤 1：启动 Word 2016，建立空文档。论文用纸规格：A4 纸（21 厘米 × 29.7 厘米），印刷。论文装订要求：按封面、中文摘要、目录、正文、参考文献的顺序装订。

（1）新建 Word 文档。

（2）调整页面设置。选择“布局”选项卡，单击“显示页面”组右下侧的扩展按钮，设置“纸张大小”为 A4，如图 3-121 所示。

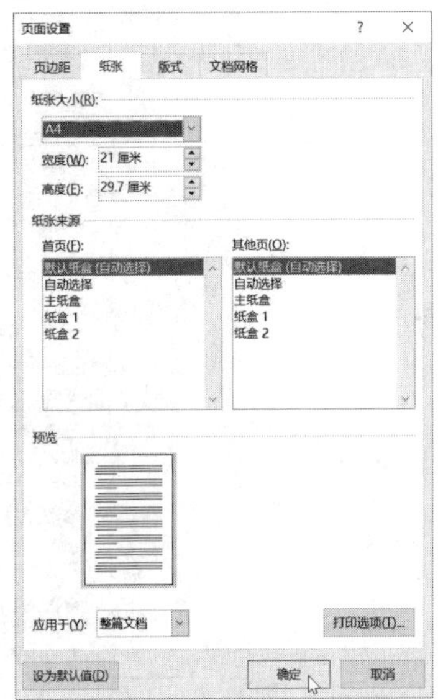

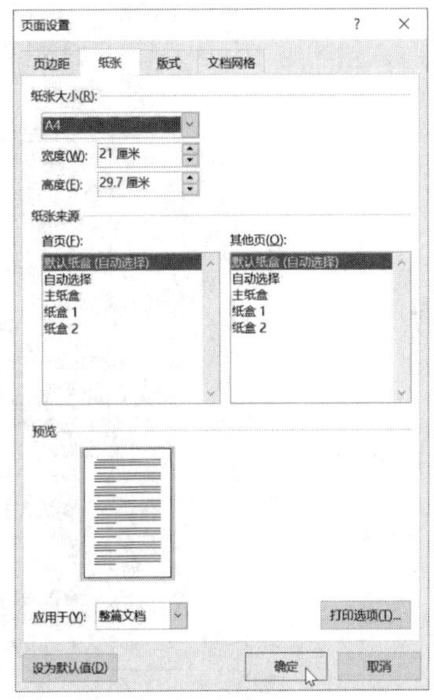

图 3-121 “页面设置”对话框

步骤 2：制作论文封面，按照以下要求设置格式。

（1）“论文”设置字体为宋体，字号为初号，加粗，居中。

（2）“论文题目：”设置字体为宋体，字号为小四，加粗；“基于 IC3 标准的计算机基础教学改革”设置字体为黑体，字号为三号，加下画线。

（3）“作者：”设置字体为宋体，字号为小四，加粗；“侯冬梅、邬郑希”设置字体为黑体，字号为三号，加下画线。

（4）底部居中输入日期，设置字体为黑体，字号为小二，加粗。

（5）封面设置后的效果如图 3-110 所示。

步骤 3：录入作者的相关信息。作者的信息包括姓名、院校、邮编、邮件地址，一律设置字体为楷体，加粗，字号为小四号，居中，效果如图 3-111 所示。

步骤 4：录入摘要的内容。摘要的内容包括：论文题目，字体为楷体，加粗，字号为小三号，居中；“摘要”字样，字体为宋体，字号为五号，左对齐；摘要正文，字体为宋体，字号为五号；关键词，“关键词”三字字体为宋体，字号为五号，关键词一般为 3 ~ 5 个，每一个关键词之间用分号分开，最后一个关键词后不加标点符号。

（1）将光标移到封面最后，插入一个分节符。插入的方法为：切换至“布局”选项卡，单击“页面设置”组中的“分隔符”按钮，选项“下一页”，如图 3-122 所示。

（2）录入摘要内容。

（3）设置摘要格式。

（4）录入关键词。

（5）设置关键词格式。

视频 项目 6-1

视频 项目 6-2

步骤 5：录入论文正文的全部内容，包括引言（或结论）、论文主体及结束语。

（1）在最后一个关键词后，插入一个分节符。

（2）录入论文内容。

步骤 6：设置一级标题为阿拉伯数字 1，2，3，…，字体为黑体，字号为四号，左对齐。

（1）选定第一个一级标题“1 前言”，设置字体为黑体，字号为四号。

（2）切换至“开始”选项卡，单击“段落”组中的“多级列表”按钮，选择一种多级符号样式，如图 3-123 所示，选择了第一种样式，与要求基本符合，但仍需进行格式设置，选择“多级列表”菜单中的“定义新的多级列表”命令，打开“定义新多级列表”对话框，如图 3-124 所示。“级别”选择“1”级，设置“编号对齐方式”为“左对齐”，设置“对齐位置”为“0 厘米”，单击“字体”按钮，打开“字体”对话框，设置字体和字号。选择“级别”为“2”级，设置“编号对齐方式”为“左对齐”，设置“对齐位置”为“0 厘米”，“文本缩进位置”为“0.75 厘米”，单击“字体”按钮，打开“字体”对话框，设置字体和字号，单击“确定”按钮。

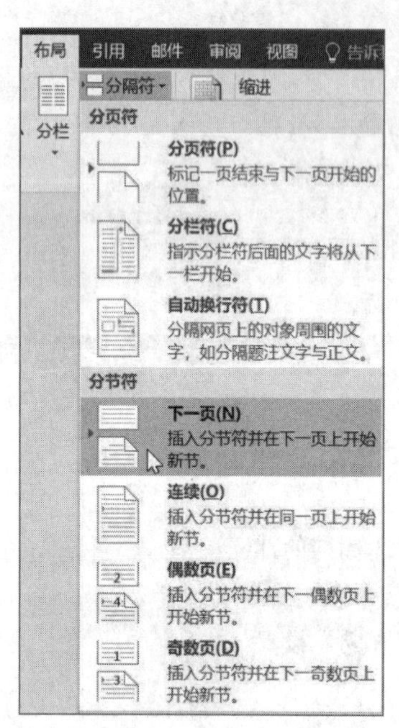

图 3-122 插入分隔符

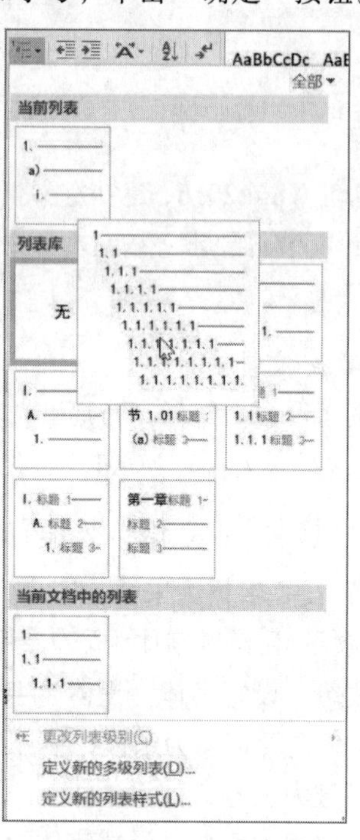

图 3-123 多级符号选项

（3）切换至“开始”选项卡，单击“样式”组右下侧的按钮，打开“样式”任务窗格，如图 3-125 所示。

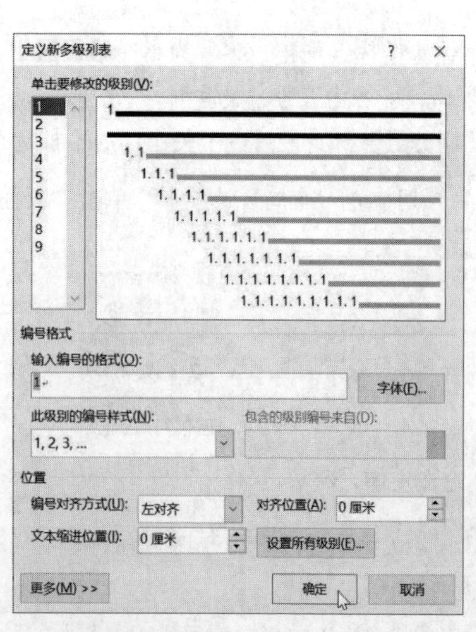

图 3-124 “定义新多级列表”对话框

图 3-125 “样式”任务窗格

（4）选定其他标题。按住“Ctrl”键选定多个标题。在“样式”任务窗格中分别单击“多级符号，黑体，四号”和“黑体，四号”样式。把标题文字前原有的编号删除，完成状态如图 3–126 所示。

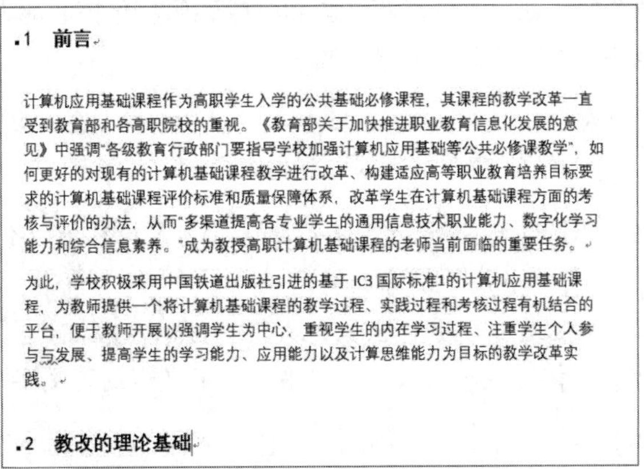

1 前言

计算机应用基础课程作为高职学生入学的公共基础必修课程，其课程的教学改革一直受到教育部和各高职院校的重视。《教育部关于加快推进职业教育信息化发展的意见》中强调“各级教育行政部门要指导学校加强计算机应用基础等公共必修课教学”，如何更好的对现有的计算机基础课程教学进行改革、构建适应高等职业教育培养目标要求的计算机基础课程评价标准和质量保障体系，改革学生在计算机基础课程方面的考核与评价的办法，从而“多渠道提高各专业学生的通用信息技术职业能力、数字化学习能力和综合信息素养。”成为教授高职计算机基础课程的老师当前面临的重要任务。

为此，学校积极采用中国铁道出版社引进的基于 IC3 国际标准1的计算机应用基础课程，为教师提供一个将计算机基础课程的教学过程、实践过程和考核过程有机结合的平台，便于教师开展以强调学生为中心，重视学生的内在学习过程、注重学生个人参与与发展、提高学生的学习能力、应用能力以及计算思维能力为目标的教学改革实践。

2 教改的理论基础

图 3–126 设置样式后的完成状态

步骤 7: 选定标题“强调以学生为中心”设置字体为黑体，字号为小四号。

（1）选定标题“强调以学生为中心”，设置字体为黑体，字号为小四号。

（2）单击“段落”组中的“增加缩进量”按钮，所选标题改变为二级标题。

（3）单击“段落”组右下角的扩展按钮，打开“段落”对话框，如图 3–127 所示。在“缩进和间距”选项卡中设置“大纲级别”为“2 级”。

（4）单击“剪贴板”组中的“格式刷”按钮，将格式复制到“2.2…、2.3…”。

（5）参照“排版后的论文”，按照以上步骤设置所有二级标题格式。

步骤 8: 设置正文字体为宋体，字号为五号。

按住【Ctrl】键选定标题以外的正文部分，同时设置字体和字号。

步骤 9: 脚注放在同一页的底部，字体为宋体，字号为小五号。

（1）为文中的“IC³”添加脚注。选中“IC³”文字，切换至“引用”选项卡，单击“脚注”组右下角的扩展按钮，打开“脚注和尾注”对话框，如图 3–128 所示。

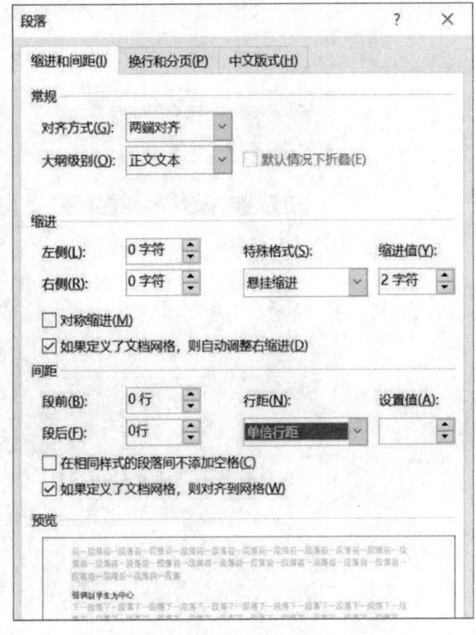

图 3–127 “段落”对话框

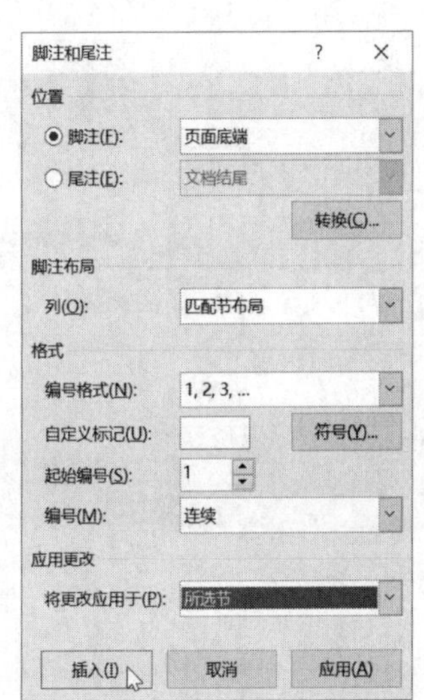

图 3–128 “脚注和尾注”对话框

（2）在“脚注和尾注”对话框中设置“脚注”，“位置”为“页面底端”，单击“插入”按钮。

（3）在页面底端录入脚注内容“IC^{3}国标标准（Internet and Computing Core Certification）是互联网和计算核心认证的简称，是由微软办公软件全球认证中心推出的、国际权威的信息化核心能力标准，它建立了全球认可的计算机应用知识与操作技能的权威评价标准。”，设置字体和字号。

步骤 10: 参考文献格式设置要求。

参考文献的序号用[1]，[2]，[3]，……

（1）文献的著录格式为（书）作者姓名.书名.出版地：出版社名，年月（后不加标点）。（期刊）作者姓名.论文名.期刊名，卷号（期号）：页码，年月（后不加标点）。

（2）若有多位作者，作者名之间用逗号分开；若有外文参考文献，姓名缩写后的点应去掉。

（3）“参考文献”4 个字字体为黑体，字号为五号，居中。参考文献内容文字字体为宋体，字号为小五号。

步骤 11: 图/表中字体为宋体，字号为小五号。图题（字体为宋体，字号为小五号）在图的下方，居中；表题（字体为宋体，字号为小五号）在表的上方，左对齐。

步骤 12: 目录按两级标题编写，要求层次清晰，必须与正文标题一致。论文目录格式设置要求：

“目录”两个字字体为黑体，字号为三号，居中。

一级标题字体为黑体，字号为四号。

二级标题字体为黑体，字号为小四号。

（1）在正文前插入一个分节符，得到一个空白页。

（2）在空白页录入“目录”，并设置格式。

（3）另起一行，切换至“引用”选项卡，单击“目录”组中的“目录”按钮，选择“自定义目录”命令，打开“目录”对话框，如图 3-129 所示。“显示级别”设置为“2”，单击“修改”按钮，打开“样式”对话框，如图 3-130 所示。“样式”设置为“目录 1”，单击“修改”按钮，打开“修改样式”对话框，如图 3-131 所示。在“格式”选项组中设置字体和字号，单击“确定”按钮，返回“样式”对话框，“样式”设置为“目录 2”，使用以上的方法设置字体字号，仍返回“样式”对话框，单击“确定”按钮，返回“目录”对话框，单击“确定”按钮。目录自动生成，参见图 3-132。

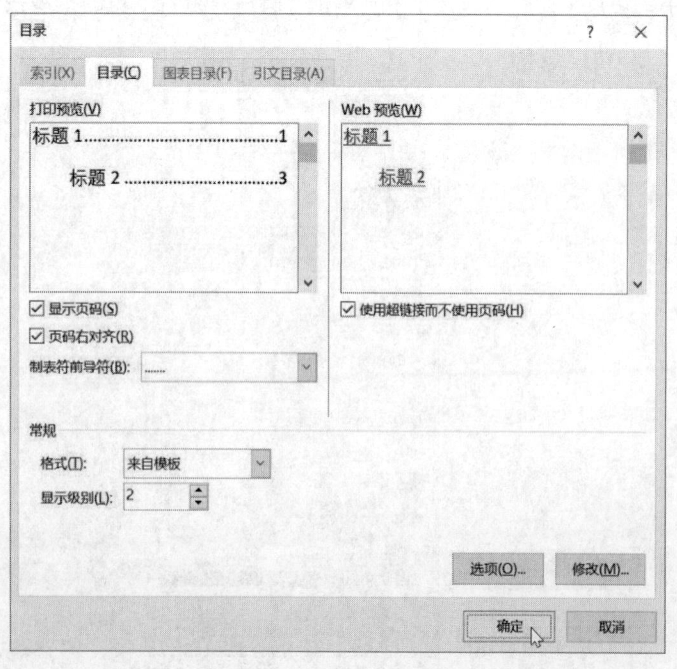

图 3-129 “目录”对话框

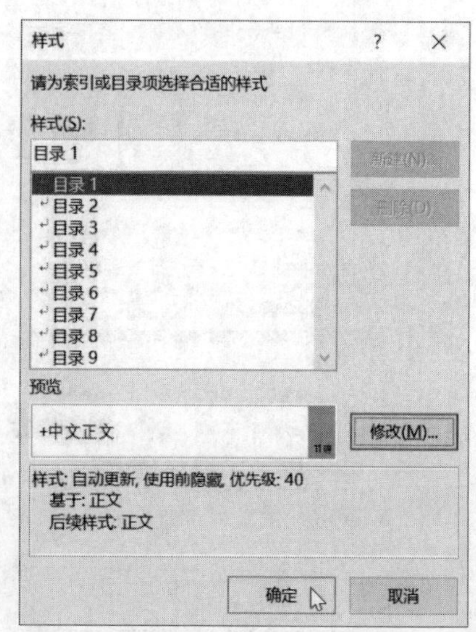

图 3-130 “样式”对话框

步骤 13: 页码格式设置要求。

封面无页码；目录页单独设置页码，页码位于右下角。

正文部分设置页码，页码位于页面底端右下角；并在正文部分添加页眉，内容是论文的标题，即“基于 IC^3 标准的计算机基础教学改革”，居中，字体为宋体，字号为小五号。

（1）将鼠标移动至任意一页的页面下方，右击，在弹出的快捷菜单中选择“编辑页脚”命令，进入页脚编辑状态，由于在上述操作中加入了 3 个分节符，将全文分为三节，取消每节之间的链接（默认情况下每节是链接的），即将鼠标指针定位于某一节，切换至“页眉和页脚”工具栏中的“设计”选项卡，单击“导航组”中的“链接到前一条页眉”按钮，即可取消每节之间的链接。单击“页眉和页脚工具”选项卡中的“关闭”按钮，回到正文的编辑状态。

（2）将光标定位于目录一节中，切换至“插入”选项卡，选择“页码”→“页面底端”→“普通数字 3”命令，插入页码；选择“页码”→“设置页码格式”命令，打开“页码格式”对话框，如图 3-132 所示。在“页码编号”选项组中设置“起始页码”为“1”，单击“确定”按钮。

（3）为正文部分设置页眉和页脚。可参考步骤（2）的操作过程。

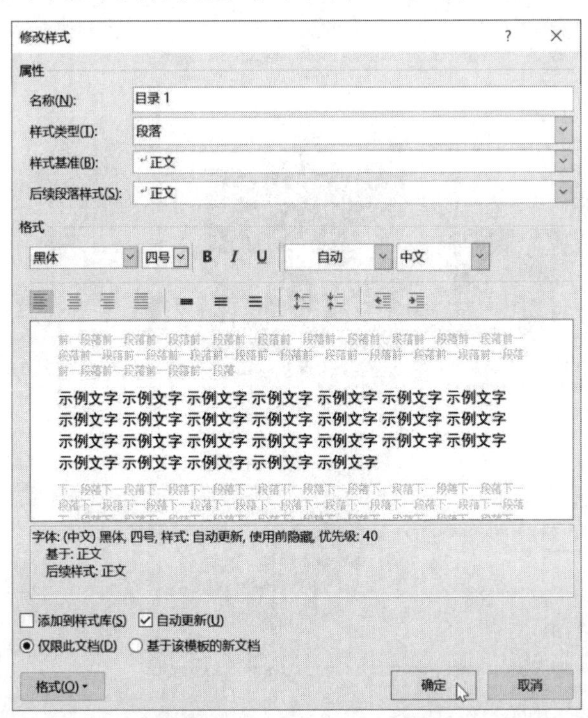

图 3-131 “修改样式”对话框

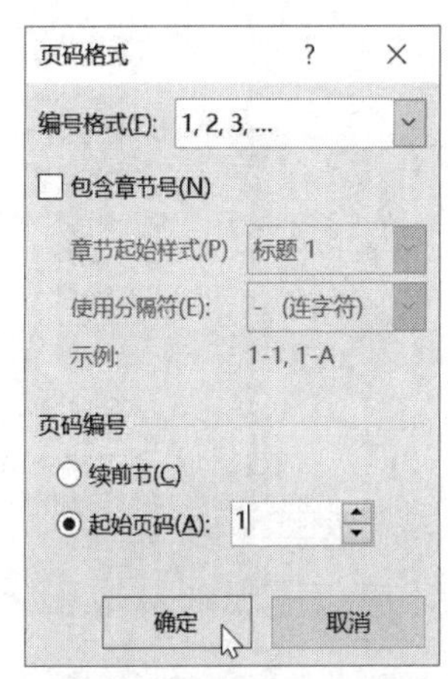

图 3-132 “页码格式”对话框

步骤 14: 保存文档。

操作技巧

（1）目录的更新。对文档进行了更改，但目录中却不会显示该更改。这时，应进行以下操作：

在添加、删除、移动或编辑了文档中的标题或其他文本之后，切换至“引用”选项卡，单击“目录”组中的“更新目录”按钮可更新目录，亦可选定目录再按【F9】键来更新。

（2）多级符号的使用。通过更改列表中项目的层次级别，可将原有的列表转换为多级符号列表。单击第一个编号以外的编号，并按【Tab】键或【Shift+Tab】组合键，也可以单击“增加缩进量”按钮或“减少缩进量”按钮。

综合项目——制作宣传简报

在办公自动化的今天，使用计算机排版的文件、海报、简报、电子贺卡、手抄报，越来越多地应用到学习、工作、生活当中。下面的综合项目将制作一份图文并茂、内容丰富的宣传简报。

项目目标

- 熟练掌握 Word 文档的非常用版面设置。
- 熟练掌握 Word 文档的分栏设置。
- 熟练掌握 Word 文档中的图文混排。
- 熟练掌握 Word 文档表格的自动套用。
- 熟练掌握 Word 文档中文本框的设置。

项目描述

制作一份宣传简报，制作后的效果如图 3-133 所示。

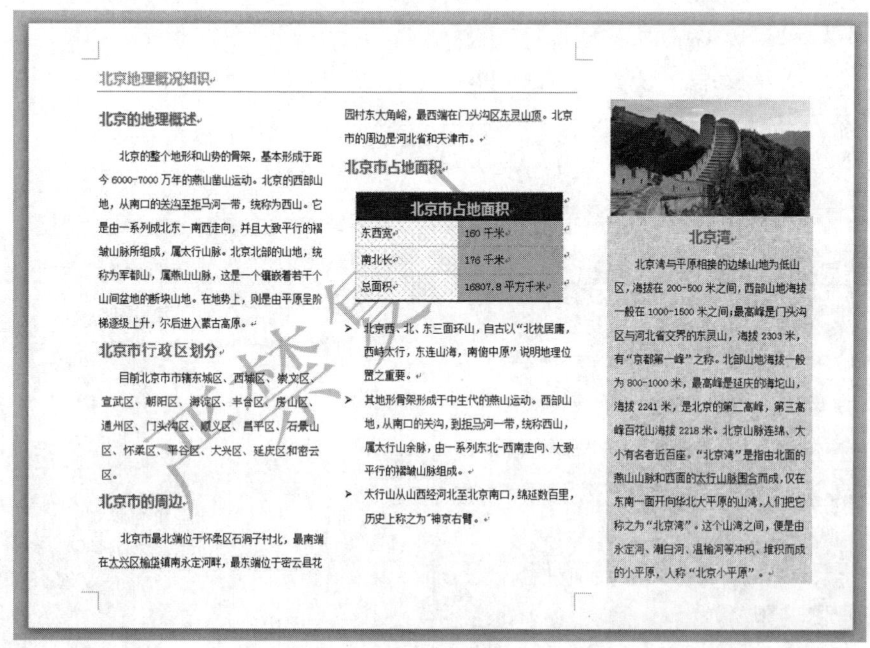

北京地理概况知识

北京的地理概述

北京的整个地形和山势的骨架，基本形成于距今 6000-7000 万年的燕山凿山运动。北京的西部山地，从南口的关沟至拒马河一带，统称为西山。它是由一系列成北东一南西走向，并且大致平行的褶皱山脉所组成，属太行山脉。北京北部的山地，统称为军都山，属燕山山脉，这是一个镶嵌着若干个山间盆地的断块山地。在地势上，则是由平原呈阶梯逐级上升，尔后进入蒙古高原。

北京市行政区划分

目前北京市市辖东城区、西城区、崇文区、宣武区、朝阳区、海淀区、丰台区、房山区、通州区、门头沟区、顺义区、昌平区、石景山区、怀柔区、平谷区、大兴区、延庆区和密云区。

北京市的周边

北京市最北端位于怀柔区石洞子村北，最南端在太兴区榆垡镇南永定河畔，最东端位于密云县花园村东大角峪，最西端在门头沟区东灵山顶。北京市的周边是河北省和天津市。

北京市占地面积

北京市占地面积	
东西宽	160 千米
南北长	176 千米
总面积	16807.8 平方千米

- 北京西、北、东三面环山，自古以“北枕居庸，西峙太行，东连山海，南俯中原”说明地理位置之重要。
- 其地形骨架形成于中生代的燕山运动。西部山地，从南口的关沟，到拒马河一带，统称西山，属太行山余脉，由一系列东北-西南走向、大致平行的褶皱山脉组成。
- 太行山从山西经河北至北京南口，绵延数百里，历史上称之为"神京右臂。

北京湾

北京湾与平原相接的边缘山地为低山区，海拔在 200-500 米之间，西部山地海拔一般在 1000-1500 米之间；最高峰是门头沟区与河北省交界的东灵山，海拔 2303 米，有“京都第一峰”之称。北部山地海拔一般为 800-1000 米，最高峰是延庆的海坨山，海拔 2241 米，是北京的第二高峰，第三高峰百花山海拔 2218 米。北京山脉连绵、大小有名者近百座。“北京湾”是指由北面的燕山山脉和西面的太行山脉围合而成，仅在东南一面开向华北大平原的山湾，人们把它称之为“北京湾”。这个山湾之间，便是由永定河、潮白河、温榆河等冲积、堆积而成的小平原，人称“北京小平原”。

图 3-133 “北京地理概况知识”样文

解决路径

视 频

综合项目

本项目是一份图文混排的综合宣传简报，这份简报要求的格式：A4 纸；横排输出；左宽、右窄；录入有关文字；插入图片；插入表格；插入文本框；设置页面背景及边框与底纹的格式，从而制作一份精美的宣传简报。该项目的基本工作流程如图 3-134 所示。

新建文档 → 页面布局设置 → 录入相关文字 → 插入表格、套用格式 → 插入相关图片 → 版面设置 → 保存不同类型文档

图 3-134 综合项目的基本工作流程

项目实施

步骤1: 启动Word 2016，建立空文档，调整页面方向为横向，页边距设置为：上、下1.2厘米，左2.5厘米、右10厘米；将版面划分为左宽、右窄，效果如图3-133所示。

步骤2: 页眉和页脚设置。页眉顶端距离1.5厘米、页脚底端距离1.05厘米；输入页眉内容为“北京地理概况知识”，字体设置为微软雅黑、加粗、小三、蓝色。

步骤3: 版面文字设置。正文中所有字体、字号（包括文本框及表格）设置为宋体、五号、黑色。

步骤4: 版面中的标题（包括表格中的标题）。字体设置为微软雅黑、加粗、四号、蓝色，表格标题为黄色。

步骤5: 插入图片，文件名为“长城.jpg”，图片自动换行为“穿越”，图片的绝对位置为水平1.28厘米，右边距右侧；垂直2.6厘米，上边距下侧；绝对大小为高度12.75厘米、宽度7.38厘米。

步骤6: 文本框的设置，绘制文本框，设置绝对位置为“水平20.79厘米，页面右侧；垂直8.04厘米，页面下侧，高度10.59厘米、宽度8.02厘米；纹理填充，蓝色面巾纸，35%透明度。使用文本框时注意设置无线条颜色。

步骤7: 新建表格，创建4行2列的表格，均匀分布列；表格样式为，彩色型2。

步骤8: 插入项目符号，表格下方的文字设置如样文所示的项目符号。

步骤9: 自定义水印，文字水印，文本内容为“严禁复制”；字号为105、斜式；颜色为红色，半透明版式。

步骤10: 保存文档，要求学生新建一个文件夹，文件夹名为学生学号。保存文件名1为：综合项目，扩展名为“.DOCX”；保存文件名2为“综合项目”，扩展名为“.PDF”。

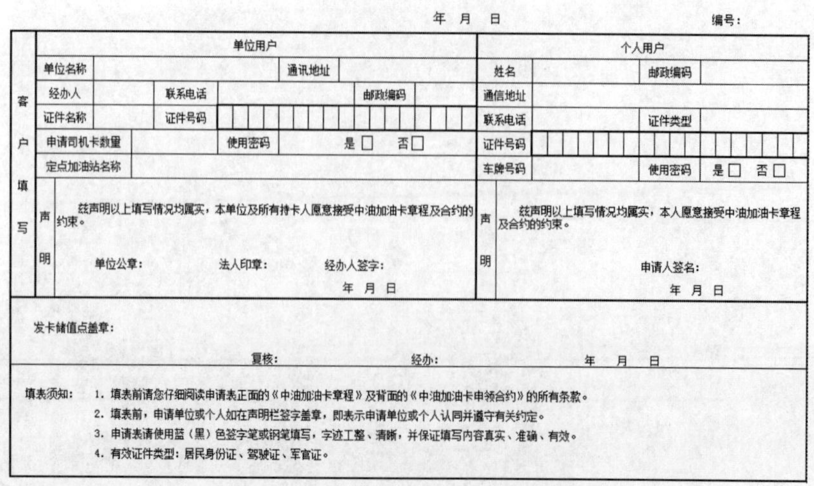
单元 4 Excel 电子表格软件应用

在办公软件中，电子表格处理软件 Excel 在人们的生活和学习中提供了很多帮助，包括制作表格、美化表格，根据表格的数据进行计算和分析，利用表格的数据生成相应的图表。本单元将通过几个生活中的实例，使读者掌握 Excel 丰富实用的功能。这些项目内容包括绘制复杂表格，运用各种功能对表格进行修饰，掌握多种系统提供的函数对数据进行计算，生成图表、修饰图表使数据的体现更加形象、生动，利用多种功能对数据进行统计和分析等。

项目 1　制作中油加油卡开户申请表

在日常生活中，经常会见到各种复杂的表格，例如银行的存款或取款表、应聘工作时填写的应聘申请表、校中教学实施计划表等。本项目将以“中油加油卡开户申请表”为例，学习复杂表格的排版。

项目目标

- 熟练掌握 Excel 中数据的录入、编辑。
- 熟练掌握 Excel 中的页面设置。
- 熟练掌握 Excel 中的字体、数字、对齐、边框、行高、列宽等基本格式设置。
- 熟练掌握 Excel 的保存。

项目描述

制作如图 4-1 所示的“中油加油卡开户申请表”表格。

中油加油卡开户申请表

年　月　日　　　　　　　　　编号：

客户填写	单位用户					个人用户			
	单位名称		通讯地址			姓名		邮政编码	
	经办人		联系电话		邮政编码	通信地址			
	证件名称		证件号码			联系电话		证件类型	
	申请司机卡数量		使用密码	是□　否□		证件号码			
	定点加油站名称					车牌号码		使用密码	是□　否□
	声明	兹声明以上填写情况均属实，本单位及所有持卡人愿意接受中油加油卡章程及合约的约束。 单位公章：　法人印章：　经办人签字： 年　月　日				声明	兹声明以上填写情况均属实，本人愿意接受中油加油卡章程及合约的约束。 申请人签名： 年　月　日		
发卡储值点盖章： 复核：　经办：　年　月　日									
填表须知：1. 填表前请您仔细阅读申请表正面的《中油加油卡章程》及背面的《中油加油卡申领合约》的所有条款。 2. 填表前，申请单位或个人如在声明栏签字盖章，即表示申请单位或个人认同并遵守有关约定。 3. 申请表请使用蓝（黑）色签字笔或钢笔填写，字迹工整、清晰，并保证填写内容真实、准确、有效。 4. 有效证件类型：居民身份证、驾驶证、军官证。									

图 4-1　中油加油卡开户申请表

解决路径

利用 Excel 2016 进行数据的录入、编辑、排版等操作。项目的基本流程如图 4-2 所示。按照项目实施的步骤完成该表格的编辑。

图 4-2 “中油加油卡开户申请表”制作基本流程

项目实施

视频 项目 1

步骤 1: 启动 Excel 2016，建立新文档。

(1)启动 Excel 2016，选择任务栏中的“开始”→“所有程序”→“Microsoft Office”→“Microsoft Office Excel 2016”命令。

(2)启动 Excel 时，自动建立一个文件名为“工作簿 1.xlsx”的空文档。

步骤 2: 将文档的页面方向设置为横向，页边距上、下、左、右均为 1 厘米，水平方向和垂直方向都居中。

(1)单击“页面布局”选项卡，在“页面设置”组中选择“纸张方向”中的“横向”命令。

(2)单击“页面布局”选项卡，在“页面设置”组中单击右下侧的扩展按钮，打开“页面设置”对话框。在“页面设置”对话框中选择“页边距”选项卡，设置“上”“下”“左”“右”均为“1”，“居中方式”中选定“水平”和“垂直”复选框，单击“确定”按钮，如图 4-3 所示。

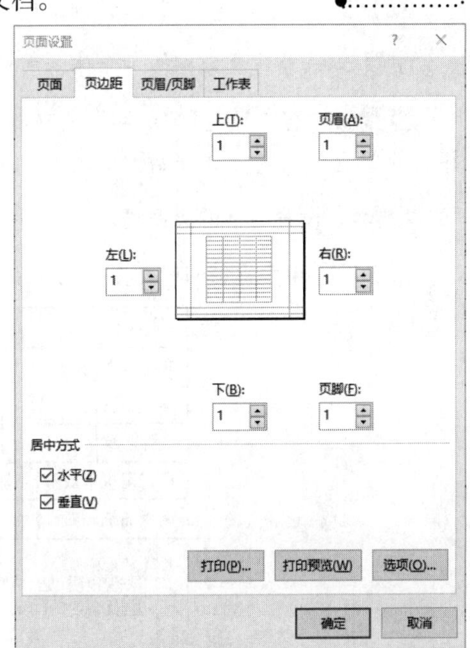

图 4-3 “页面设置”对话框

步骤 3: 录入如图 4-1 所示的样文内容。

步骤 4: 调整表格行的高度、列的宽度、合并单元格。

(1)调整表格行的高度。以第 1 行为例，将光标定位在第 1 行，选择“开始”选项卡，选择“单元格”→“格式”→“行高”命令，打开“行高”对话框，如图 4-4 所示，“行高”设置为“33”，单击“确定”按钮。

(2)调整表格列的宽度。调整表格列的宽度与设置行的高度的方法类似，可以参考以上方法做，这里再介绍一种方法。以第 1 列为例，将光标定位在 A 列和 B 列的列标之间，拖动鼠标左键，即可调整列宽。

(3)合并单元格。表格中要合并的单元格有很多处，读者可参考图 4-1 的样文进行合并，这里以标题(“中油加油卡开户申请表”)为例介绍单元格合并方法。选定从 A1：AR1 的所有单元格，单击“开始”选项卡“对齐方式”组中，右下侧的扩展按钮，打开“设置单元格格式”对话框，如图 4-5 所示。选择“对齐”选项卡，在“文本控制”组中选中“合并单元格”复选框，“水平对齐”选择“居中”，单击“确定”按钮。

步骤 5: 表的标题字体为宋体，字号为 20 磅，加粗，居中。

(1)设置字体、字号、加粗。选择“开始”选项卡，在“字体”组“字体”下拉列表框中设置字体，在“字号”下拉列表框中““设置字号，利用“加粗”按钮B设置加粗。

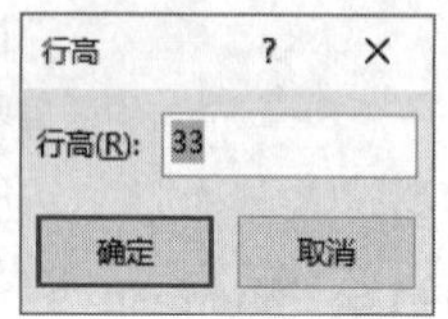

图 4-4 “行高”对话框

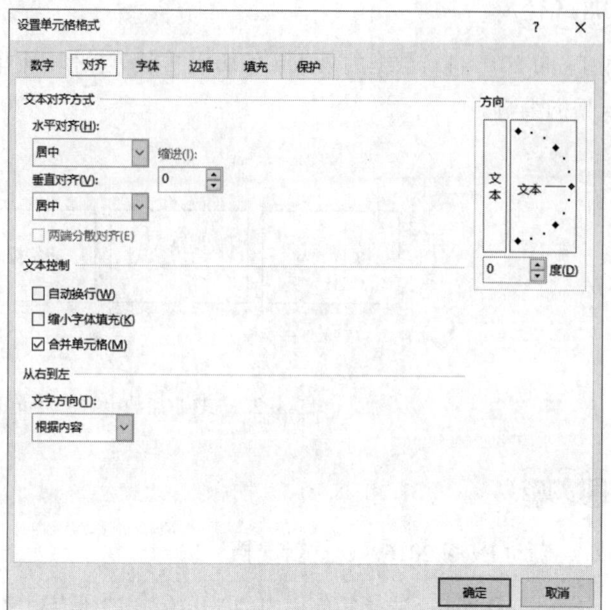

图 4-5 “设置单元格格式”对话框

（2）设置居中。选择“开始”选项卡，单击“对齐方式”组中的“居中”按钮设置居中。

步骤 6: 表格内文字字体为宋体，字号为 10 磅。

步骤 7: “客户填写”“声明”所在的合并单元格方向为竖向。以“客户填写”所在单元格为例，选定该合并后的单元格，选择“开始”选项卡，单击“对齐方式”组中的“方向”按钮选择“竖排文字”命令。

步骤 8: 设置表格的边框线。

（1）以图 4-6 所示的单元格为例介绍如何添加边框线。

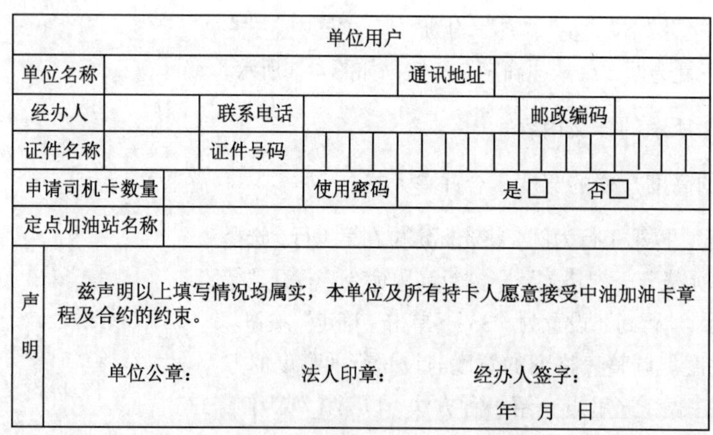

单位用户					
单位名称			通讯地址		
经办人		联系电话		邮政编码	
证件名称		证件号码			
申请司机卡数量		使用密码	是□	否□	
定点加油站名称					
声明	兹声明以上填写情况均属实，本单位及所有持卡人愿意接受中油加油卡章程及合约的约束。 单位公章： 法人印章： 经办人签字： 年 月 日				

图 4-6 设置表格边框示例

（2）选定该区域（即 B3:X11），单击“开始”选项卡“字体”组中的“边框”下拉按钮，选择“其他边框”命令，打开“设置单元格格式”对话框，选择“边框”选项卡，在线条样式中选择如图 4-7 所示的线条，在“预置”中单击“外边框”按钮；在线条样式中选择细实线，在“预置”中单击“内部”按钮，单击“确定”按钮。

（3）取消多余的边框。选定 C9:X11 的区域，单击“开始”选项卡“字体”组中的“边框”下拉按钮，选择“其他边框”命令，打开“设置单元格格式”对话框。选择“边框”选项卡，在“边框”中单击按钮和按钮，单击“确定”按钮，如图 4-8 所示。

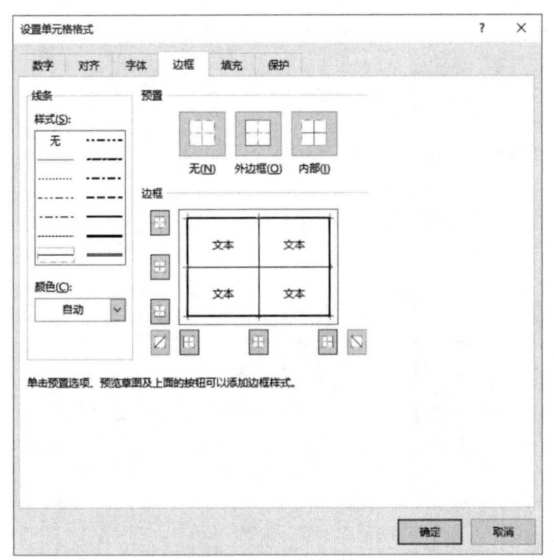

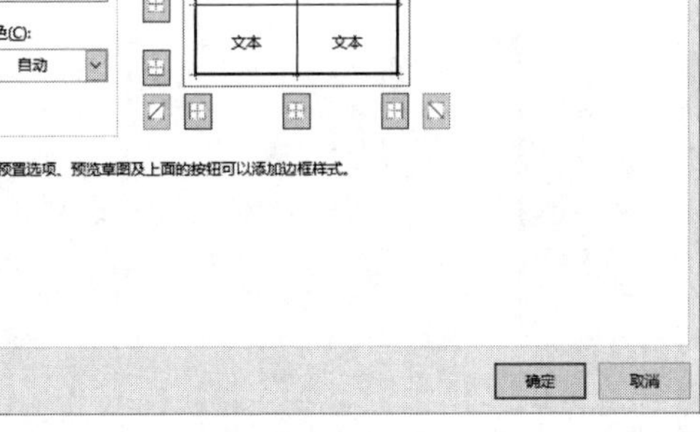

图 4-7　“设置单元格格式”对话框（一）

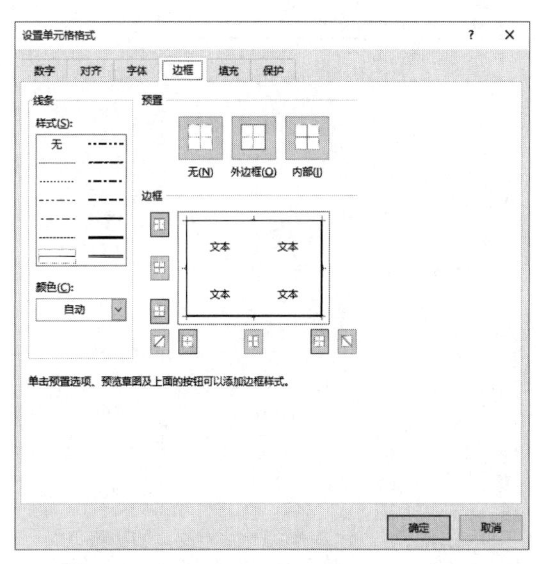

图 4-8　“设置单元格格式”对话框（二）

修改已有的边框。选定 H6:X6 的区域，单击“开始”选项卡“字体”组中的“边框”下拉按钮，选择“其他边框”命令，打开“设置单元格格式”对话框，选择“边框”选项卡，在“线条”“样式”中选择较粗的实线，在“边框”中单击按钮、按钮和按钮。单击“确定”按钮。

步骤 9：保存文件。

（1）选择“文件”→“另存为”命令，单击“浏览”按钮，打开“另存为”对话框，如图 4-9 所示。

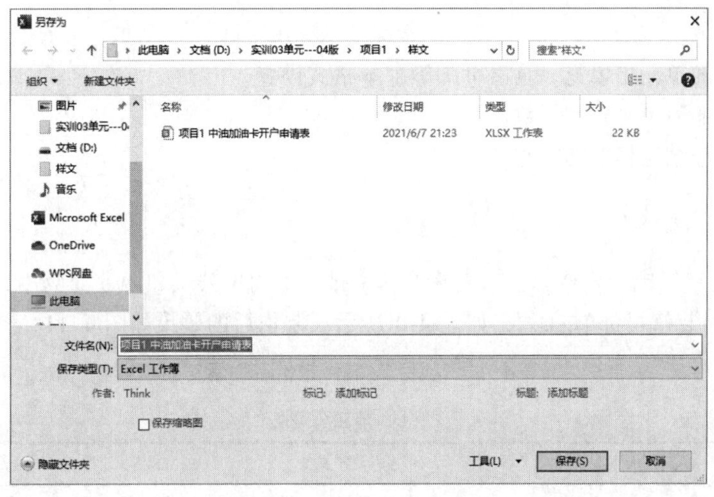

图 4-9　“另存为”对话框

（2）在“另存为”对话框中，选择保存位置，输入文件名称，单击“保存”按钮。

操作技巧

可以在工作表中使用“选择性粘贴”命令从剪贴板复制并粘贴特定单元格内容或特性（例如公式、格式或批注）。

例如，用选择性粘贴调整列宽与另一列进行匹配：选择列中的单元格，选择“开始”选项卡→“剪贴板”组，单击“复制”按钮，然后选择目标列。选择“剪贴板”组→“粘贴”→“选择性粘贴”命令，打开“选择性粘贴”对话框，再选择“列宽”单选按钮，单击“确定”按钮，如图 4-10 所示。

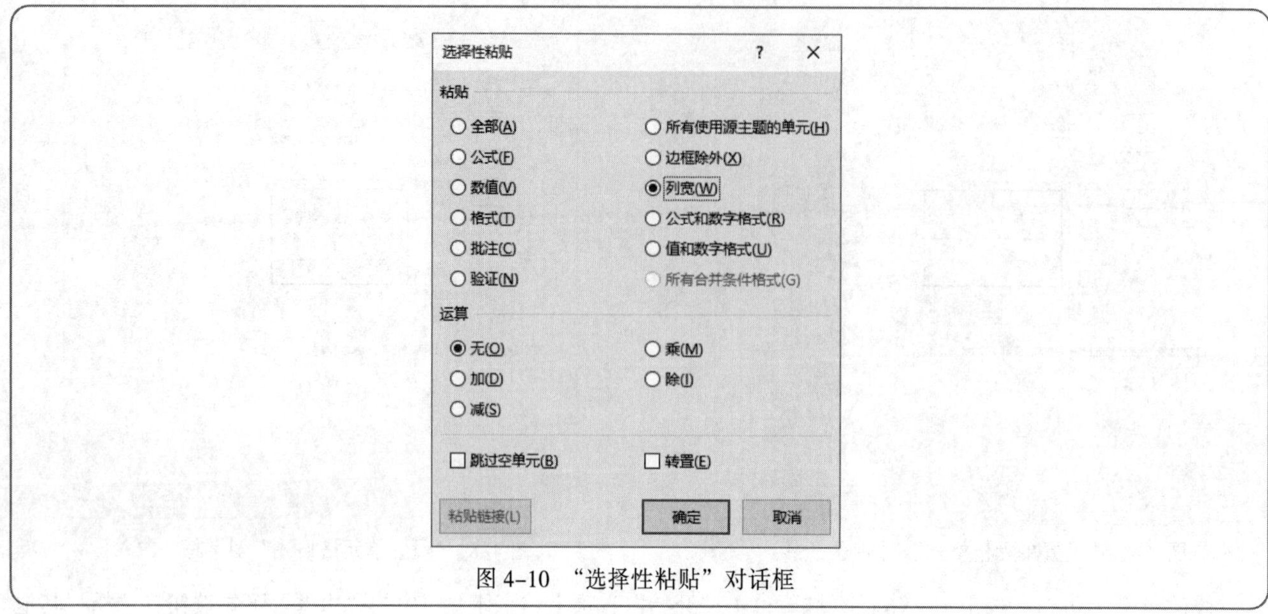

图 4-10 “选择性粘贴”对话框

项目 2　制作装修报价单

在工作和生活中，经常会处理一些简单的表格，在下面的项目中以一个真实生活中的装修报价单为项目内容，对表格进行修饰，做简单的计算，对较长表格浏览使用冻结等操作进行训练。

项目目标

- 熟练掌握 Excel 中的单元格填充、页眉页脚等基本格式设置。
- 熟练掌握 Excel 中的简单公式和函数。
- 熟练掌握 Excel 中冻结窗格的功能和方法。

项目描述

制作一份“装修报价单”电子表格，包括表格的基本排版、简单公式和函数的应用，以及使用冻结窗格的功能等。使用素材“项目 2 装修报价单.xlsx”，如表 4-1 所示，制作后的效果如图 4-11 ~ 图 4-14 所示。

表 4-1 “项目 2 装修报价单”素材

××××装饰有限公司报价单

<table>
<tr><td colspan="4">客户名　16# C'户型　　家铭</td><td colspan="3">联系方式　1368888××××</td></tr>
<tr><td colspan="4">工程地址丽水园</td><td colspan="3">工程等级　混油　（金装多乐士五合一二代）</td></tr>
<tr><td>开工日期</td><td></td><td>竣工日期</td><td></td><td>金额总计</td><td></td><td></td></tr>
<tr><td>序号</td><td>项目名称</td><td>单位</td><td>单价</td><td>数量</td><td>小计</td><td>备　注</td></tr>
<tr><td>一</td><td>门厅</td><td></td><td></td><td></td><td></td><td></td></tr>
<tr><td>1</td><td>顶面漆</td><td>平方米</td><td>24</td><td>1.8</td><td></td><td rowspan="2">a. 界面剂封底；b. 批刮三遍美巢腻子，底漆一遍，面漆二两遍；c. 不包含墙体满贴布处理；d. 如墙漆颜色超过两种（含白色），每增加一色另加 230 元（多乐士五合一二代）</td></tr>
<tr><td>2</td><td>墙面漆</td><td>平方米</td><td>24</td><td>4.2</td><td></td></tr>
<tr><td>3</td><td>半包入户门套</td><td>米</td><td>75</td><td>5.2</td><td></td><td>金秋特级大芯板衬底，饰面板饰面，实木线条收口，华润聚酯无苯高级油漆工艺</td></tr>
</table>

续表

客户名	16# C'户型	家铭		联系方式	1368888××××	
工程地址丽水园				工程等级 混油	（金装多乐士五合一二代）	
开工日期		竣工日期		金额总计		
序号	项目名称	单位	单价	数量	小计	备　注
4	铺地砖	平方米	24	1.8		人工费辅料（水泥42.5级、中沙、环保胶），不含主材
5	踢脚线	米	10	1.5		人工费辅料（水泥42.5级、中沙、环保胶），不含主材
6	拆墙	项	150	1		人工费
7	做展柜	项	450	1		金秋特级大芯板衬底，饰面板饰面，华润聚酯无苯高级油漆工艺
				小计		
二	客厅及餐厅					
1	顶面漆	平方米	24	26.6		a. 界面剂封底；b. 批刮三遍美巢腻子，底漆一遍，面漆二遍；c. 不包含墙体满贴布处理；d. 如墙漆颜色超过两种（含白色），每增加一色另加230元，（多乐士五合一二代）
2	墙面漆	平方米	24	42		
3	包哑口	米	85	6.5		金秋特级大芯板衬底，饰面板饰面，实木线条收口，华润聚酯无苯高级油漆工艺
4	铺地砖	平方米	26	26.6		人工费辅料（水泥42.5级、中沙、环保胶），不含主材
5	踢脚线	米	10	16.5		人工费辅料（水泥42.5级、中沙、环保胶），不含主材
				小计		
三	客厅阳台					
1	顶面漆	平方米	24	3.3		a. 界面剂封底；b. 批刮三遍美巢腻子，底漆一遍，面漆两遍；c. 不包含墙体满贴布处理；d. 如墙漆颜色超过两种（含白色），每增加一色另加230元（多乐士五合一二代）
2	墙面漆	平方米	24	7.8		
3	铺地砖	平方米	24	3.3		人工费辅料（水泥42.5级、中沙、环保胶），不含主材
4	踢脚线	米	10	6		人工费辅料（水泥42.5级、中沙、环保胶），不含主材
				小计		
四	主卧室					
1	顶面漆	平方米	24	12.4		a. 界面剂封底；b. 批刮三遍美巢腻子，底漆一遍，面漆二遍；c. 不包含墙体满贴布处理；d. 如墙漆颜色超过两种（含白色），每增加一色另加230元（多乐士五合一二代）
2	墙面漆	平方米	24	30.2		
3	做门及套	樘	900	1		金秋特级大芯板衬底，饰面板饰面，实木线条收口，华润聚酯无苯高级油漆工艺
4	包窗套	米	75	6.2		金秋特级大芯板衬底，饰面板饰面，实木线条收口，华润聚酯无苯高级油漆工艺
				小计		

续表

客户名 16# C'户型 家铭				联系方式 1368888××××		
工程地址丽水园				工程等级 混油 （金装多乐士五合一二代）		
开工日期		竣工日期		金额总计		
序号	项目名称	单位	单价	数量	小计	备 注
五	次卧室					
1	顶面漆	平方米	24	8.4		a. 界面剂封底；b. 批刮三遍美巢腻子，底漆一遍，面漆两遍；c. 不包含墙体满贴布处理；d. 如墙漆颜色超过两种（含白色），每增加一色另加 230 元（多乐士五合一二代）
2	墙面漆	平方米	24	26.2		
3	做门及套	樘	900	1		金秋特级大芯板衬底，饰面板饰面，实木线条收口，华润聚酯无苯高级油漆工艺
4	包窗套	米	75	5.4		金秋特级大芯板衬底，饰面板饰面，实木线条收口，华润聚酯无苯高级油漆工艺
				小计		
六	过道					
1	铺地砖	平方米	24	1.8		人工费辅料（水泥 42.5 级、中沙、环保胶），不含主材
2	墙面漆	平方米	24	3.5		同上
3	吊柜	项	280	1		金秋特级大芯板衬底，饰面板饰面，华润聚酯无苯高级油漆工艺
				小计		
七	厨房					
1	铝扣板吊顶	平方米	40	5.3		人工费辅料
2	贴墙砖	平方米	26	24.8		人工费辅料（水泥 42.5 级、中沙、环保胶），不含主材
3	铺地砖	平方米	24	5.3		人工费辅料（水泥 42.5 级、中沙、环保胶），不含主材
4	做门及套	樘	900	1		金秋特级大芯板衬底，饰面板饰面，实木线条收口，华润聚酯无苯高级油漆工艺.
5	吊柜	项	280	1		金秋特级大芯板衬底，饰面板饰面，华润聚酯无苯高级油漆工艺
				小计		
八	厨房阳台					
1	顶面漆	平方米	24	1.8		a. 界面剂封底；b. 批刮三遍美巢腻子,底漆一遍，面漆二遍；c. 不包含墙体满贴布处理；d. 如墙漆颜色超过两种（含白色），每增加一色另加 230 元（多乐士五合一二代）
2	墙面漆	平方米	24	6.2		
				小计		
九	主卧书房					
1	做计算机桌	项	380	1		金秋特级大芯板衬底，饰面板饰面，华润聚酯无苯高级油漆工艺
2	做衣柜柜体	平方米	320	4.2		金秋特级大芯板衬底，饰面板饰面，华润聚酯无苯高级油漆工艺
3	做门套	米	75	4.8		金秋特级大芯板衬底，饰面板饰面，实木线条收口，华润聚酯无苯高级油漆工艺
				小计		

续表

客户名 16# C'户型 家铭				联系方式 1368888××× ×		
工程地址丽水园				工程等级 混油 （金装多乐士五合一二代）		
开工日期		竣工日期		金额总计		
序号	项目名称	单位	单价	数量	小计	备　注
十	客卫					
1	铝扣板吊顶	平方米	40	2.8		人工费辅料
2	贴墙砖	平方米	26	15.4		人工费辅料（水泥42.5级、中沙、环保胶），不含主材
3	铺地砖	平方米	24	2.8		人工费辅料（水泥42.5级、中沙、环保胶），不含主材
4	做门及套	樘	900	1		金秋特级大芯板衬底，饰面板饰面，实木线条收口，华润聚酯无苯高级油漆工艺
5	拆墙	项	150	1		人工费
6	新建墙体	平方米	80	5		红砖砌墙，水泥砂浆找平
				小计		
十一	其他					
1	做防水	平方米	70	0		金盾防水（按实际发生计算）
2	保温墙贴布	平方米	10	0		的确良布
3	改水	米	60	0		日丰牌铝塑管（按实际发生计算）
4	改电(明线)	米	20	0		不剔槽（按实际发生计算）
5	改电(暗线)	米	40	0		剔槽，2.5平方毫米铜芯线（按实际发生计算）
6	灯具安装	套	150	1		灯安装
7	洁具安装	套	150	1		人工辅料
8	五金件安装	套	150	1		人工
9	垃圾清运	项	200	1		
				小计		
				总计		
	注意事项					
		1. 为了维护您的利益,请不要接受任何口头承诺				
		2. 实际发生项目若于报价单不符，一切以实际发生为准				
		3. 该报价不含物业收取装饰公司的装修管理费、电梯使用费等，各项物业费用由客户自理，如我公司施工人员违返规定造成罚款由我公司承担				
		4. 施工期间水电费由客户承担				
		5. 装修增减项费用，在中期付款时计算支付				
		6. 根据有关规定，我公司不负责暖气拆改，煤气移位.承重墙拆除等，请谅解				
		7. 凡违反有关部门规定的拆除项目须另签定补充协议.				
		8. 主材甲供：地砖、地板、墙砖、灯具、洁具、五金件、橱柜、特殊材料等				
		9. 需乙方提供主材另签代购协议				
		10. 此报价不含税金,如开发票另付总额的5%				
		此家装以报价项目为准				
	客户签字：			设计师签字：		

××××装饰有限公司报价单						
客户名	16# C'户型	家铭		联系方式	1368888××××	
工程地址	丽水园			工程等级	混油	（金装多乐士五合一二代）
开工日期	2021/6/12	竣工日期	2021/8/11	金额总计		
序号	项目名称	单位	单价	数量	小计	备注
一	门厅					
1	顶面漆	平方米	24	1.8	43.2	a.界面剂封底;b.批刮三遍美巢腻子,底漆一遍，面漆两遍;c.不包含墙体满贴布处理;d.如墙漆颜色超过两种（含白色），每增加一色另加230元。（多乐士五合一二代）
2	墙面漆	平方米	24	4.2	100.8	
3	半包入户门套	平方米	75	5.2	390	金秋特级大芯板衬底,饰面板饰面,实木线条收口,华润聚脂无苯高级油漆工艺
4	铺地砖	平方米	24	1.8	43.2	人工费辅料(水泥42.5级、中沙、环保胶）,不含主材
5	踢脚线	米	10	1.5	15	人工费辅料(水泥42.5级、中沙、环保胶）,不含主材
6	拆墙	项	150	1	150	人工费。
7	做展柜	项	450	1	450	金秋特级大芯板衬底,饰面板饰面,华润聚脂无苯高级油漆工艺
				小计:	1192.2	
二	客厅及餐厅					
1	顶面漆	平方米	24	26.6	638.4	a.界面剂封底;b.批刮三遍美巢腻子,底漆一遍，面漆二遍;c.不包含墙体满贴布处理;d.如墙漆颜色超过二种（含白色），每增加一色另加230元（多乐士五合一二代）
2	墙面漆	平方米	24	42	1008	
3	包哑口	米	85	6.5	552.5	金秋特级大芯板衬底,饰面板饰面,实木线条收口,华润聚脂无苯高级油漆工艺
4	铺地砖	平方米	26	26.6	691.6	人工费辅料(水泥42.5级、中沙、环保胶）,不含主材
5	踢脚线	米	10	16.5	165	人工费辅料(水泥42.5级、中沙、环保胶）,不含主材
				小计:	3055.5	
三	客厅阳台					
1	顶面漆	平方米	24	3.3	79.2	a.界面剂封底;b.批刮三遍美巢腻子,底漆一遍，面漆二遍;c.不包含墙体满贴布处理;d.如墙漆颜色超过二种（含白色），每增加一色另加230元(多乐士五合一二代）
2	墙面漆	平方米	24	7.8	187.2	
3	铺地砖	平方米	24	3.3	79.2	人工费辅料(水泥42.5级、中沙、环保胶）,不含主材

第1页

图 4-11　报价单第 1 页

××××装饰有限公司报价单						
客户名	16# C'户型	家铭		联系方式	1368888××××	
工程地址	丽水园			工程等级	混油	（金装多乐士五合一二代）
开工日期	2021/6/12	竣工日期	2021/8/11	金额总计		
序号	项目名称	单位	单价	数量	小计	备注
4	踢角线	米	10	6	60	人工费辅料(水泥42.5级、中沙、环保胶）,不含主材
				小计:	405.6	
四	主卧室					
1	顶面漆	平方米	24	12.4	297.6	a.界面剂封底;b.批刮三遍美巢腻子,底漆一遍，面漆两遍;c.不包含墙体满贴布处理;d.如墙漆颜色超过两种（含白色），每增加一色另加230元。（多乐士五合一二代）
2	墙面漆	平方米	24	30.2	724.8	
3	做门及套	樘	900	1	900	金秋特级大芯板衬底,饰面板饰面,实木线条收口,华润聚酯无苯高级油漆工艺.
4	包窗套	米	75	6.2	465	金秋特级大芯板衬底,饰面板饰面,实木线条收口,华润聚酯无苯高级油漆工艺.
				小计:	2387.4	
五	次卧室					
1	顶面漆	平方米	24	8.4	201.6	a.界面剂封底;b.批刮三遍美巢腻子,底漆一遍，面漆二遍;c.不包含墙体满贴布处理;d.如墙漆颜色超过二种（含白色），每增加一色另加230元（多乐士五合一二代）
2	墙面漆	平方米	24	26.2	628.8	
3	做门及套	樘	900	1	900	金秋特级大芯板衬底,饰面板饰面,实木线条收口,华润聚酯无苯高级油漆工艺
4	包窗套	米	75	5.4	405	金秋特级大芯板衬底,饰面板饰面,实木线条收口,华润聚酯无苯高级油漆工艺
				小计:	2135.4	
六	过道					
1	铺地砖	平方米	24	1.8	43.2	人工费辅料(水泥42.5级、中沙、环保胶）,不含主材
2	墙面漆	平方米	24	3.5	84	同上
3	吊柜	项	280	1	280	金秋特级大芯板衬底,饰面板饰面,华润聚酯无苯高级油漆工艺
				小计:	407.2	
七	厨房					

第2页

图 4-12　报价单第 2 页

××××装饰有限公司报价单

客户名	16# C'户型	家铭		联系方式	1368888××××	
工程地址	丽水园			工程等级 混油		（金装多乐士五合一二代）
开工日期	2021/6/12	竣工日期	2021/8/11	金额总计		
序号	项目名称	单位	单价	数量	小计	备注
1	铝扣板吊顶	平方米	40	5.3	212	人工费辅料
2	贴墙砖	平方米	26	24.8	644.8	人工费辅料(水泥42.5级、中沙、环保胶),不含主材
3	铺地砖	平方米	24	5.3	127.2	人工费辅料(水泥42.5级、中沙、环保胶),不含主材
4	做门及套	樘	900	1	900	a.金秋特级大芯板衬底,饰面板饰面,实木线条收口,华润聚酯无苯高级油漆工艺
5	吊柜	项	280	1	280	a.金秋特级大芯板衬底,饰面板饰面,华润聚酯无苯高级油漆工艺
				小计:	2164	
八	厨房阳台					
1	顶面漆	平方米	24	1.8	43.2	a.界面剂封底;b.批刮三遍美巢腻子,底漆一遍,面漆二遍;c.不包含墙体满贴布处理;d.如墙漆颜色超过二种(含白色),每增加一色另加230元(多乐士五合一二代)
2	墙面漆	平方米	24	6.2	148.8	
				小计:	192	
九	主卧书房					
1	做电脑桌	项	380	1	380	金秋特级大芯板衬底,饰面板饰面,华润聚酯无苯高级油漆工艺
2	做衣柜柜体	平方米	320	4.2	1344	金秋特级大芯板衬底,饰面板饰面,华润聚酯无苯高级油漆工艺
3	做门套	米	75	4.8	360	金秋特级大芯板衬底,饰面板饰面,实木线条收口,华润聚酯无苯高级油漆工艺
				小计:	2084	
十	客卫					
1	铝扣板吊顶	平方米	40	2.8	112	人工费辅料
2	贴墙砖	平方米	26	15.4	400.4	人工费辅料(水泥42.5级、中沙、环保胶),不含主材
3	铺地砖	平方米	24	2.8	67.2	人工费辅料(水泥42.5级、中沙、环保胶),不含主材
4	做门及套	樘	900	1	900	金秋特级大芯板衬底,饰面板饰面,实木线条收口,华润聚酯无苯高级油漆工艺.
5	拆墙	项	150	1	150	人工费
6	新建墙体	平方米	80	5	400	红砖砌墙,水泥沙浆找平

第3页

图 4–13　报价单第 3 页

××××装饰有限公司报价单

客户名	16# C'户型	家铭		联系方式	1368888××××	
工程地址	丽水园			工程等级 混油		（金装多乐士五合一二代）
开工日期	2021/6/12	竣工日期	2021/8/11	金额总计		
序号	项目名称	单位	单价	数量	小计	备注
				小计:	2029.6	
十一	其他					
1	做防水	平方米	70	0	0	金盾防水(按实际发生计算)
2	保温墙贴布	平方米	10	0	0	的确良布
3	改水	米	60	0	0	日丰牌铝塑管.(按实际发生计算)
4	改电(明线)	米	20	0	0	不剔槽.(按实际发生计算)
5	改电(暗线)	米	40	0	0	剔槽,2.5平方毫米铜芯线,(按实际发生计算)
9	灯具安装	套	150	1	150	灯安装
10	洁具安装	套	150	1	150	人工辅料
11	五金件安装	套	150	1	150	人工
12	垃圾清运	项	200	1	200	
				小计:	650	
				总计:	16296.7	
	注意事项					
		1.为了维护您的利益,请不要接受任何口头承诺.				
		2.实际发生项目若于报价单不符,一切以实际发生为准.				
		3.该报价不含物业收取装饰公司的装修管理费.电梯使用费等各项物业费用由客户自理.如我公司施工人员违返规定造成罚款由我公司承担.				
		4.施工期间水电费由客户承担.				
		5.装修增减项费用,在中期付款时计算支付.				
		6.根据有关规定,我公司不负责暖气拆改,煤气移位.承重墙拆除等,请谅解.				
		7.凡违反有关部门规定的拆除项目须另签定补充协议.				
		8.主材甲供:地砖,地板,墙砖,灯具,洁具,五金件,　橱柜,特殊材料等.				
		9.需乙方提供主材另签代购协议。				
		10.此报价不含税金,如开发票另付总额的5%				
		此家装以报价项目为准				
		客户签字:			设计师签字:	

第4页

图 4–14　报价单第 4 页

本项目要求利用 Excel 2016 的排版、公式和函数等功能制作一份装修报价单。项目的基本流程如图 4–15 所示。按照项目实施的步骤完成该文档的编辑。

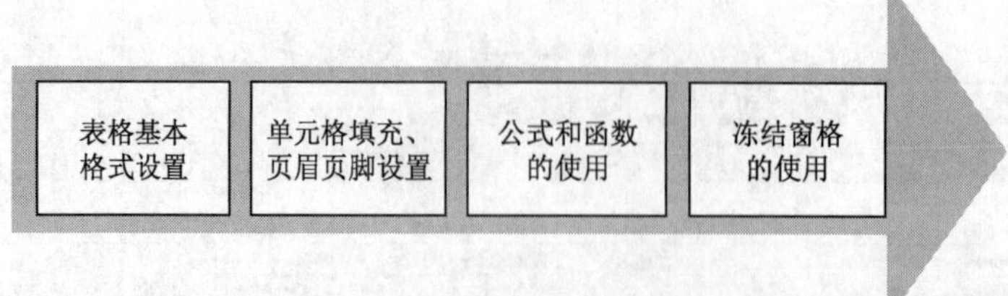

图 4-15 “装修报价单”制作基本流程

视频

项目 2-1

步骤 1: 打开素材文件“项目 2 装修报价单.xlsx”。

步骤 2: 根据图 4-11 ~ 图 4-14 所示的内容调整行高、列宽，合并单元格。

步骤 3: 设置表标题“××××装饰有限公司报价单”字体为黑体，字号为 22 磅，加粗，所在的单元格设置黄色背景色。

（1）设置字体、字号、加粗。

（2）设置单元格背景色。选定标题所在的单元格，选择“开始”选项卡→“字体”组，单击右下侧的扩展按钮，打开“设置单元格格式”对话框，选择“填充”选项卡，如图 4-16 所示。“背景色”选择“黄色”，单击“确定”按钮。

视频

项目 2-2

步骤 4: 表标题以下的三行，文字字体为黑体，字号为 11 磅，加粗，所在的单元格设置为黄色背景色。

步骤 5: 各列名称（如“序号”“项目名称”“单位”“单价”“数量”“小计”“备注”）所在单元格字体为黑体，字号为 11 磅，加粗，背景色为“填充效果”中的“渐变”“双色”，其中“颜色 1”为“白色，背景 1”，“颜色 2”为“标准色”“橙色”，“底纹样式”为“中心辐射”。

（1）设置字体、字号、加粗。

（2）设置单元格背景色。选定 A5:G5 的单元格，选择“开始”选项卡→“字体”组，单击右下侧的扩展按钮，打开“设置单元格格式”对话框，选择“填充”选项卡，单击“背景色”下的“填充效果”按钮，打开“填充效果”对话框，设置“渐变”颜色为“双色”，“颜色 1”选择“白色，背景 1”，“颜色 2”选择“标准色”“橙色”，“底纹样式”选择“中心辐射”（见图 4-17），单击“确定”按钮。

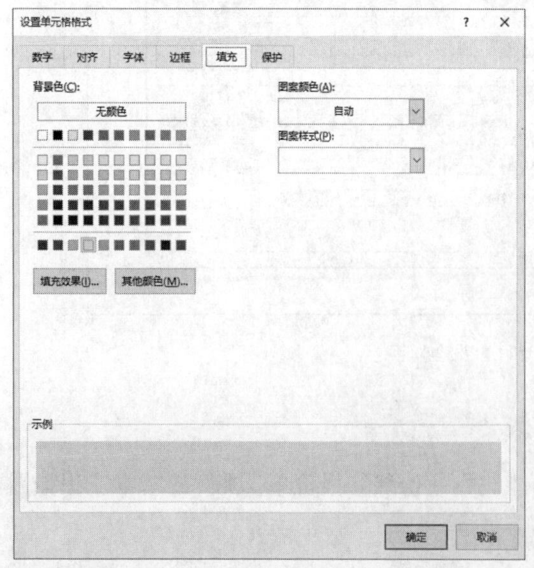

图 4-16 “设置单元格格式”对话框

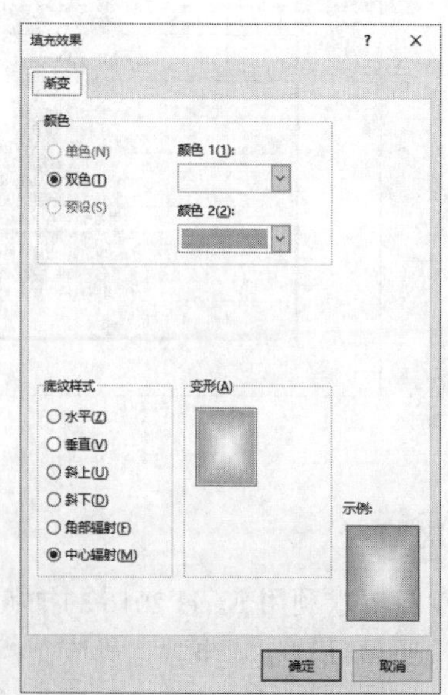

图 4-17 “填充效果”对话框

步骤6: 表格内容所在单元格字体为宋体，字号为11磅，文本对其方式为垂直方向居中，“备注”列单元格以及“注意事项”各条目文本对齐方式水平方向都靠左，其余文本对齐方式水平方向居中。

（1）设置文本垂直方向居中对齐。选定表格内容，选择“开始”选项卡→“对齐方式”组，单击“垂直居中”按钮。

（2）设置文本水平方向靠左对齐。选定表格内容，选择“开始”选项卡→“对齐方式”组，单击“左对齐”按钮。

步骤7: 在每一个大项目前增加一行作为分隔和装饰，设置增加行单元格的背景色图案样式为6.25%灰色。

（1）插入一行。例如，在第5行和第6行之间插入一行。单击第6行的行标，选定第6行，右击，在弹出的快捷菜单中选择“插入”命令，即可插入一行。

（2）选定新插入行的单元格，选择“开始”选项卡→“字体”组，单击右下侧的扩展按钮，打开“设置单元格格式”对话框，选择“填充”选项卡，在“图案样式”下拉列表中选择“6.25%灰色”（见图4-18），单击“确定”按钮。

步骤8: 设置表格边框线，外框为实线，内框为虚线。

选定A2:G105的单元格，选择“开始”选项卡→“字体”组，选择“边框”下拉列表中的“其他边框”命令，打开“设置单元格格式”对话框，选择“边框”选项卡，在线条样式中选择“实线”，在“预置”中单击“外边框”按钮；在线条样式中选择“虚线”，在“预置”中单击“内部”按钮，单击“确定”按钮，如图4-19所示。

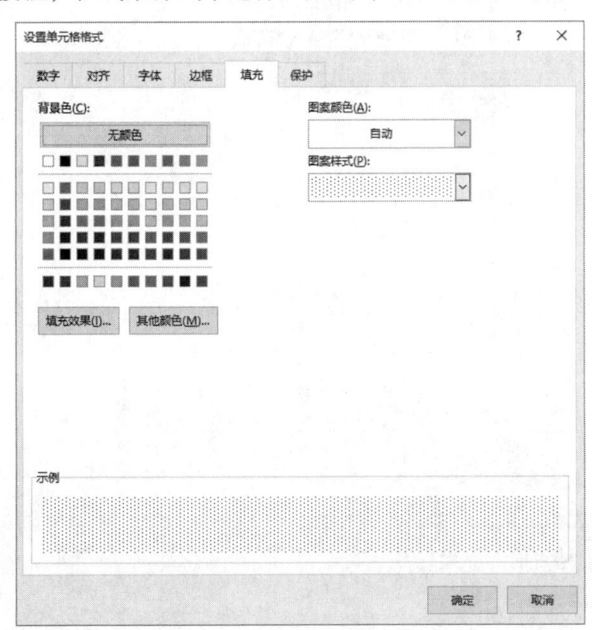

图4-18 填充图案样式设置

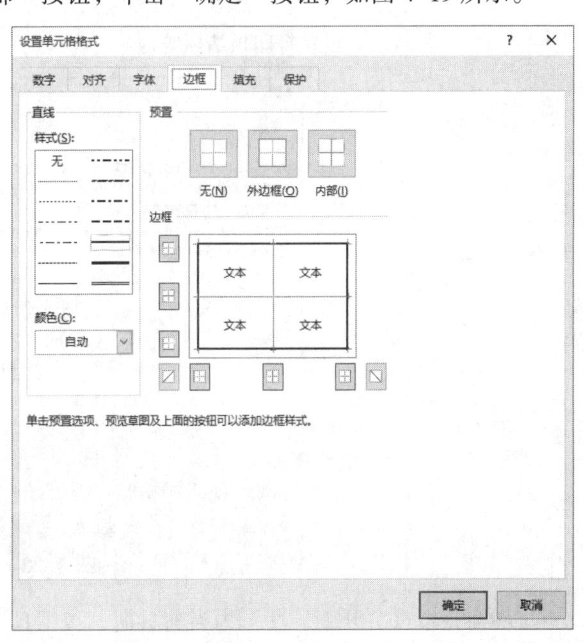

图4-19 设置边框

步骤9: 设置文档的页面方向为横向，整个表格位于页面水平方向居中，垂直方向也居中，设置打印顶端标题行。

选择“页面布局”选项卡→“页面设置”组，单击右下侧的扩展按钮，打开“页面设置”对话框，在“页面”选项卡设置“方向”为“横向”，在“页边距”选项卡中勾选“居中方式”“水平”和“垂直”，在“工作表”选项卡的“打印标题”“打印顶端标题”中选择前5行，即“$1:$5”，如图4-20所示。

步骤10: 文档的页脚居中位置添加页码，形如“第1页”。

选择“页面布局”选项卡→“页面设置”组，单击右下侧的扩展按钮，打开“页面设置”对话框，如图4-21

所示。在“页眉/页脚”选项卡中，单击“自定义页脚”按钮，打开“页脚”对话框，如图 4-22 所示。将光标定位于“中”，单击“插入页码”按钮，再添加文字。单击“确定”按钮，返回“页面设置”对话框，单击“确定”按钮。

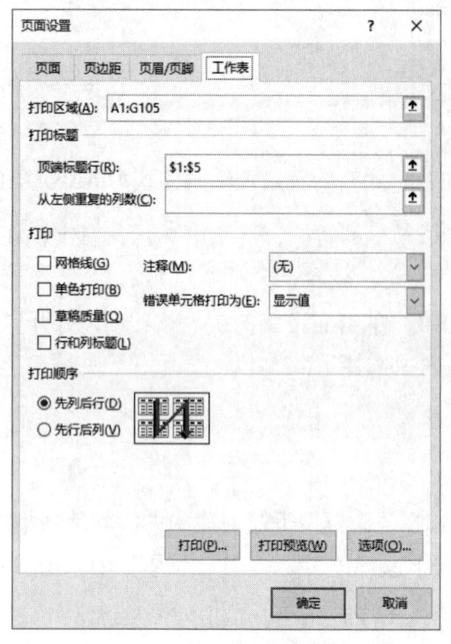

图 4-20 设置打印顶端标题行

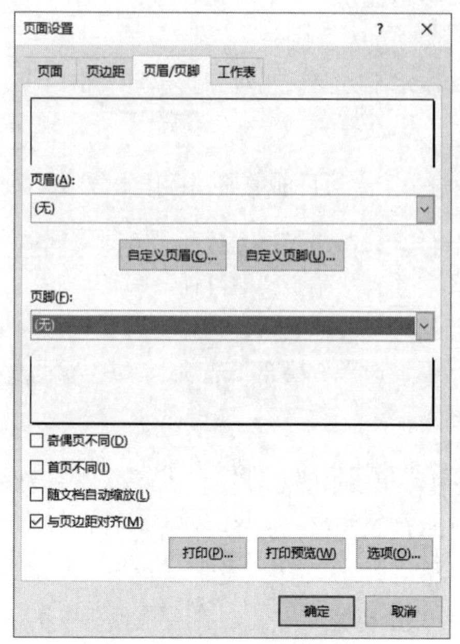

图 4-21 “页面设置”对话框

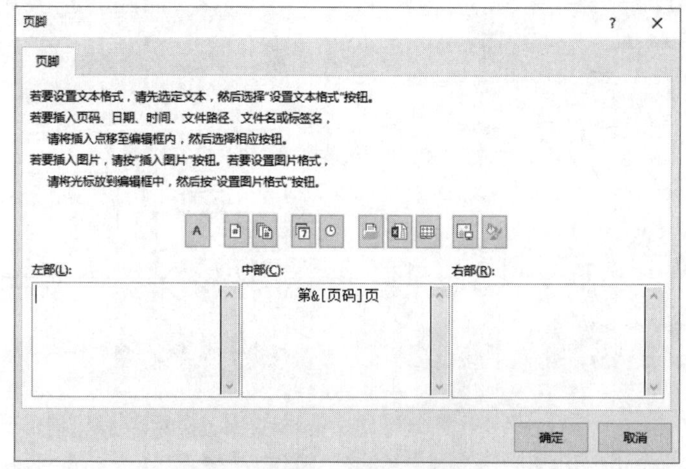

图 4-22 “页脚”对话框

步骤 11: 填写“开工日期”为当前日期，竣工日期为当前日期+60 天。

（1）输入当前日期。将光标定位于 B4 单元格，按【Ctrl+;】组合键。

（2）计算“竣工日期”。将光标定位于 D4 单元格，输入“=”号，在编辑栏输入以下公式“=B4+60”，按【Enter】键。

步骤 12: 利用公式计算每个项目中各单项的价格，计算每一项目的总价格，计算整个装修的总金额。

（1）以“顶面漆”为例计算各单项的价格。将光标定位于 F8 单元格，在编辑栏中输入以下公式“=D8*E8”，按【Enter】键。拖动右下角填充柄将 F8 单元格的公式一直填充到 F14 单元格。

（2）以第一个项目“门厅”为例计算该项目的总价格。将光标定位于 F15 单元格，单击编辑栏中的按钮，打开“插入函数”对话框，如图 4-23 所示。在“搜索函数”文本框中输入 sum，单击“转到”按钮，在“选择函数”列表中选中 SUM，单击“确定”按钮，打开“函数参数”对话框，如图 4-24 所示。单击“压缩对话框”按钮（会暂时隐藏对话框），选择工作表中的单元格（F8:F14），然后单击“扩展单元格”按钮，单击“确定”按钮。

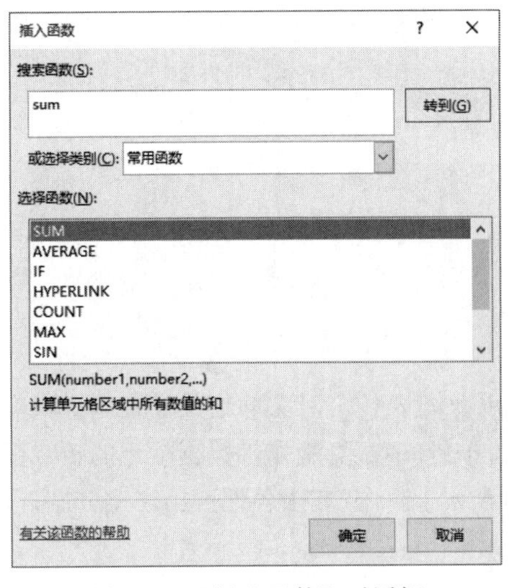

图 4-23 “插入函数”对话框

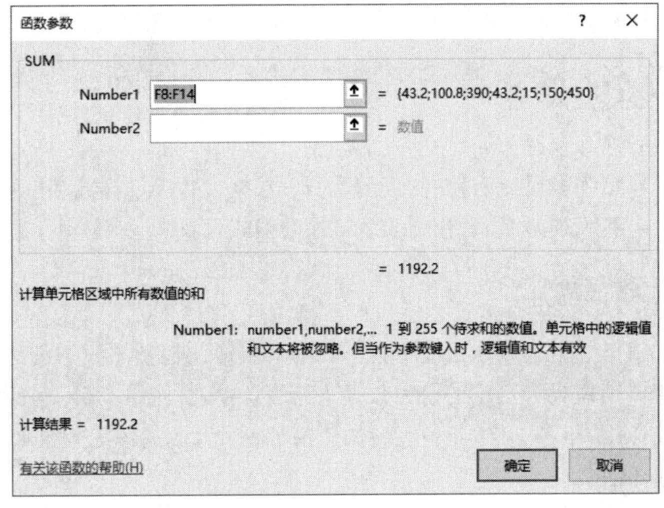

图 4-24 “函数参数”对话框

（3）按照步骤（1）的方法计算所有项目的总价格。

（4）计算整个装修的总金额。将光标定位于 F91 单元格，在编辑栏中输入以下公式“=F90+F78+F69+F63+F58+F50+F44+F37+F30+F23+F15”，按【Enter】键。

步骤 13: 冻结前 5 行单元格。

（1）单击第 6 行的行标，选定第 6 行。

（2）选择“视图”选项卡→“窗口”组→“冻结窗格”→“冻结拆分窗格”命令。前 5 行单元格被冻结，在上下翻动滚动条时，前 5 行始终保持在页面的顶端。

操作技巧

（1）改变开始页的页码。单击相应的工作表，单击“页面布局”选项卡，在“页面设置”组中，单击右下侧的扩展按钮，打开“页面设置”对话框。在“页面设置”对话框中选择“页面”选项卡，设置“起始页码”，如图 4-25 所示。

（2）输入当前日期和时间的快捷键。

- 输入当前日期的快捷键：【Ctrl+;】。
- 输入当前时间的快捷键：【Ctrl+Shift+;】。

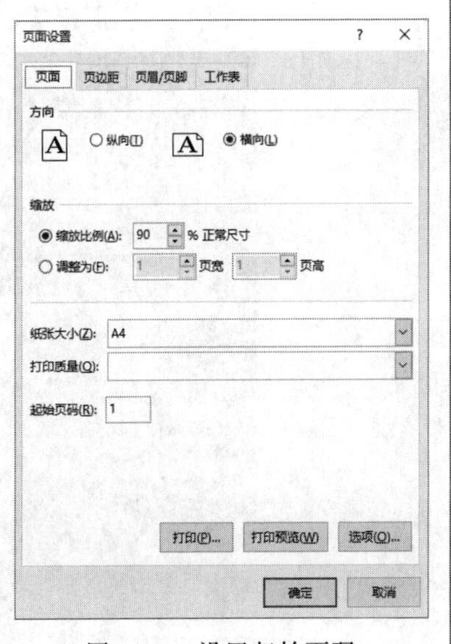

图 4-25　设置起始页码

项目 3　制作销售数据比较图表

Excel 是专业制作表格的软件，除了可以编辑表格数据外，还可以利用图表更加生动地描述数据。本项目将根据数据表生成相应的图表，并且对图表中各个对象进行修饰。

项目目标

- 熟练掌握 Excel 中图表的创建。
- 熟练掌握 Excel 中图表的类型、数据、布局、样式和位置的设置。
- 熟练掌握 Excel 中图表各对象的格式设置。

项目描述

制作“销售数据比较图表”的电子表格，包括图表的创建、设置以及图表各个对象的格式设置等。根据给定的“销售报告”中的销售数据（见表 4-2），使用素材“项目 3 销售报告.xlsx”，制作带数据标记的折线图，比较 2017 年和 2021 年各区域的销售数据，生成的图表效果如图 4-26 所示。制作 2021 各地区销售比较圆环图，如图 4-27 所示。

表 4-2　销售数据原始表　　　　销售额（万元）

年份	东北	华北	西北	华中	华东	华南	西南
2014 年	284	272	292	213	238	171	107
2015 年	160	120	226	147	214	124	287
2016 年	193	105	261	204	251	107	269
2017 年	152	134	282	263	181	226	203
2018 年	214	223	177	118	149	181	136
2019 年	250	209	203	114	121	187	300
2020 年	162	227	257	280	255	288	143
2021 年	270	169	196	167	172	180	176

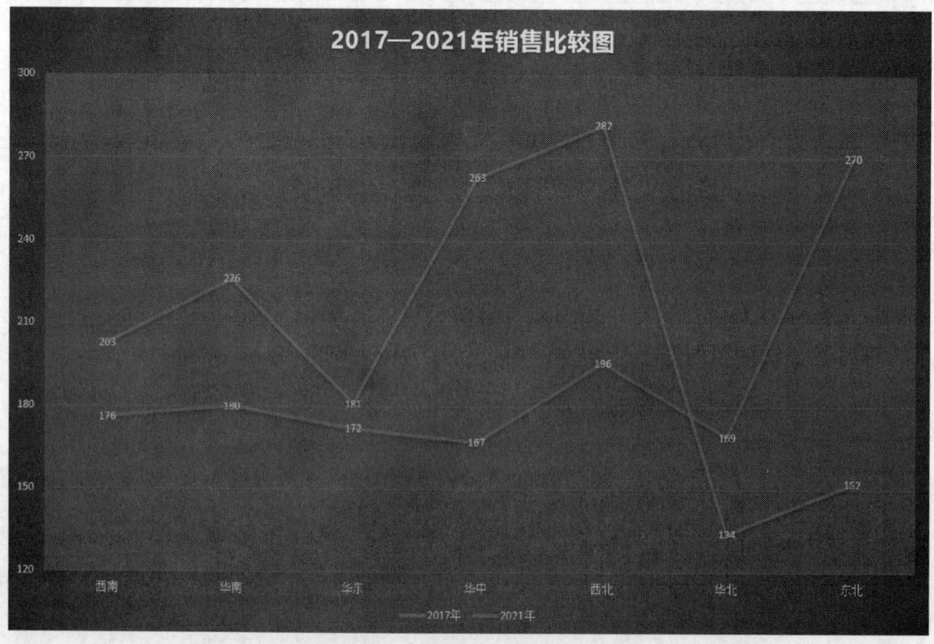

图 4-26　2017—2021 年销售比较图

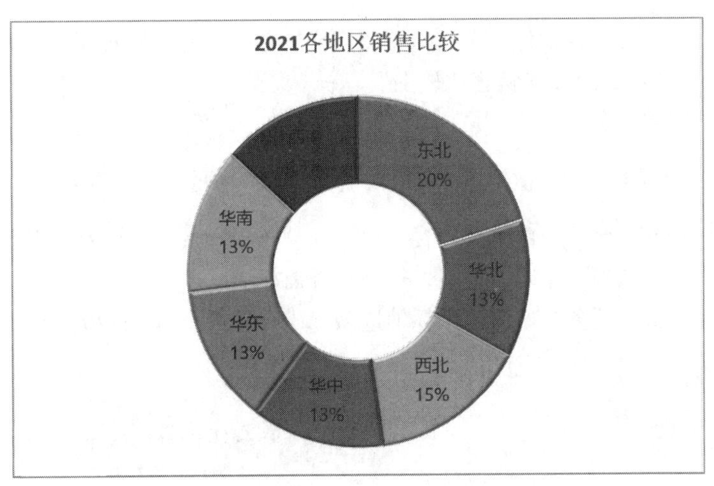

图 4-27 2021 各地区销售比较

解决路径

本项目要求利用 Excel 2016 对表格数据生成相应的图表，图表的创建、设置以及图表各个对象的格式设置等。项目的基本流程如图 4-28 所示。按照项目实施的步骤完成该表格的编辑。

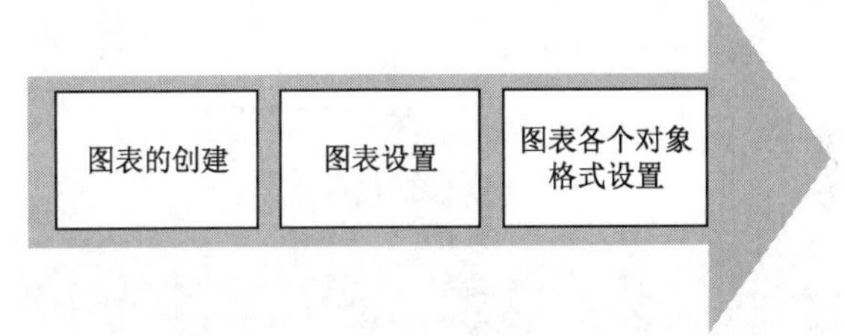

图 4-28 “图表”制作基本流程

项目实施

步骤 1: 打开素材文件“项目 3 销售报告.xlsx”。

步骤 2: 创建一个带数据标记的折线图，比较 2017 年和 2021 年各区域的销售数据，将图表置于新工作表，名称为“销售比较”。

（1）选中 A2:H2、A6:H6、A10:H10 的三行数据，单击“插入”选项卡→“图表”组→“折线图”→“二维折线图”→“带数据标记的折线图” 按钮，生成图表，如图 4-29 所示。

（2）选中图表，选择“图表工具”选项卡→“设计”→“位置”组，单击“移动图表”按钮，弹出“移动图表”对话框，在“选择放置图表的位置”→“新工作表”中输入“销售比较”，如图 4-30 所示。

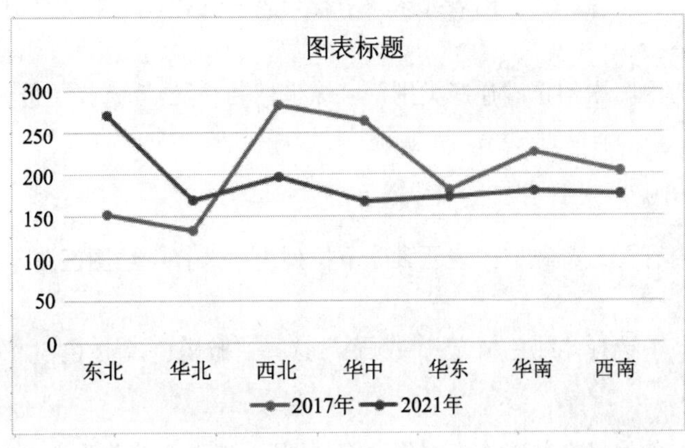

图 4-29 创建图表

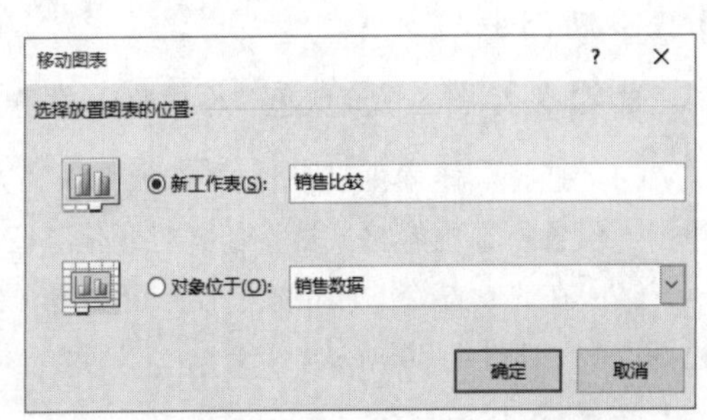

图 4-30 “移动图表”对话框

步骤 3: 设置图表套用“样式 6”图表样式，并在图表上方显示图表标题“2017-2021 年销售比较图”，“微软雅黑”字体、大小 18pt。

（1）选中图表，选择“图表工具–设计”选项卡“图表样式”组中的“样式 6”按钮。

（2）修改图表标题为“2017—2021 年销售比较图”。

（3）设置图表标题字体字号。

步骤 4: 调整垂直坐标轴刻度，最小值为 120、最大值为 300，主要刻度间距为 30。

（1）选择“图表工具–格式”→“当前所选内容”组，在“图表元素”下拉列表中选择“垂直（值）轴”，如图 4–31 所示。再单击“设置所选内容格式”按钮，打开任务窗格。

（2）在 “设置坐标轴格式”任务窗格的“坐标轴选项”中设置最小值为 120、最大值为 300，主要刻度间距为 30，如图 4–32 所示。

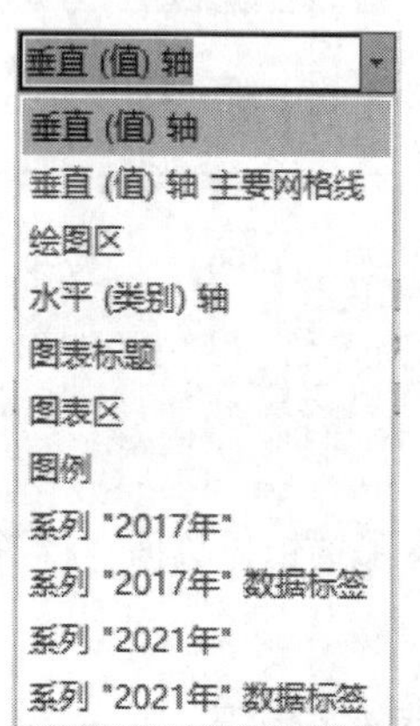

图 4–31 图表元素下拉列表

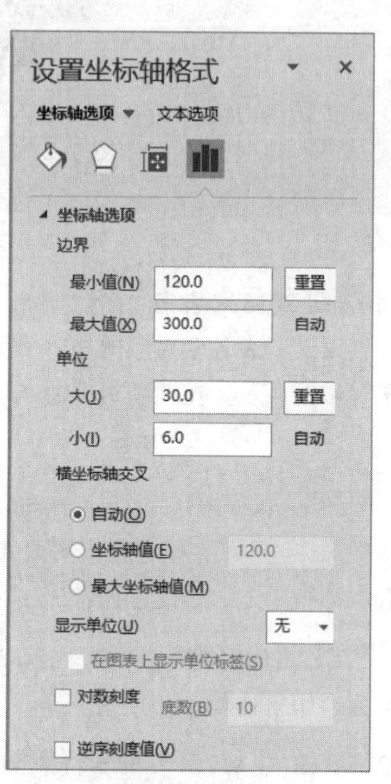

图 4–32 “设置坐标轴格式”任务窗格

步骤 5: 设置水平坐标轴“逆序类别”，但垂直坐标轴刻度仍需置于图表左侧。

（1）选择“图表工具–格式”选项卡→“当前所选内容”组，在“图表元素”下拉列表中选择“水平（类别）轴”。再单击“设置所选内容格式”按钮，打开任务窗格。

（2）在 “设置坐标轴格式”任务窗格的“坐标轴选项”中勾选“逆序类别”，“纵坐标轴交叉：”选择“最大分类”，如图 4–33 所示。

步骤 6: 绘图区填充颜色“橄榄色,个性色 3, 深色 50%”。

（1）选择“图表工具–格式”选项卡→“当前所选内容”组，在“图表元素”下拉列表中选择“绘图区”。再单击“设置所选内容格式”按钮，打开任务窗格。

（2）在“设置绘图区格式”任务窗格中，在“填充”中选择“纯色填充”，“颜色”选择“橄榄色,个性色 3, 深色 50%”，如图 4–34 所示。

步骤 7: 使用“销售数据”表的 A2:H2 及 A10:H10 单元格在新工作表制作“圆环图”，工作表名称为“2021 各地区销售比较”。

（1）选中 A2:H2、A10:H10 的两行数据，单击“插入”选项卡→“图表”组→“插入饼图或圆环图”按钮，单击“圆环图”，生成图表。

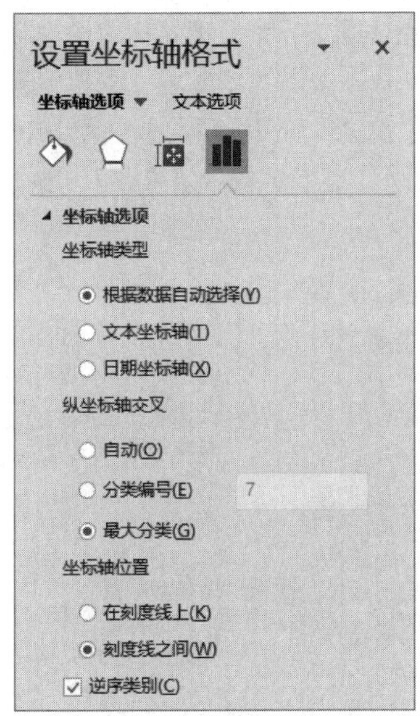

图 4-33　“设置坐标轴格式”任务窗格

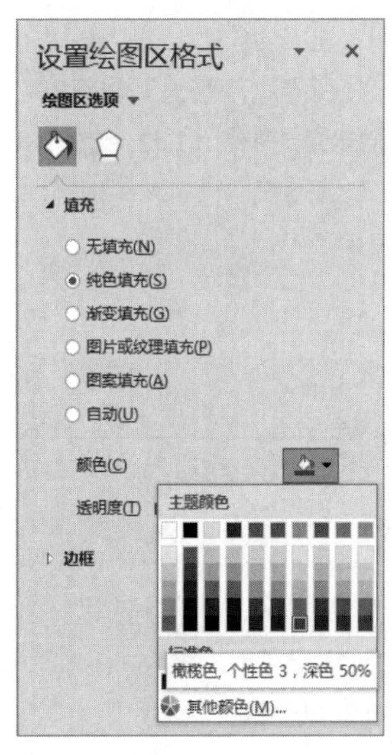

图 4-34　“设置绘图区”任务窗格

（2）选中图表，选择“图表工具-“设计”选项卡→“位置”组，单击“移动图表”按钮，打开“移动图表”对话框，在“选择放置图表的位置”→“新工作表”中输入“2021 各地区销售比较”。

步骤 8: 关闭图例，数据标签显示“类别名称”及“百分比”。

（1）选中图表，选择“图表工具-设计”选项卡→“图表布局”组，单击“添加图表元素”下拉按钮，选择“图例”→“无”命令，如图 4-35 所示。

（2）选中图表，选择“图表工具-设计”选项卡→“图表布局”组，单击“添加图表元素”下拉按钮，选择“数据标签”→“其他数据标签选项”命令，打开“设置数据标签格式”任务窗格，选中“类别名称”“百分比”“显示引导线”复选框，如图 4-36 所示。

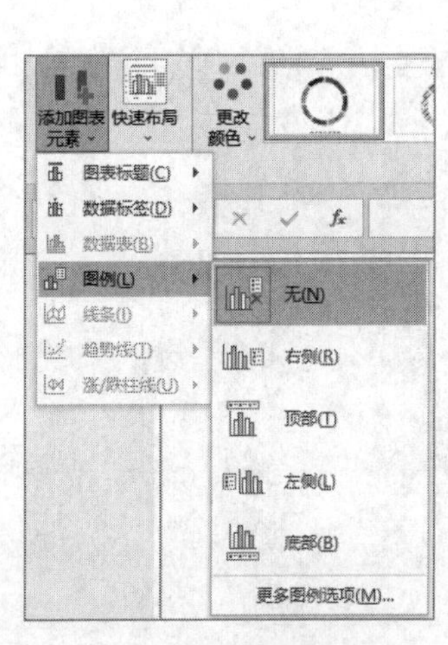

图 4-35　删除图例

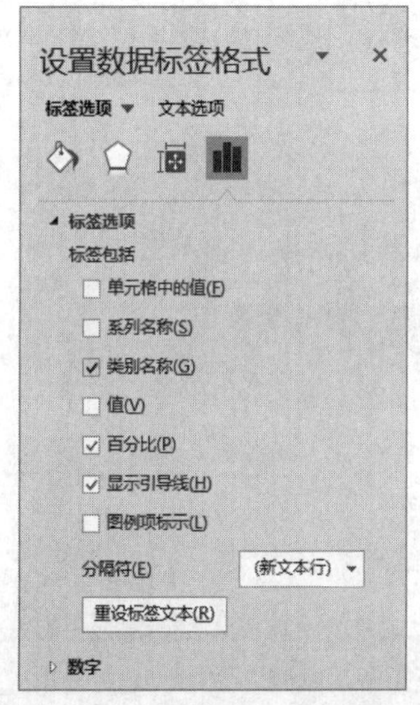

图 4-36　设置数据标签格式

步骤 9: 设置图表标题，设置数据系列格式，圆环图圆环大小 50%，三维格式为“顶部棱台”“圆形”的形状效果。

（1）修改图表标题为“2021 各地区销售比较”。

（2）选择“图表工具-格式”选项卡→“当前所选内容”组，在“图表元素”下拉列表中选择“系列‘2021年’”。再单击“设置所选内容格式”按钮，打开任务窗格。

（3）在“设置数据系列格式”任务窗格中，在“系列选项”中设置“圆环图圆环大小”为“50%”，如图 4-37 所示。在“效果”中选择“三维格式”的“顶部棱台”，如图 4-38 所示，选择“棱台效果”为“圆形”，如图 4-39 所示。

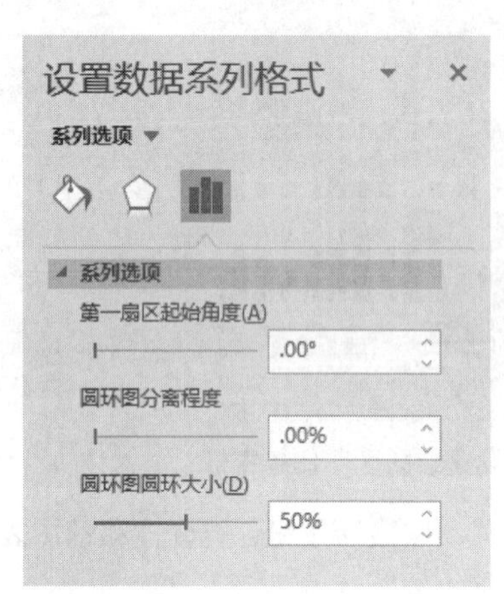

图 4-37　设置圆环图圆环大小

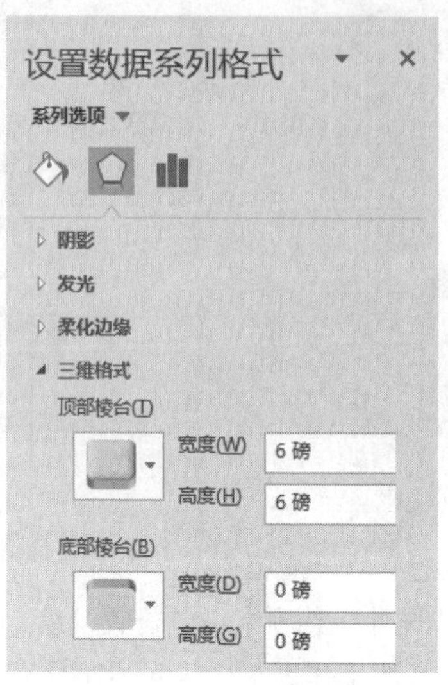

图 4-38　设置效果

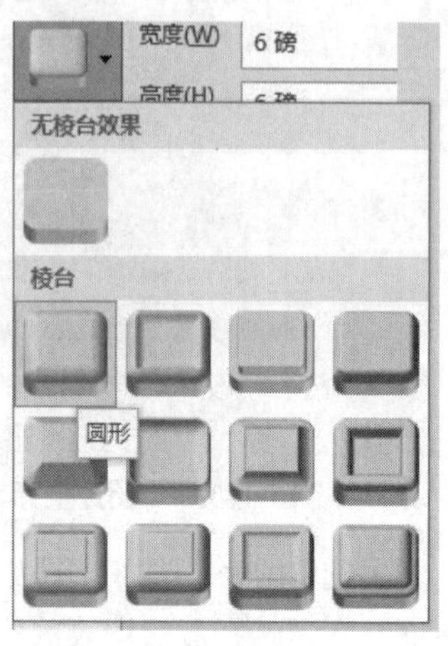

图 4-39　棱台效果

操作技巧

显示模拟运算表。假设在题目“2017—2021 年销售比较图”中，显示如图 4-40 所示效果。先选中图表，选择“图表工具-设计”→“图表布局”组，单击“添加图表元素”下拉按钮，选择“数据表”→“显示图例项标示”，如图 4-41 所示。

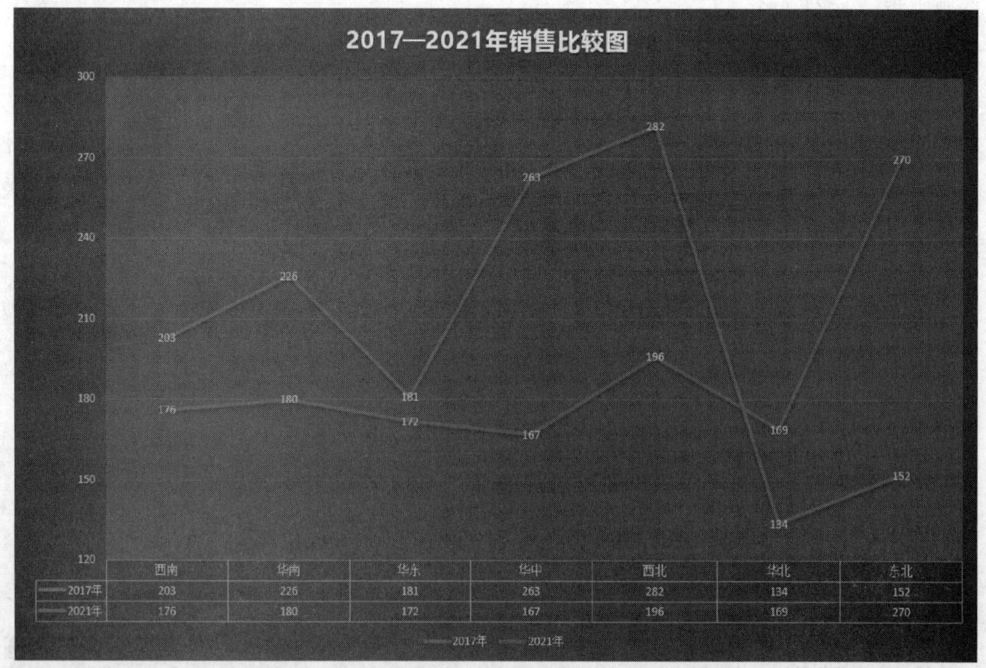

	西南	华南	华东	华中	西北	华北	东北
2017年	203	226	181	263	282	134	152
2021年	176	180	172	167	196	169	270

图 4-40　设置模拟数据表效果

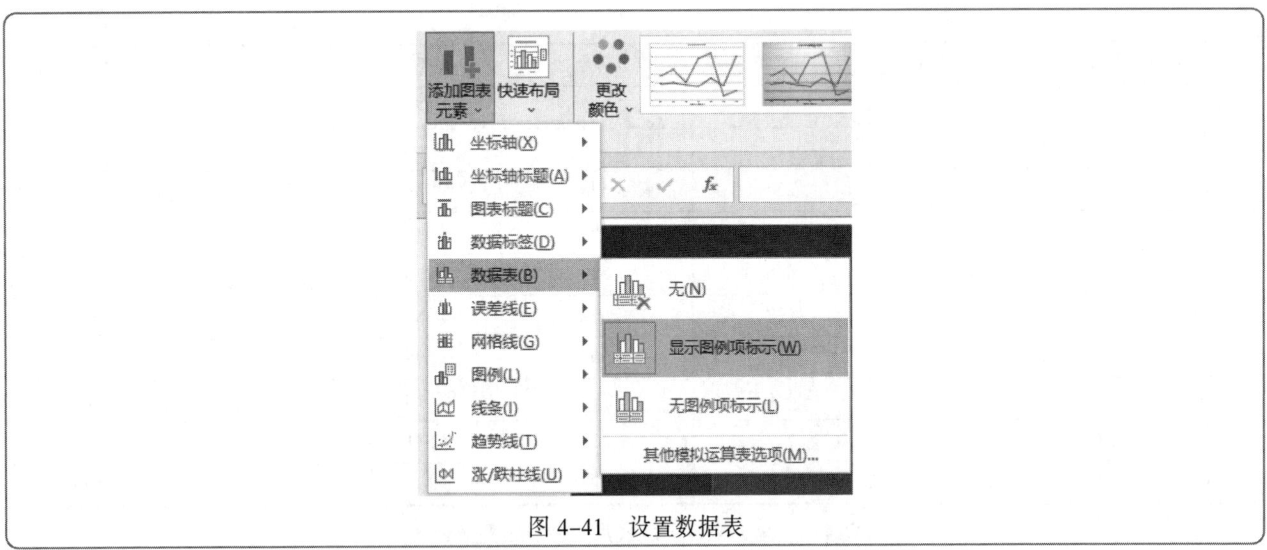

图 4-41　设置数据表

项目 4　制作水、电、天然气收费统计表

日常生活中的水、电、天然气的月收费数据管理中的数据统计计算是一项数据量和工作量均较大的工作，加之为鼓励节约而采用了分段收费的方法，更增加了问题的复杂性和工作量。为此，提出用电子表格实现水、电、天然气的月收费数据统计手续的自动化。以下的项目中运用 Excel 中的公式和函数，计算每户应缴纳的费用。

项目目标

- 熟练掌握 Excel 中公式的用法。
- 熟练掌握 Excel 中跨工作表的计算。
- 熟练掌握 Excel 中的 SUM()、IF()等函数的用法。
- 熟练掌握 Excel 中的打印设置。

项目描述

制作一份“水、电、天然气收费计算表”的电子表格，包括表格的基本排版，公式和函数的应用，图表的创建和设置、打印设置等。使用素材“项目 4 水、电、气收费统计表.xlsx”，将表 4-3～表 4-5 的数据处理后做成如图 4-42～图 4-45 所示的效果。

表 4-3　收费单价原始表

项　　目	标 准 单 价	超 额 单 价
天然气（元/立方米）	2.28	
电（元/千瓦时）	0.4883	0.5383
水（元/立方米）	5	
说明：天然气按单一价收费；		
电每户每月 240 千瓦时以内按标准价收费，超过按超额价收费；		
水价包括水费 2.07 元，水资源费 1.57 元,污水处理费 1.36 元，共 5 元。		

表 4-4　各户水、电、天然气原始数据输入表

门牌号	人口数	气上月字数	气本月字数	电上月字数	电本月字数	水上月字数	水本月字数
101	6	432	466	8 791	9 120	956	981

续表

门牌号	人口数	气上月字数	气本月字数	电上月字数	电本月字数	水上月字数	水本月字数
102	6	342	369	7 722	7 977	873	890
201	6	566	587	6 988	7 065	789	803
202	6	234	254	5 678	5 744	567	577
203	6	543	561	4 367	4 646	666	678
301	6	412	435	7 789	7 877	867	888
302	6	213	227	4 532	4 589	234	239
303	6	451	469	5 600	5 698	567	576
401	6	634	666	6 721	6 910	765	781
402	6	268	287	7 315	7 531	521	530
403	6	456	470	5 023	5 187	576	587

表 4-5　水、电、天然气月用量及收费统计表

门牌号	气用量（立方米）	电用量（千瓦时）	水用量（立方米）	气费（元）	电费（元）	水费（元）	合计（元）
…	…	…	…	…	…	…	…

项目	标准单价	超额单价
天然气（元/立方米）	2.28	
电（元/千瓦时）	0.4883	0.5383
水（元/立方米）	5	

说明：天然气按单一价收费；
电每户每月240千瓦时以内按标准价收费，超过按超额价收费；
水价包括水费2.07元，水资源费1.57元，污水处理费1.36元，共5元。

图 4-42　编辑后的收费单价表

门牌号	人口数	气上月字数	气本月字数	电上月字数	电本月字数	水上月字数	水本月字数
101	6	432	466	8791	9120	956	981
102	6	342	369	7722	7977	873	890
201	6	566	587	6988	7065	789	803
202	6	234	254	5678	5744	567	577
203	6	543	561	4367	4646	666	678
301	6	412	435	7789	7877	867	888
302	6	213	227	4532	4589	234	239
303	6	451	469	5600	5698	567	576
401	6	634	666	6721	6910	765	781
402	6	268	287	7315	7531	521	530
403	6	456	470	5023	5187	576	587

图 4-43　编辑后的各户水、电、天然气原始数据输入表

门牌号	气用量（立方米）	电用量（千瓦时）	水用量（立方米）	气费（元）	电费（元）	水费（元）	合计（元）
101	34	329	25	77.52	165.10	125	367.62
102	27	255	17	61.56	125.27	85	271.83
201	21	77	14	47.88	37.60	70	155.48
202	20	66	10	45.6	32.23	50	127.83
203	18	279	12	41.04	138.19	60	239.23
301	23	88	21	52.44	42.97	105	200.41
302	14	57	5	31.92	27.83	25	84.75
303	18	98	9	41.04	47.85	45	133.89
401	32	189	16	72.96	92.29	80	245.25
402	19	216	9	43.32	105.47	45	193.79
403	14	164	11	31.92	80.08	55	167.00

图 4-44　编辑后的各户水、电、天然气月用量和收费统计输出表

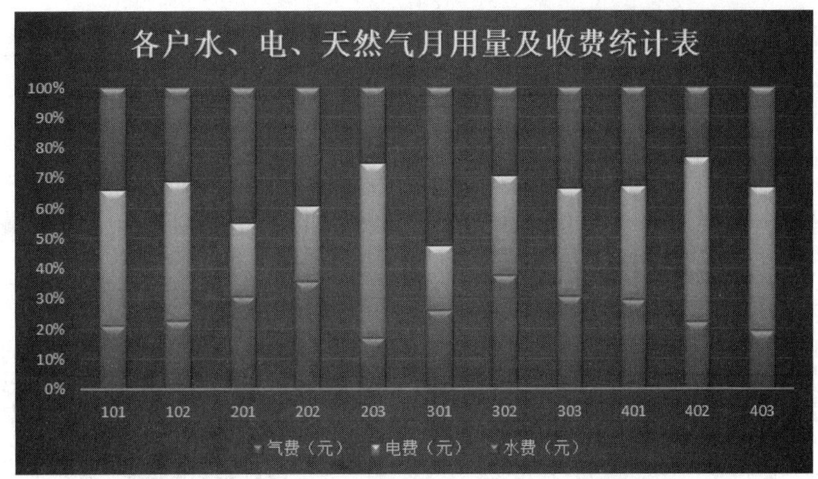

图 4-45　各户水、电、天然气用量及收费统计图表

解决路径

利用 Excel 2016 对工作表进行计算、排版、打印等功能，包括表格的基本排版、公式和函数的应用，图表的创建和设置、打印设置等。项目的基本流程如图 4-46 所示。按照项目实施的步骤完成该表格的编辑。

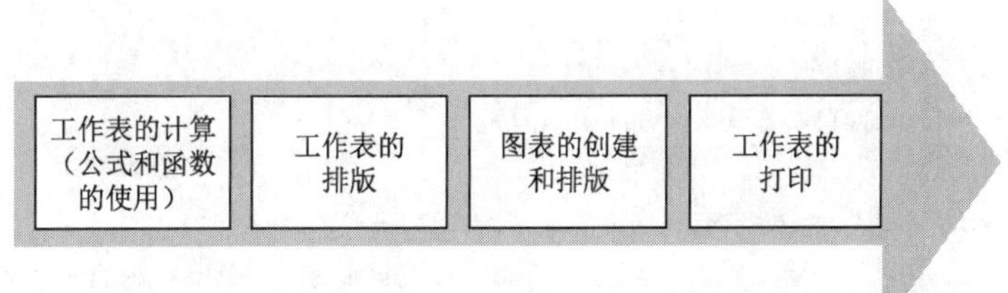

图 4-46　“水、电、气收费统计表”制作基本流程

项目实施

视 频

项目 4

步骤 1: 打开素材文件“项目 4　水、电、气收费统计表.xlsx”，修改工作表的名称分别为“收费单价表”“原始数据输入表”“月用量及收费统计表”，并且在“月用量及收费统计表”中输入“门牌号”数据。

（1）修改工作表的名称。以 Sheet1 工作表为例，双击工作表标签 Sheet1，进入重命名状态，修改为“收费单价表”

（2）输入“门牌号”数据。在“原始数据输入表”中复制 A3:A13 之间的数据，打开“月用量及收费统计表”，将光标定位在 A3 单元格，单击“开始”选项卡→“剪贴板”组→“粘贴”→“粘贴链接”按钮。粘贴后的 A3 单元格的数据为“=原始数据输入表!A3”。

步骤 2: 在“月用量及收费统计表”工作表中，利用公式计算气用量、电用量和水用量。其中，“气用量=气本月字数-气上月字数”，“电用量=电本月字数-电上月字数”，“水用量=水本月字数-水上月字数”。

（1）计算气用量。将光标定位在“月用量及收费统计表”的 B3 单元格，在编辑栏输入公式“=原始数据输入表!D3-原始数据输入表!C3”，（在输入公式时，引用的单元格使用鼠标首先单击单元格所在的工作表，然后单击单元格），单击“输入”按钮。拖动单元格 B3 的填充柄到 B13，计算出每户的气用量。

（2）计算电用量。方法同上，在“月用量及收费统计表”的 C3 单元格编辑栏输入公式为“=原始数据输入表!F3-原始数据输入表!E3”。

（3）计算水用量。方法同上，在“月用量及收费统计表”的 D3 单元格编辑栏输入公式为“=原始数据输入表!H3-原始数据输入表!G3”。

步骤 3: 利用 IF 函数计算气费、电费和水费。其中：

气费：天然气标准单价 × 气用量。

电费：电用量每户每月少于或等于“240 千瓦时 ”时，取“电标准单价 × 电用量”，当电用量多于“240 千瓦时”时，取“电标准单价 × 240+电超额单价 ×（电用量-240）”。

水费：水标准单价 × 水用量。

（1）计算气费。将光标定位在“月用量及收费统计表”的 E3 单元格，在编辑栏输入公式“=收费单价表!$B$3*月用量及收费统计表!B3”（注意单元格的相对引用和绝对引用），拖动单元格 E3 的填充柄到 E13，计算出每户的气费。

（2）计算电费。将光标定位在“月用量及收费统计表”的 F3 单元格，单击编辑栏中的 f_x 按钮，打开“插入函数”对话框，在“选择函数”中选中 IF，单击“确定”按钮，打开“函数参数”对话框，如图 4-47 所示，Logical_test 参数输入“C3<=240”，Value_if_true 参数输入“C3*收费单价表!$B$4”，Value_if_false 参数输入“240*收费单价表!$B$4+(月用量及收费统计表!C3-240)*收费单价表!$C$4”，单击“确定”按钮。拖动单元格 F3 的填充柄到 F13，计算每户的电费。

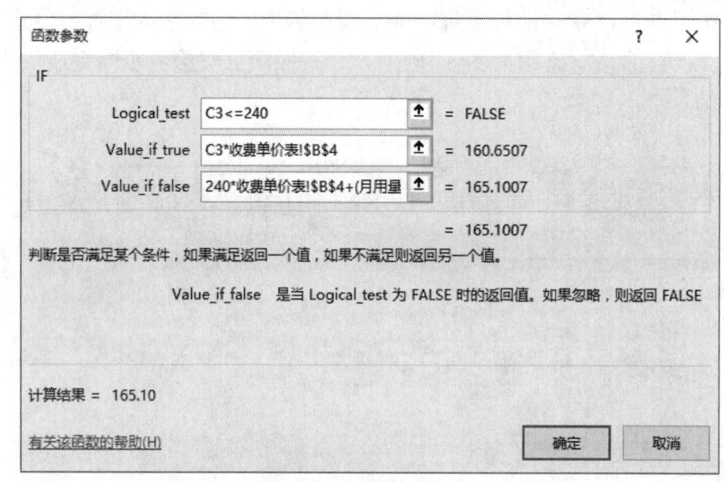

图 4-47 “函数参数”对话框

（3）计算水费。将光标定位在“月用量及收费统计表”的 G3 单元格，在编辑栏输入公式“=D3*收费单价表!$B$5”（注意单元格的相对引用和绝对引用），拖动单元格 G3 的填充柄到 G13，计算每户的水费。

步骤 4: 利用求和函数计算合计。

计算各户所交费用合计。将光标定位在“月用量及收费统计表”的 H3 单元格，在编辑栏输入公式“=SUM(E3:G3)”，拖动单元格 H3 的填充柄到 H13，计算出每户应交费用的合计。

步骤 5: 对三张表格进行格式设置。效果可参考图 4-43 ~ 图 4-44，也可自行设计。

步骤 6: 生成该单元水、电、气费的百分比堆积柱形图，对生成的图表进行格式设置。效果参见图 4-45，也可自行设计。

（1）选中 A2:A13、E2:G13 的四列数据，选择“插入”选项卡→“图表”组，单击“插入柱形图或条形图”→“二维柱形图”→“百分比堆积柱形图” 按钮，生成图表，如图 4-48 所示。

（2）选中图表，选择“图表工具-设计”→“数据”组，单击“选择数据”按钮，打开“选择数据源”对话框，在“图例项（系列）”中选中“门牌号”，单击“删除”按钮；单击“水平（分类）轴标签”中的“编辑”按钮，打开“轴标签”对话框，“轴标签区域”选择 A3:A13 的数据，如图 4-49 所示。单击“确定”按钮，返回“选择数据源”对话框，如图 4-50 所示。单击“确定”按钮，生成的图表如图 4-51 所示。

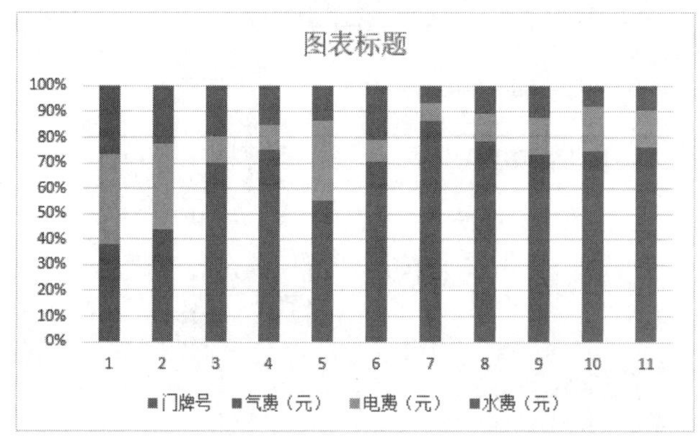

图 4-48　创建图表

图 4-49　“轴标签”对话框

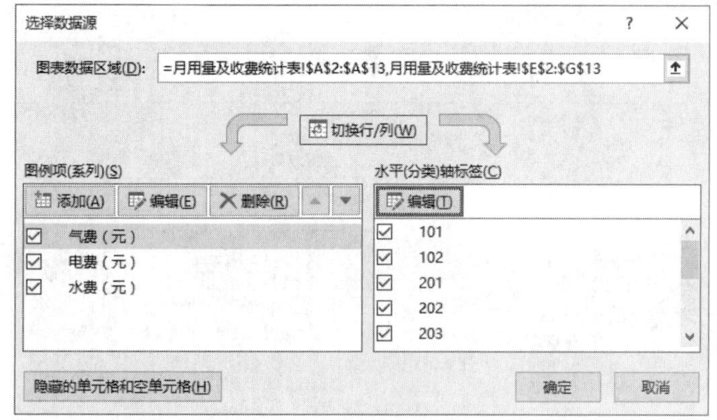

图 4-50　“选择数据源”对话框

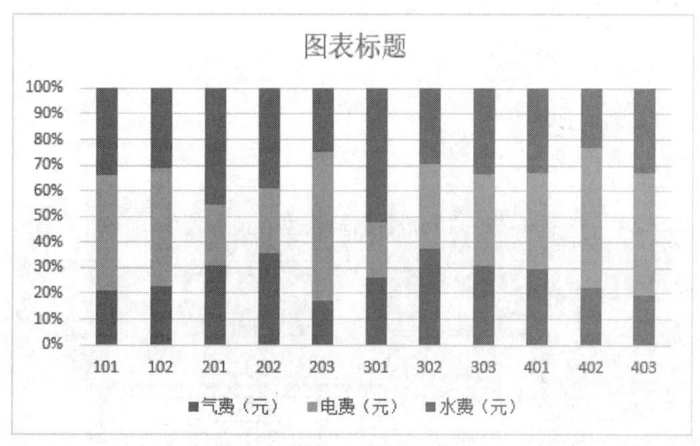

图 4-51　修改数据源后的表格

（3）添加图表标题，设置图表格式。（步骤参考项目 3）设置后的图表参见图 4-45。

步骤 7: 将编辑好的表格和图表通过打印预览进行浏览，并且通过调整页面方向、表格居中方式等使输出的表格美观。最后将三张表格进行打印。

（1）对三张表进行页面方向、表格居中方式等设置。

（2）预览三张工作表。选择“文件”→“打印”命令，在右侧的“打印预览”窗口可以浏览打印效果。三张表的打印效果如图 4-52 ~ 图 4-54 所示。

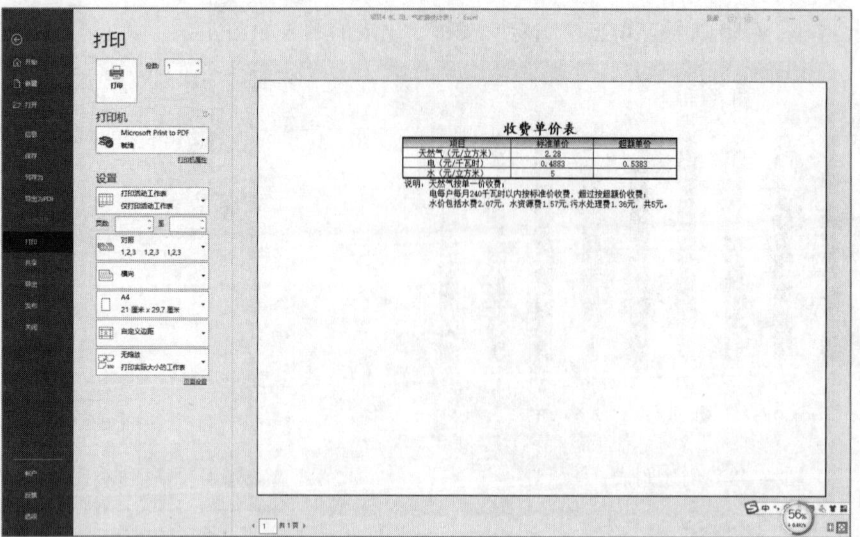

图 4-52 “收费单价表”预览效果

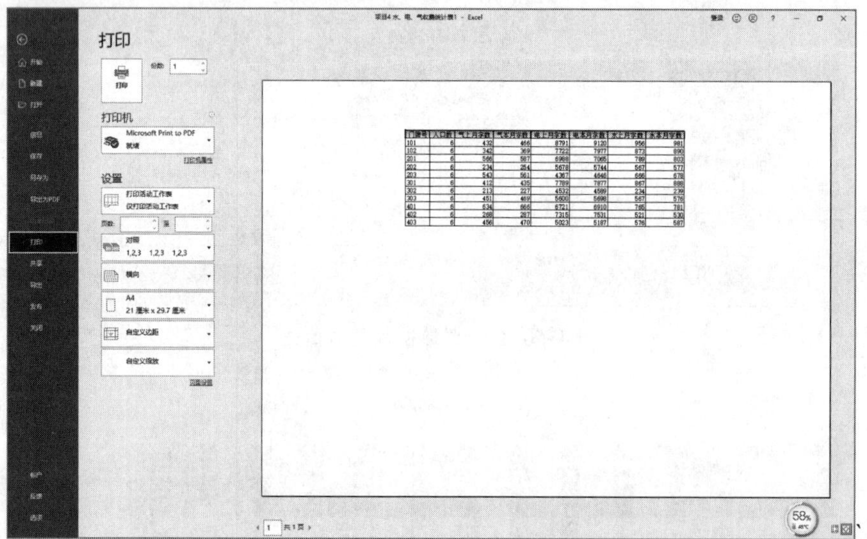

图 4-53 “原始数据输入表”预览效果

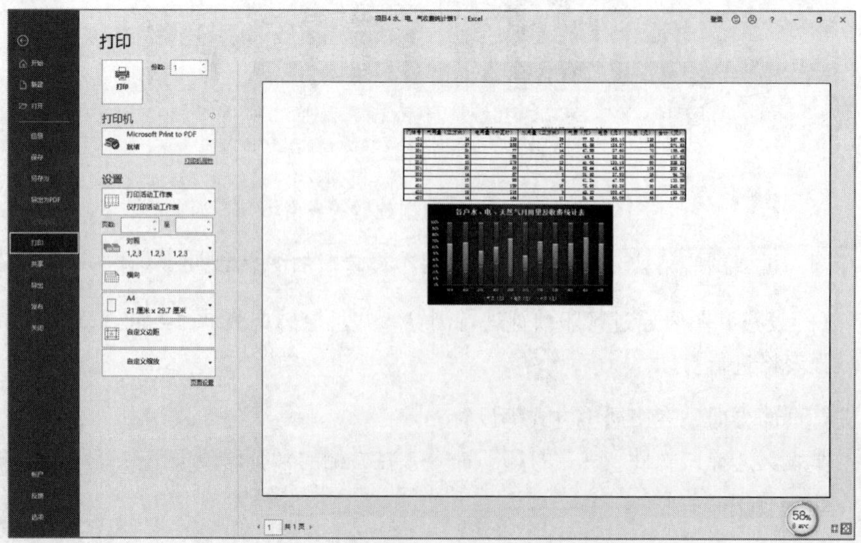

图 4-54 “月用量及收费统计表”预览效果

操作技巧

(1) 以黑白方式打印。单击相应的工作表，单击“页面布局”选项卡“页面设置”组中右下侧的扩展按钮，打开“页面设置”对话框。在“页面设置”对话框中选择“工作表”选项卡，在“打印”中选中“单色打印”复选框，如图 4-55 所示。

图 4-55　单色打印设置

(2) 一次打印多张工作表。在打印前选定要打印的多张工作表。可以按住【Ctrl】键选择，单击工作表标签，选择多个工作表。

项目 5　制作图书销售情况统计分析表

经过上面的项目，对 Excel 中的基本操作、表格的修饰、表中数据使用公式和函数进行处理已经相当熟练，是否还想使用更高级的数据处理功能呢？例如，对数据进行排序、筛选和分类汇总。下面的项目以某图书销售公司销售情况作为数据进行进一步的统计分析。

项目目标

- 熟练掌握 Excel 中的排序。
- 熟练掌握 Excel 中的筛选。
- 熟练掌握 Excel 中的分类汇总。
- 熟练掌握 Excel 中的数据透视表。

项目描述

制作一份“图书销售情况统计分析”的电子表格，包括数据的排序、筛选、分类汇总、数据透视表等。使用素材“项目 5　图书销售情况统计分析.xlsx”，将表 4-6 中的数据处理后得到图 4-56 ~ 图 4-62 所示的效果。

表4-6 图书销售情况原始表

某图书销售公司销售情况表								
经销部门	图书类别	季度	销售数量（册）	单本进价（元）	单本销售额（元）	单本净赚	销售总额	优秀业绩
第3分部	计算机类	3	124	¥40.00	¥49.00	¥9.00	¥6,076.00	
第3分部	少儿类	1	321	¥34.00	¥42.00	¥8.00	¥13,482.00	
第2分部	社科类	2	232	¥45.50	¥58.45	¥12.95	¥13,560.40	
第3分部	计算机类	2	145	¥45.00	¥55.00	¥10.00	¥7,975.00	
第2分部	社科类	1	243	¥39.00	¥46.50	¥7.50	¥11,299.50	
第2分部	少儿类	4	342	¥40.25	¥50.50	¥10.25	¥17,271.00	
第1分部	悬疑类	3	435	¥56.00	¥64.00	¥8.00	¥27,840.00	*
第1分部	悬疑类	2	234	¥47.80	¥56.50	¥8.70	¥13,221.00	
第1分部	计算机类	3	412	¥45.00	¥50.60	¥5.60	¥20,847.20	*
第2分部	计算机类	1	332	¥43.00	¥52.45	¥9.45	¥17,413.40	
第3分部	社科类	4	123	¥49.00	¥56.50	¥7.50	¥6,949.50	
第4分部	社科类	2	453	¥36.80	¥50.20	¥13.40	¥22,740.60	*
第2分部	少儿类	2	454	¥51.00	¥58.50	¥7.50	¥26,559.00	*
第3分部	少儿类	2	332	¥46.00	¥52.80	¥6.80	¥17,529.60	
第1分部	悬疑类	1	231	¥60.45	¥75.00	¥14.55	¥17,325.00	
第1分部	计算机类	1	337	¥60.00	¥69.85	¥9.85	¥23,539.45	*
第4分部	计算机类	2	409	¥43.45	¥50.25	¥6.80	¥20,552.25	*
第2分部	社科类	3	301	¥52.00	¥60.00	¥8.00	¥18,060.00	
第4分部	社科类	4	210	¥45.60	¥54.60	¥9.00	¥11,466.00	
第2分部	计算机类	3	102	¥55.00	¥62.50	¥7.50	¥6,375.00	
第3分部	少儿类	3	126	¥34.00	¥42.00	¥8.00	¥5,292.00	
第4分部	少儿类	3	218	¥25.00	¥31.60	¥6.60	¥6,888.80	
第1分部	悬疑类	4	291	¥56.00	¥70.20	¥14.20	¥20,428.20	*
第2分部	悬疑类	4	391	¥56.00	¥65.80	¥9.80	¥25,727.80	*
第2分部	少儿类	3	230	¥45.60	¥57.80	¥12.20	¥13,294.00	
第2分部	少儿类	1	319	¥35.00	¥46.30	¥11.30	¥14,769.70	
第3分部	社科类	2	369	¥65.00	¥76.10	¥11.10	¥28,080.90	*
第1分部	计算机类	2	283	¥54.30	¥64.30	¥10.00	¥18,196.90	
第1分部	少儿类	1	409	¥36.00	¥45.30	¥9.30	¥18,527.70	
第4分部	悬疑类	4	137	¥64.20	¥75.65	¥11.45	¥10,364.05	
第4分部	计算机类	4	202	¥54.00	¥60.50	¥6.50	¥12,221.00	

某图书销售公司销售情况表								
经销部门	图书类别	季度	销售数量（册）	单本进价（元）	单本销售额（元）	单本净赚	销售总额	优秀业绩
第1分部	悬疑类	1	231	¥60.45	¥75.00	¥14.55	¥17,325.00	
第1分部	计算机类	1	337	¥60.00	¥69.85	¥9.85	¥23,539.45	*
第1分部	少儿类	1	409	¥36.00	¥45.30	¥9.30	¥18,527.70	
第1分部	悬疑类	2	234	¥47.80	¥56.50	¥8.70	¥13,221.00	
第1分部	计算机类	2	283	¥54.30	¥64.30	¥10.00	¥18,196.90	
第1分部	悬疑类	3	435	¥56.00	¥64.00	¥8.00	¥27,840.00	*
第1分部	计算机类	3	412	¥45.00	¥50.60	¥5.60	¥20,847.20	*
第1分部	悬疑类	4	291	¥56.00	¥70.20	¥14.20	¥20,428.20	*
第2分部	社科类	1	243	¥39.00	¥46.50	¥7.50	¥11,299.50	
第2分部	计算机类	1	332	¥43.00	¥52.45	¥9.45	¥17,413.40	
第2分部	少儿类	1	319	¥35.00	¥46.30	¥11.30	¥14,769.70	
第2分部	社科类	2	232	¥45.50	¥58.45	¥12.95	¥13,560.40	
第2分部	少儿类	2	454	¥51.00	¥58.50	¥7.50	¥26,559.00	*
第2分部	社科类	3	301	¥52.00	¥60.00	¥8.00	¥18,060.00	
第2分部	计算机类	3	102	¥55.00	¥62.50	¥7.50	¥6,375.00	
第2分部	少儿类	3	230	¥45.60	¥57.80	¥12.20	¥13,294.00	
第2分部	少儿类	4	342	¥40.25	¥50.50	¥10.25	¥17,271.00	
第2分部	悬疑类	4	391	¥56.00	¥65.80	¥9.80	¥25,727.80	*
第3分部	少儿类	1	321	¥34.00	¥42.00	¥8.00	¥13,482.00	
第3分部	计算机类	2	145	¥45.00	¥55.00	¥10.00	¥7,975.00	
第3分部	少儿类	2	332	¥46.00	¥52.80	¥6.80	¥17,529.60	
第3分部	社科类	2	369	¥65.00	¥76.10	¥11.10	¥28,080.90	*
第3分部	计算机类	3	124	¥40.00	¥49.00	¥9.00	¥6,076.00	
第3分部	少儿类	3	126	¥34.00	¥42.00	¥8.00	¥5,292.00	
第3分部	社科类	4	123	¥49.00	¥56.50	¥7.50	¥6,949.50	
第4分部	社科类	2	453	¥36.80	¥50.20	¥13.40	¥22,740.60	*
第4分部	计算机类	2	409	¥43.45	¥50.25	¥6.80	¥20,552.25	*
第4分部	少儿类	3	218	¥25.00	¥31.60	¥6.60	¥6,888.80	
第4分部	社科类	4	210	¥45.60	¥54.60	¥9.00	¥11,466.00	
第4分部	悬疑类	4	137	¥64.20	¥75.65	¥11.45	¥10,364.05	
第4分部	计算机类	4	202	¥54.00	¥60.50	¥6.50	¥12,221.00	

图 4-56　按照经销部门和季度排序

某图书销售公司销售情况表								
经销部门	图书类别	季度	销售数量（册）	单本进价（元）	单本销售额（元	单本净赚	销售总额	优秀业绩
第3分部	计算机类	3	124	¥40.00	¥49.00	¥9.00	¥6,076.00	
第3分部	计算机类	2	145	¥45.00	¥55.00	¥10.00	¥7,975.00	
第1分部	计算机类	3	412	¥45.00	¥50.60	¥5.60	¥20,847.20	*
第2分部	计算机类	1	332	¥43.00	¥52.45	¥9.45	¥17,413.40	
第1分部	计算机类	1	337	¥60.00	¥69.85	¥9.85	¥23,539.45	*
第4分部	计算机类	2	409	¥43.45	¥50.25	¥6.80	¥20,552.25	*
第2分部	计算机类	3	102	¥55.00	¥62.50	¥7.50	¥6,375.00	
第1分部	计算机类	2	283	¥54.30	¥64.30	¥10.00	¥18,196.90	
第4分部	计算机类	4	202	¥54.00	¥60.50	¥6.50	¥12,221.00	

图 4-57　筛选计算机类图书

某图书销售公司销售情况表								
经销部门	图书类别	季度	销售数量（册）	单本进价（元）	单本销售额（元	单本净赚	销售总额	优秀业绩
第1分部	悬疑类	3	435	¥56.00	¥64.00	¥8.00	¥27,840.00	*
第2分部	少儿类	2	454	¥51.00	¥58.50	¥7.50	¥26,559.00	*
第3分部	社科类	2	369	¥65.00	¥76.10	¥11.10	¥28,080.90	*

图 4-58　筛选销售总额前三名

某图书销售公司销售情况表								
经销部门	图书类别	季度	销售数量（册）	单本进价（元）	单本销售额（元	单本净赚	销售总额	优秀业绩
第1分部	计算机类	3	412	¥45.00	¥50.60	¥5.60	¥20,847.20	*
第1分部	计算机类	1	337	¥60.00	¥69.85	¥9.85	¥23,539.45	*
第1分部	计算机类	2	283	¥54.30	¥64.30	¥10.00	¥18,196.90	

图 4-59　筛选 1 分部计算机类销售情况

某图书销售公司销售情况表								
经销部门	图书类别	季度	销售数量（册）	单本进价（元）	单本销售额（元）	单本净赚	销售总额	优秀业绩
第3分部	计算机类	3	124	¥40.00	¥49.00	¥9.00	¥6,076.00	
第3分部	少儿类	1	321	¥34.00	¥42.00	¥8.00	¥13,482.00	
第2分部	社科类	2	232	¥45.50	¥58.45	¥12.95	¥13,560.40	
第3分部	计算机类	2	145	¥45.00	¥55.00	¥10.00	¥7,975.00	
第2分部	社科类	1	243	¥39.00	¥46.50	¥7.50	¥11,299.50	
第2分部	少儿类	4	342	¥40.25	¥50.50	¥10.25	¥17,271.00	
第1分部	悬疑类	3	435	¥56.00	¥64.00	¥8.00	¥27,840.00	*
第1分部	悬疑类	2	234	¥47.80	¥56.50	¥8.70	¥13,221.00	
第1分部	计算机类	3	412	¥45.00	¥50.60	¥5.60	¥20,847.20	*
第2分部	计算机类	1	332	¥43.00	¥52.45	¥9.45	¥17,413.40	
第3分部	社科类	4	123	¥49.00	¥56.50	¥7.50	¥6,949.50	
第4分部	社科类	2	453	¥36.80	¥50.20	¥13.40	¥22,740.60	*
第2分部	少儿类	2	454	¥51.00	¥58.50	¥7.50	¥26,559.00	*
第3分部	少儿类	2	332	¥46.00	¥52.80	¥6.80	¥17,529.60	
第1分部	悬疑类	1	231	¥60.45	¥75.00	¥14.55	¥17,325.00	
第1分部	计算机类	1	337	¥60.00	¥69.85	¥9.85	¥23,539.45	*
第4分部	计算机类	2	409	¥43.45	¥50.25	¥6.80	¥20,552.25	*
第2分部	社科类	3	301	¥52.00	¥60.00	¥8.00	¥18,060.00	
第4分部	社科类	4	210	¥45.60	¥54.60	¥9.00	¥11,466.00	
第2分部	计算机类	3	102	¥55.00	¥62.50	¥7.50	¥6,375.00	
第3分部	少儿类	3	126	¥34.00	¥42.00	¥8.00	¥5,292.00	
第4分部	少儿类	3	218	¥25.00	¥31.60	¥6.60	¥6,888.80	
第1分部	悬疑类	4	291	¥56.00	¥70.20	¥14.20	¥20,428.20	*
第2分部	悬疑类	4	391	¥56.00	¥65.80	¥9.80	¥25,727.80	*
第2分部	少儿类	3	230	¥45.60	¥57.80	¥12.20	¥13,294.00	
第2分部	少儿类	1	319	¥35.00	¥46.30	¥11.30	¥14,769.70	
第3分部	社科类	2	369	¥65.00	¥76.10	¥11.10	¥28,080.90	*
第1分部	计算机类	2	283	¥54.30	¥64.30	¥10.00	¥18,196.90	
第1分部	少儿类	1	409	¥36.00	¥45.30	¥9.30	¥18,527.70	
第4分部	悬疑类	4	137	¥64.20	¥75.65	¥11.45	¥10,364.05	
第4分部	计算机类	4	202	¥54.00	¥60.50	¥6.50	¥12,221.00	

经销部门	图书类别
第1分部	计算机类
第3分部	社科类

经销部门	图书类别	季度	销售数量（册）	单本进价（元）	单本销售额（元）	单本净赚	销售总额	优秀业绩
第1分部	计算机类	3	412	¥45.00	¥50.60	¥5.60	¥20,847.20	*
第3分部	社科类	4	123	¥49.00	¥56.50	¥7.50	¥6,949.50	
第1分部	计算机类	1	337	¥60.00	¥69.85	¥9.85	¥23,539.45	*
第3分部	社科类	2	369	¥65.00	¥76.10	¥11.10	¥28,080.90	*
第1分部	计算机类	2	283	¥54.30	¥64.30	¥10.00	¥18,196.90	

图 4-60　筛选 1 分部计算机类和 3 分部社科类销售情况

	A	B	H
1	某图书销售公司销售情况表		
2	经销部门	图书类别	销售总额
6		计算机类 汇总	¥62,583.55
8		少儿类 汇总	¥18,527.70
13		悬疑类 汇总	¥78,814.20
14	第1分部 汇总		¥159,925.45
17		计算机类 汇总	¥23,788.40
22		少儿类 汇总	¥71,893.70
26		社科类 汇总	¥42,919.90
28		悬疑类 汇总	¥25,727.80
29	第2分部 汇总		¥164,329.80
32		计算机类 汇总	¥14,051.00
36		少儿类 汇总	¥36,303.60
39		社科类 汇总	¥35,030.40
40	第3分部 汇总		¥85,385.00
43		计算机类 汇总	¥32,773.25
45		少儿类 汇总	¥6,888.80
48		社科类 汇总	¥34,206.60
50		悬疑类 汇总	¥10,364.05
51	第4分部 汇总		¥84,232.70
52	总计		¥493,872.95

图 4-61 汇总各分部各类图书销售额的和

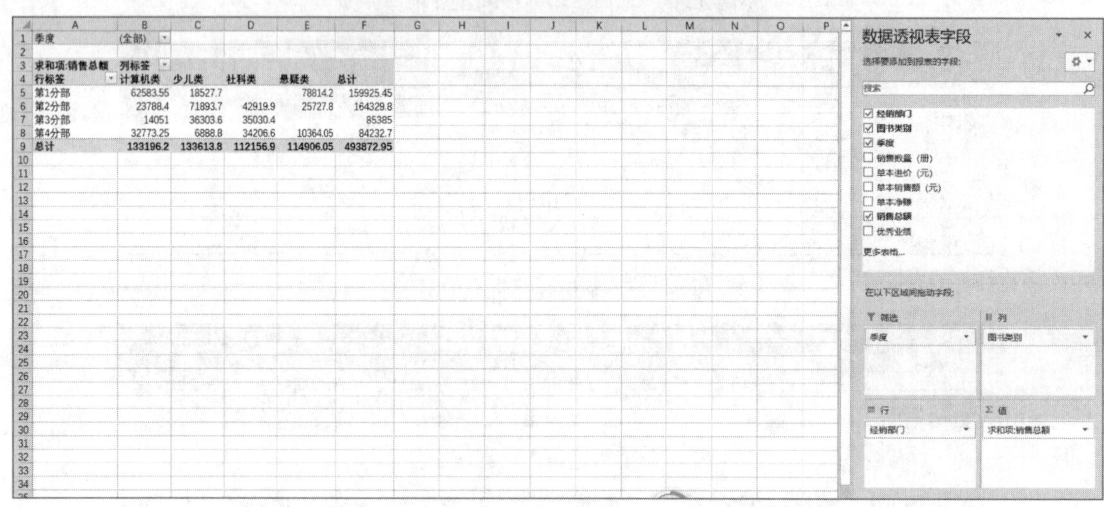

季度	(全部)				
求和项:销售总额	列标签				
行标签	计算机类	少儿类	社科类	悬疑类	总计
第1分部	62583.55	18527.7		78814.2	159925.45
第2分部	23788.4	71893.7	42919.9	25727.8	164329.8
第3分部	14051	36303.6	35030.4		85385
第4分部	32773.25	6888.8	34206.6	10364.05	84232.7
总计	133196.2	133613.8	112156.9	114906.05	493872.95

图 4-62 “汇总各部门各类图书销售总额”数据透视表

解决路径

本项目要求利用 Excel 2016 对工作表进行数据分析，包括数据的排序、筛选、分类汇总、数据透视表等。项目的基本流程如图 4-63 所示。按照项目实施的步骤完成该表格的编辑。

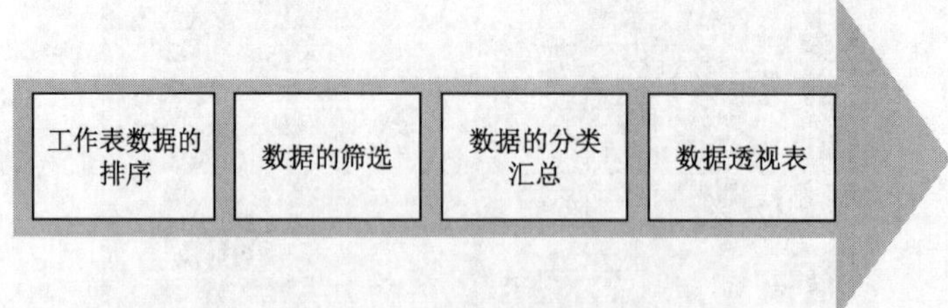

图 4-63 “图书销售情况统计分析”表制作基本流程

项目实施

步骤 1: 打开素材文件“项目 5 图书销售情况统计分析.xlsx”，将工作表的名称命名为“原始表”。

步骤 2: 将工作表“原始表”复制出 6 份，分别命名为“按照经销部门和季度排序”“筛选计算机类图书”“筛

视 频

项目 5

选销售总额前三名”“筛选 1 分部计算机类销售情况”“筛选 1 分部计算机类和 3 分部社科类销售情况”“汇总各分部各类图书销售额的和”。

（1）复制工作表。选定被复制的工作表标签，按下【Ctrl】键，同时拖动鼠标左键，拖动 6 次，可复制 6 份。

（2）重命名工作表。

步骤 3: 打开工作表“按照经销部门和季度排序”，以经销部门为第一关键字，季度为第二关键字排序。

（1）选定 A2:I33 的区域。

（2）单击“数据”选项卡→“排序和筛选”组→“排序”按钮，打开“排序”对话框，“主要关键字”下拉列表中选择“经销部门”，“次序”下拉列表中选择“升序”。

（3）单击“排序”对话框中的“添加条件”按钮，“次要关键字”下拉列表中选择“季度”，“次序”下拉列表中选择“升序”，单击“确定”按钮，如图 4-64 所示。

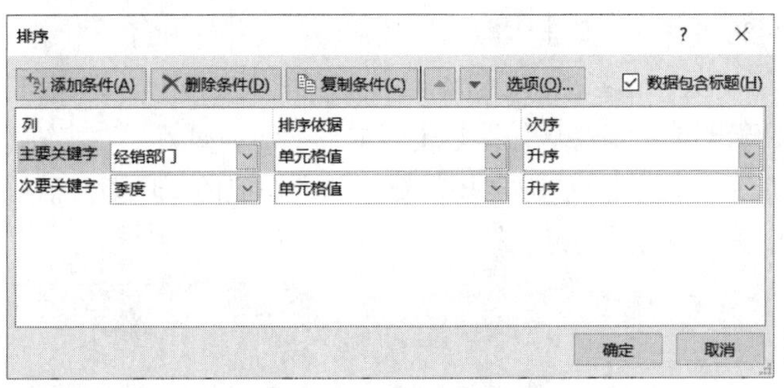

图 4-64　“排序”对话框

步骤 4: 打开工作表“筛选计算机类图书”，将计算机类图书筛选出来。

（1）选定 A2:I33 的区域。

（2）单击“数据”选项卡→“排序和筛选”组→“筛选”按钮，在“图书类别”列的下拉列表中，选择“计算机类”，即可看到筛选结果，如图 4-65 所示。

步骤 5: 打开工作表“筛选销售总额前三名”，筛选销售总额前 3 名。

（1）选定 A2:I33 的区域。

（2）单击“数据”选项卡→“排序和筛选”组→“筛选”按钮，进入自动筛选状态。

（3）在“销售总额”列的下拉列表中，选择“数字筛选”→“前 10 项”，打开“自动筛选前 10 个”对话框，在“显示”选项组的 3 个列表框中分别选择“最大”“3”“项”（见图 4-66），单击“确定”按钮，即可看到筛选结果。

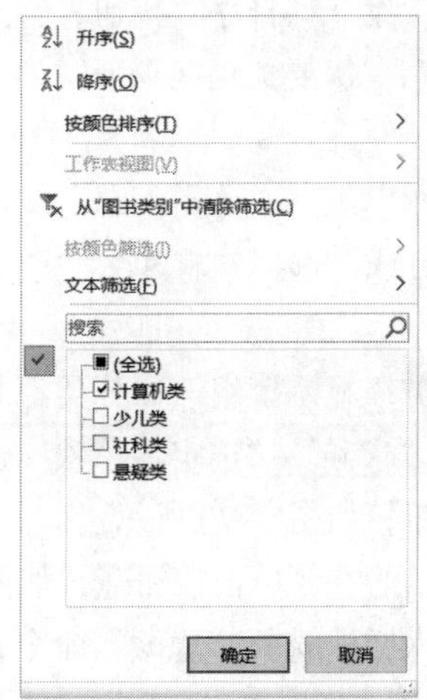

图 4-65　筛选下拉列表

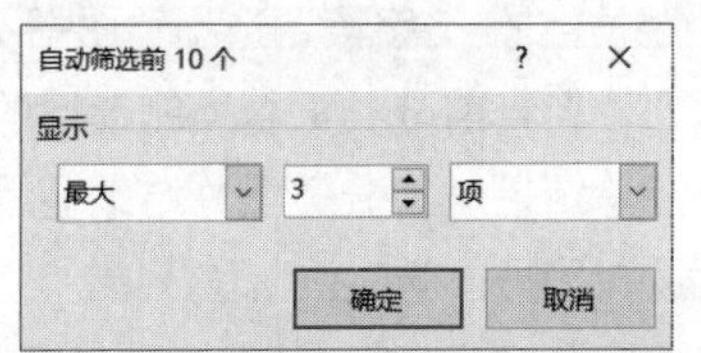

图 4-66　“自动筛选前 10 个”对话框

步骤 6: 打开工作表“筛选 1 分部计算机类销售情况”，筛选 1 分部计算机类销售情况。

（1）选定 A2:I33 的区域。

（2）单击“数据”选项卡→“排序和筛选”组→“筛选”按钮，进入自动筛选状态。

（3）在“经销部门”列的下拉列表中，选择“第 1 分部”，单击“确定”按钮，再在“图书类别”下拉列表中，选择“计算机类”，单击“确定”按钮，即可看到筛选结果。

步骤 7: 打开工作表“筛选 1 分部计算机类和 3 分部社科类销售情况”，筛选 1 分部计算机类和 3 分部社科类销售情况，筛选结果显示在表的下方。

（1）录入筛选条件。在工作表的 A35:B37 的区域，输入如图 4–67 所示的筛选条件。注意,不是筛选条件必须写在 A35:B37 的区域，一般的筛选条件写在被筛选表的下方，比筛选条件写在工作表右侧更恰当，因为如果筛选结果覆盖了原有工作表，筛选条件仍可以显示；还要注意筛选条件与被筛选的工作表至少有一行的间隔，这样不会影响筛选结果。

（2）高级筛选。选定 A2:I33 的区域，单击“数据”选项卡→“排序和筛选”组→“高级”按钮，打开“高级筛选”对话框（见图 4–68），“方式”选择“将筛选结果复制到其他位置”单选按钮。“列表区域”由于之前已经选定 A2:I33 的区域，不需要再设定；“条件区域”单击对应的“压缩对话框”按钮，选择工作表上的 A35:B37 单元格区域，然后单击“扩展单元格”按钮；“复制到”单击对应的“压缩对话框”按钮，选择工作表上的 A39 单元格，单击“确定”按钮，即可看到筛选结果。

经销部门	图书类别
第1分部	计算机类
第3分部	社科类

图 4–67　筛选条件

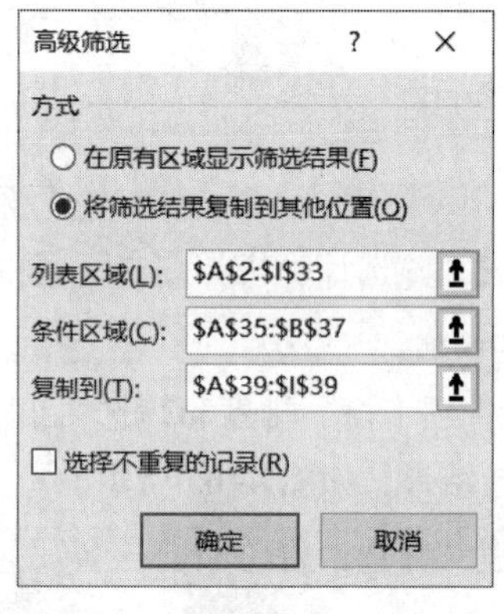

图 4–68　“高级筛选”对话框

步骤 8: 打开工作表“汇总各分部各类图书销售额的和”，以经销部门为第一关键字，以图书类别为次要关键字排序后汇总各分部销售额的和以及各分部下各类图书销售额的和。

（1）排序。选定 A2:I33 的区域，单击“数据”选项卡→“排序和筛选”组→“排序”按钮，打开“排序”对话框，“主要关键字”下拉列表中选择“经销部门”，单击“添加条件”按钮，“次要关键字”下拉列表中选择“图书类别”，单击“确定”按钮。

（2）分类汇总。选定 A2:I33 的区域，单击“数据”选项卡→“分级显示”组→“分类汇总”按钮，打开“分类汇总”对话框，如图 4–69 所示。“分类字段”选择“经销部门”，“汇总方式”选择“求和”，“选定汇总项”选中“销售总额”复选框，单击“确定”按钮。

（3）第二次分类汇总。选定 A2:I33 的区域，单击“数据”选项卡→“分级显示”组→“分类汇总”按钮，打开“分类汇总”对话框。“分类字段”选择“图书类别”，“汇总方式”选择“求和”，“选定汇总项”选中“销售总额”复选框，取消“替换当前分类汇总”复选框的选择，单击“确定”按钮，如图 4–70 所示。

（4）调整分类汇总结果。将分类汇总结果显示到第 3 级。在分类汇总表的左侧单击按钮 3，如图 4–71 所示，结果会将多余的行进行隐藏。选定列标 C 列到 G 列，右击，在弹出的快捷菜单中选择“隐藏”命令，会将这些列隐藏，用同样的方法隐藏“I”列，对表格进行简单的修饰，汇总的最终结果如图 4–72 所示。

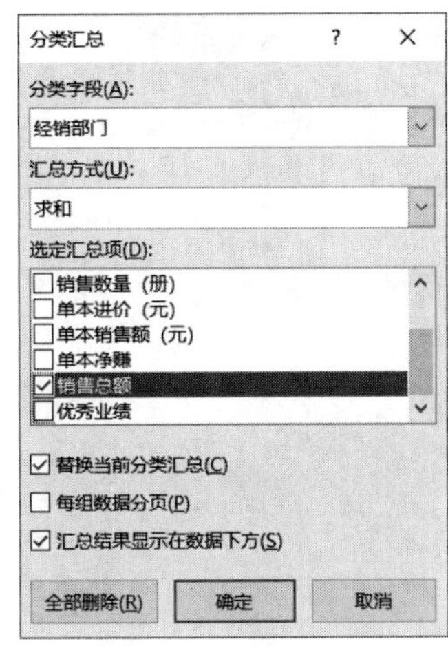

图 4-69 “分类汇总”对话框

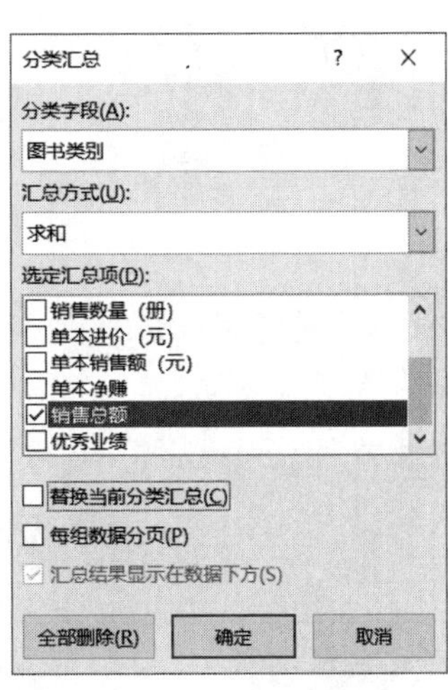

图 4-70 第二次分类汇总

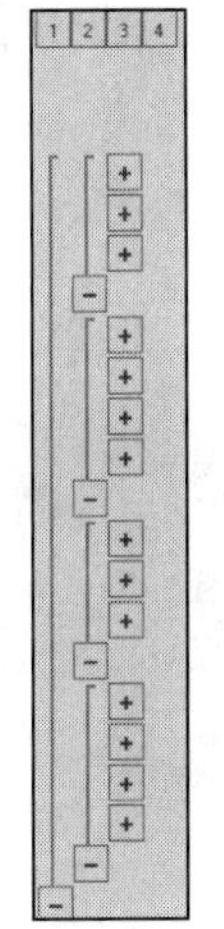

图 4-71 分类汇总级别

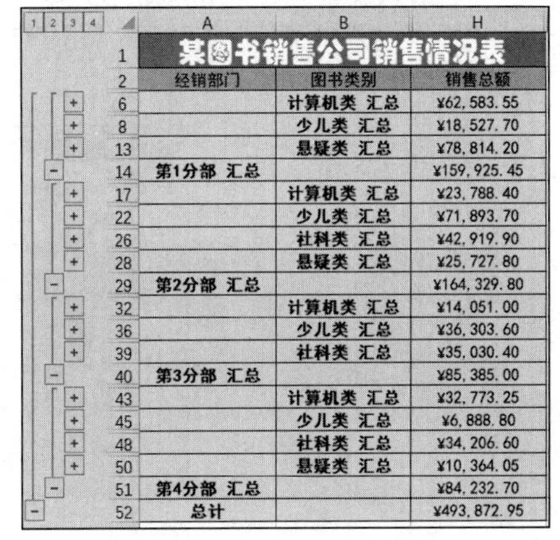

	A	B	H
1	某图书销售公司销售情况表		
2	经销部门	图书类别	销售总额
6		计算机类 汇总	¥62, 583. 55
8		少儿类 汇总	¥18, 527. 70
13		悬疑类 汇总	¥78, 814. 20
14	第1分部 汇总		¥159, 925. 45
17		计算机类 汇总	¥23, 788. 40
22		少儿类 汇总	¥71, 893. 70
26		社科类 汇总	¥42, 919. 90
28		悬疑类 汇总	¥25, 727. 80
29	第2分部 汇总		¥164, 329. 80
32		计算机类 汇总	¥14, 051. 00
36		少儿类 汇总	¥36, 303. 60
39		社科类 汇总	¥35, 030. 40
40	第3分部 汇总		¥85, 385. 00
43		计算机类 汇总	¥32, 773. 25
45		少儿类 汇总	¥6, 888. 80
48		社科类 汇总	¥34, 206. 60
50		悬疑类 汇总	¥10, 364. 05
51	第4分部 汇总		¥84, 232. 70
52	总计		¥493, 872. 95

图 4-72 分类汇总结果

步骤 9: 打开工作表“原始表”，利用数据透视表汇总各季度不同分部各类图书的销售总额。

(1) 选定 A2:I33 的区域。单击“插入”选项卡→“表格”组→“数据透视表”按钮，打开“创建数据透视表”对话框，按如图 4-73 所示进行设置，单击“确定”按钮。在新的工作表中，进入数据透视表编辑状态，如图 4-74 所示。

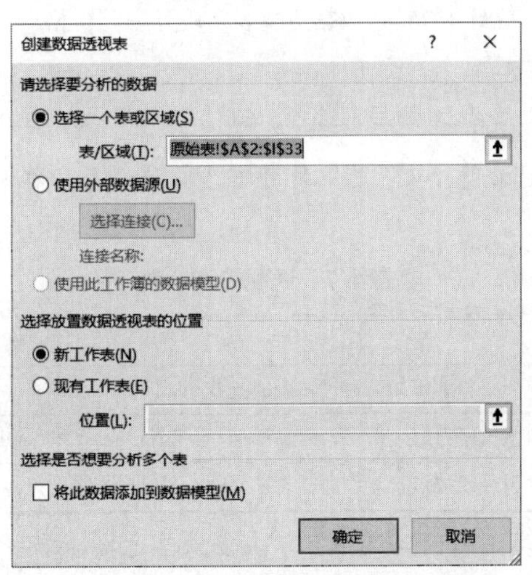

图 4-73 “创建数据透视表”对话框

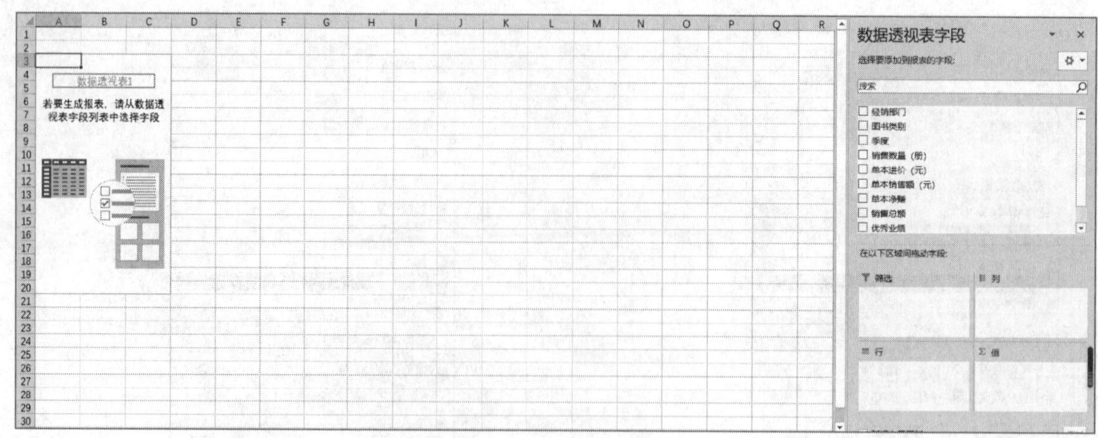

图 4-74 数据透视表

（2）编辑数据透视表字段。在“数据透视表字段列表”窗格的“选择要添加到报表的字段”中，把“季度”拖动到“筛选”字段，把“经销部门”拖动到“行”字段，把“图书类别”拖动到“列”字段，“销售总额”拖动到“值”字段，如图 4-75 所示。

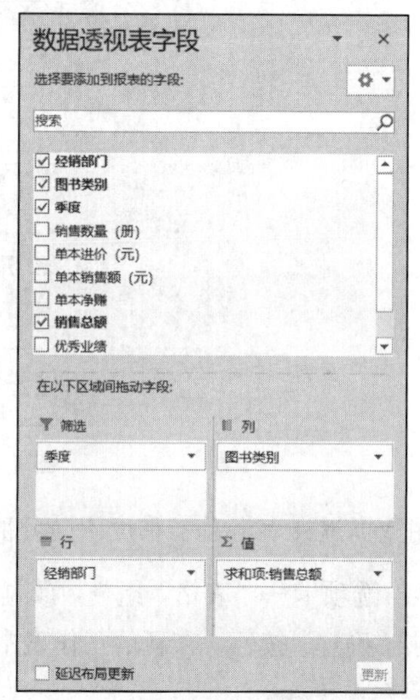

图 4-75 “数据透视表字段列表”窗格

操作技巧

（1）高级筛选中筛选条件使用通配符。以下通配符可作为筛选以及查找和替换内容时的比较条件，如表 4-7 所示。

表 4-7 通配符及示例

通 配 符	示 例
?（问号）	任意单个字符。例如，通过 sm?th 查找 smith 和 smath
*（星号）	任意数量的字符数。例如，通过*east 查找 Northeast 和 Southeast
~（波形符）后跟 ?、* 或 ~	问号、星号或波形符。例如，通过“fy91~?”将会查找“fy91?”

（2）删除分类汇总。在含有分类汇总的列表中，单击任意单元格。单击“数据”选项卡→“分级显示”组→“分类汇总”按钮，打开“分类汇总”对话框，单击“全部删除”按钮。

综合项目　制作纸张销售报表

在前面的实训中，已经通过实例掌握了 Excel 的基本操作，在综合实训中，以纸张销售报表为例，综合运用以上实训案例中讲解的内容，对工作表进行如数据录入、公式和函数的计算、图表的生成、数据管理和分析的操作。

项目目标

- 熟练掌握 Excel 中的表格和数据的编辑和修饰。
- 熟练掌握 Excel 中的 IF、RANK 等函数的应用。
- 熟练掌握 Excel 中图表的创建和修饰。
- 熟练掌握 Excel 中的排序、筛选和分类汇总等分析功能。

项目描述

制作一份“纸张销售报表”的电子表格，包括数据编辑、修饰，公式和函数的使用，图表的创建和修饰，数据的排序、筛选、分类汇总等。使用素材“综合项目 制作纸张销售报表.xlsx”，将表 4-8 中的数据处理后达到图 4-76～图 4-80 所示的效果。

表 4-8　纸张销售报表(自编)

纸张销售报表

序号	代理区域	本周销售数量	单价	本周销售金额(元)	排名	累计销售数量	单价	累计销售金额(元)	排名	是否盈利
1	黑龙江	6559	128			68 571	128			
2	吉林	0	128			1 375	128			
3	山西	491	128			21 592	128			
4	内蒙古	3 716	128			48 285	128			
5	天津	736	128			10 650	128			
6	上海	0	128			2 514	128			
7	山东	1 782	128			40 525	128			
8	北京	3 163	128			33 162	128			
9	河北	402	128			19 383	128			
10	陕西	1 007	128			31 662	128			
11	辽宁	4 598	128			63 830	128			
12	河南	1 595	128			59 199	128			

纸张销售报表

序号	代理区域	本周销售数量	单价	本周销售金额(元)	排名	累计销售数量	单价	累计销售金额(元)	排名	是否盈利
1	黑龙江	6559	128	839552	1	68571	128	8777088	1	是
2	吉林	0	128	0	11	1375	128	176000	12	否
3	山西	491	128	62848	9	21592	128	2763776	8	否
4	内蒙古	3716	128	475648	3	48285	128	6180480	4	是
5	天津	736	128	94208	8	10650	128	1363200	10	否
6	上海	0	128	0	11	2514	128	321792	11	否
7	山东	1782	128	228096	5	40525	128	5187200	5	是
8	北京	3163	128	404864	4	33162	128	4244736	6	是
9	河北	402	128	51456	10	19383	128	2481024	9	否
10	陕西	1007	128	128896	7	31662	128	4052736	7	是
11	辽宁	4598	128	588544	2	63830	128	8170240	2	是
12	河南	1595	128	204160	6	59199	128	7577472	3	是

图 4-76　修饰后的销售报表

纸张销售报表

序号	代理区域	本周销售数量	单价	本周销售金额（元）	排名	累计销售数量	单价	累计销售金额（元）	排名	是否盈利
1	黑龙江	6559	128	839552	1	68571	128	8777088	1	是
11	辽宁	4598	128	588544	2	63830	128	8170240	2	是
12	河南	1595	128	204160	6	59199	128	7577472	3	是
4	内蒙古	3716	128	475648	3	48285	128	6180480	4	是
7	山东	1782	128	228096	5	40525	128	5187200	5	是
8	北京	3163	128	404864	4	33162	128	4244736	6	是
10	陕西	1007	128	128896	7	31662	128	4052736	7	是
3	山西	491	128	62848	9	21592	128	2763776	8	否
9	河北	402	128	51456	10	19383	128	2481024	9	否
5	天津	736	128	94208	8	10650	128	1363200	10	否
6	上海	0	128	0	11	2514	128	321792	11	否
2	吉林	0	128	0	11	1375	128	176000	12	否

图 4-77　按累计销售金额降序排序

	A	B	C	D	E	F	G	H	I	J	K
1	纸张销售报表										
2	序号	代理区域	本周销售数量	单价	本周销售金额（元）	排名	累计销售数量	单价	累计销售金额（元）	排名	是否盈利
4	2	吉林	0	128	0	11	1375	128	176000	12	否
8	6	上海	0	128	0	11	2514	128	321792	11	否
11	9	河北	402	128	51456	10	19383	128	2481024	9	否

图 4-78　筛选本周销售金额最少的 3 个地区

	A	B	C	D	E	F	G	H	I	J	K
1	纸张销售报表										
2	序号	代理区域	本周销售数量	单价	本周销售金额（元）	排名	累计销售数量	单价	累计销售金额(元)	排名	是否盈利
3	2	吉林	0	128	0	11	1375	128	176000	13	否
4	3	山西	491	128	62848	9	21592	128	2763776	9	否
5	5	天津	736	128	94208	8	10650	128	1363200	11	否
6	6	上海	0	128	0	11	2514	128	321792	12	否
7	9	河北	402	128	51456	10	19383	128	2481024	10	否
8									7105792		否 汇总
9	1	黑龙江	6559	128	839552	1	68571	128	8777088	1	是
10	4	内蒙古	3716	128	475648	3	48285	128	6180480	5	是
11	7	山东	1782	128	228096	5	40525	128	5187200	6	是
12	8	北京	3163	128	404864	4	33162	128	4244736	7	是
13	10	陕西	1007	128	128896	7	31662	128	4052736	8	是
14	11	辽宁	4598	128	588544	2	63830	128	8170240	2	是
15	12	河南	1595	128	204160	6	59199	128	7577472	3	是
16									44189952		是 汇总
17									51295744		总计

图 4-79　汇总盈利和亏损的累计销售金额总和

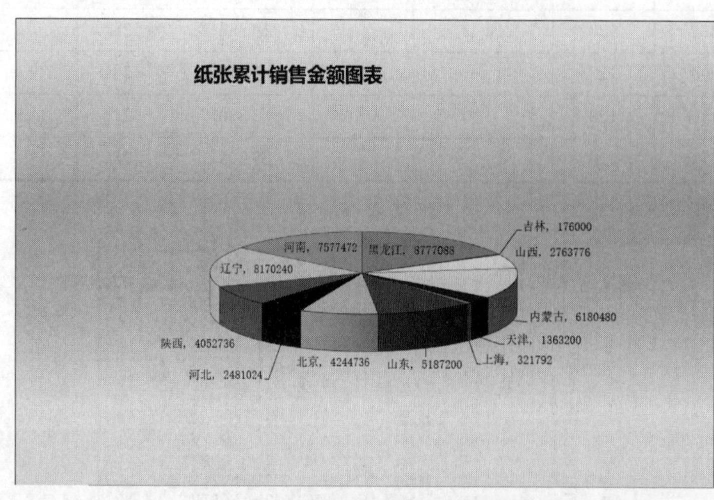

图 4-80　纸张累计销售金额图表

解决路径

该项目要求利用 Excel 2016 对工作表的数据分析包括数据编辑、修饰，公式和函数的使用，图表的创建和修饰，数据的排序、筛选、分类汇总等。项目的基本流程如图 4-81 所示。按照项目实施的步骤完成该表格的编辑。

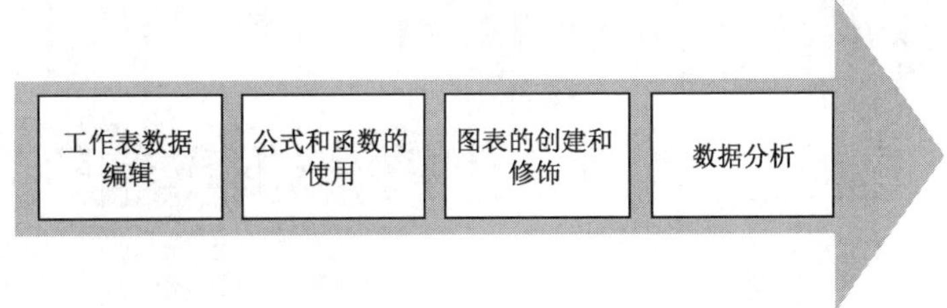

图 4-81　“纸张销售报表”制作基本流程

项目实施

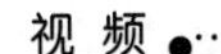

综合项目

步骤 1: 打开素材文件“综合项目 制作纸张销售报表.xlsx”，将 Sheet1 工作表的名称命名为“销售报表原始表”。

步骤 2: 在工作表“销售报表原始表”中利用公式和函数进行计算。

（1）本周销售金额：本周销售金额=本周销售数量×单价。

（2）累计销售金额：累计销售金额=累计销售数量×单价。

（3）排名：利用 RANK 函数进行计算。

（4）是否盈利：利用 IF 函数计算，累计销售金额大于等于 4052736 的为“是”，否则为“否”。

步骤 3: 对工作表“销售报表原始表”进行格式设置，设置的效果可参考图 4-76 的内容。

（1）调整最合适的行高和列宽。

（2）将标题的字体为“华文新魏”，颜色为“蓝色”，字号为 20，并加粗倾斜，使其跨列居中。

（3）表格中的列标题字体为“楷体”，字号为 12，加粗，“玫瑰红”底纹，文本水平方向居中对齐。

（4）表格中的数据字体为“楷体”，字号为 12，文本水平方向居中对齐。

（5）对表格边框修饰，外边框用粗实线橙色，内边框用虚线天蓝色。

步骤 4: 将工作表“销售报表原始表”复制出 3 份，分别命名为“按累计销售金额降序排序”“筛选本周销售金额最少的 3 个地区”“汇总盈利和亏损的累计销售金额总和”。

步骤 5: 打开工作表“按累计销售金额降序排序”，按照主要关键字为“累计销售金额”，次要关键字为“本周销售金额”降序进行排序，效果如图 4-77 所示。

步骤 6: 打开工作表“筛选本周销售金额最少的 3 个地区”，将本周销售金额后 3 名筛选出来，效果如图 4-78 所示。

步骤 7: 打开工作表“汇总盈利和亏损的累计销售金额总和”，先按照“是否盈利”排序，再统计分别汇总盈利和亏损地区的累计销售金额总和，效果如图 4-79 所示。

步骤 8: 选择“代理区域”和“累计销售金额”两列数据，生成三维饼图，比较各地区销售情况，对图表进行调整和修饰，效果如图 4-80 所示。

单元 5

PowerPoint 演示文稿软件应用

Microsoft PowerPoint 2016 是一个演示文稿软件，用于创建、编辑专业的演示文稿，广泛用于专家报告、产品演示、广告宣传等宣讲活动电子版幻灯片的设计制作。

项目 1　创建编辑演示文稿

项目目标

- 了解设置演示文稿主题。
- 掌握设置幻灯片的背景填充效果和配色方案。
- 熟练掌握在幻灯片中插入图片、剪贴画和艺术字。
- 掌握将幻灯片中图片的背景设为透明色。
- 熟练掌握设置幻灯片的版式。
- 熟练掌握设置幻灯片的动画。

项目描述

本项目将创建如图 5-1 所示的演示文稿。

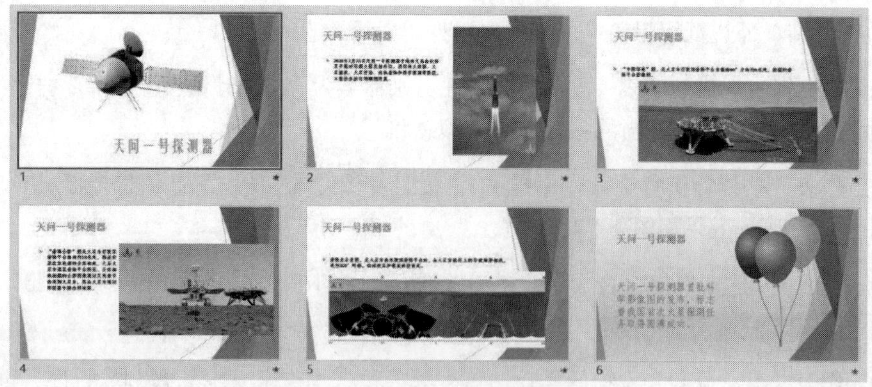

图 5-1　项目 1 的制作效果

解决路径

本项目在演示文稿中添加图片、剪贴画、艺术字等，使演示文稿更加生动。主要应用演示文稿设计主题、幻灯片背景、艺术字、图片、剪贴画、幻灯片动画等知识来实现。项目实施的基本流程如图 5-2 所示。按照项目实施的步骤创建编辑一份演示文稿。

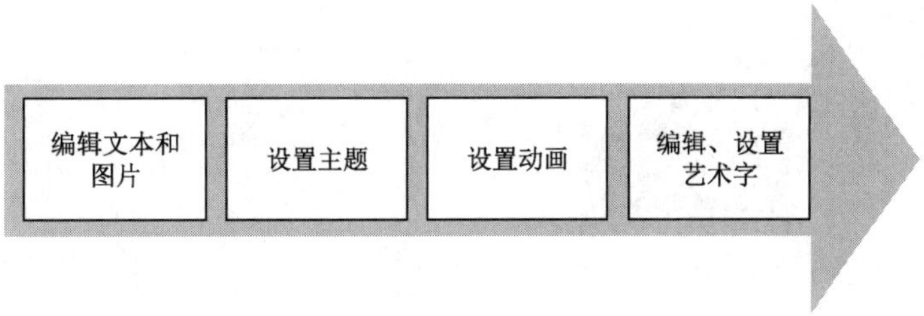

编辑文本和图片 → 设置主题 → 设置动画 → 编辑、设置艺术字

图 5-2　项目实施基本步骤

视 频

项目 1

步骤 1: 编辑演示文稿的文本和图片。

（1）启动 PowerPoint 2016，建立空演示文稿，切换到“大纲”视图，录入如图 5-3 所示的文本。

（2）在第一张幻灯片中插入素材图片“天问一号.jpg；将幻灯片中图片的背景设为透明色，如图 5-4 所示。

（3）在第二、三、四、五张幻灯片中插入如图 5-5 所示素材图片。

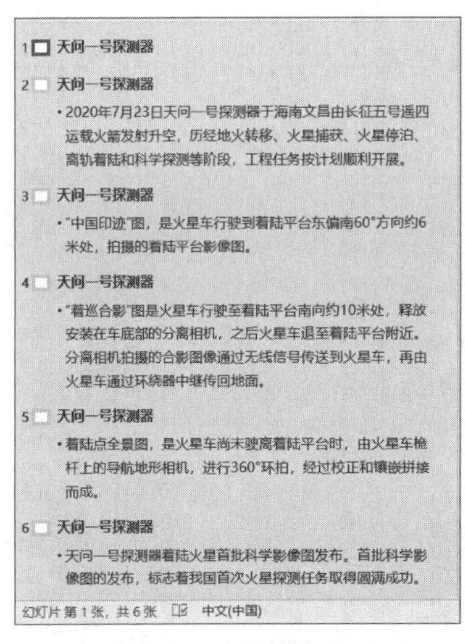

图 5-3　项目文本

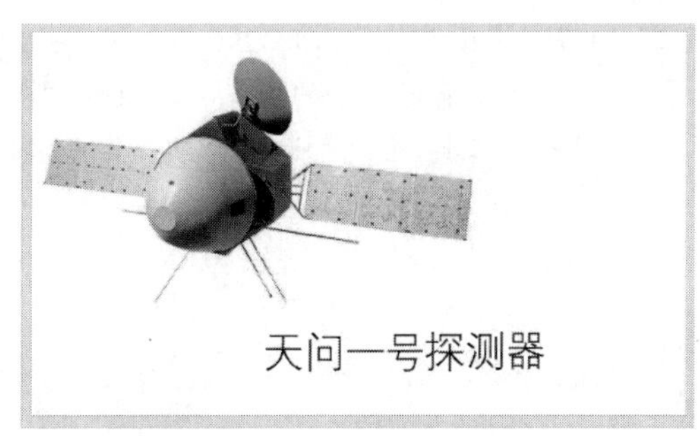

图 5-4　第一张幻灯片

（4）搜索联机图片“气球”，在第六张幻灯片中插入如图 5-6 所示的气球图片。

步骤 2: 设置主题。

（1）查找并应用“平面”主题。

（2）将其应用于所有幻灯片。

步骤 3: 设置动画。

（1）对第一张幻灯片中插入的图片设置使用“进入”中的“飞入”动画，方向改为“自左侧”。

（2）对第二张幻灯片中插入的图片设置使用“强调”中的“脉冲”动画。

（3）对第三、四、五张幻灯片中插入的图片设置使用“进入”中的“浮入”动画，“上一动画之后”开始。

（4）对第四张幻灯片中的文本设置添加“进入”中按字母的“弹跳”动画效果，开始设置为“上一动画之后”。

（5）对第六张幻灯片中的图片设置使用“动作路径”中的“菱形”动画，开始设置为“上一动画之后”。

步骤 4: 编辑、设置艺术字。

（1）对第六张幻灯片，版式改为“空白”，背景设为“渐变填充”，然后选择合适的艺术字样式，插入如图 5-6 所示的艺术字，并调整其字体、大小和位置。

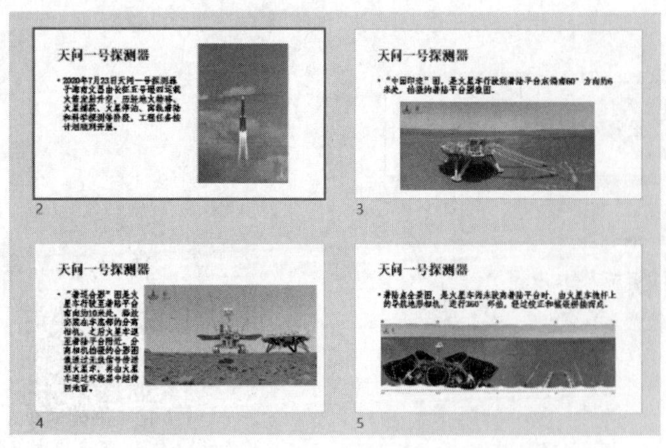

图 5-5　第二、三、四、五张幻灯片

图 5-6　最后一张幻灯片

（2）为艺术字添加沿不规则曲线运动的动画效果，并设置声音效果为“鼓掌”。

（3）保存演示文稿。

操作技巧

（1）在幻灯片中插入图片：

① 切换至“插入”选项卡，单击“图像”组中的“图片”按钮，在打开的“插入图片”对话框中选中素材图片文件，单击“插入”按钮。

② 选中插入的图片，使用图片四周的控制柄调整至合适大小，然后将其移动至适当的位置，如图 5-7 所示。

（2）幻灯片中图片的背景设为透明色：

① 选中需要设置透明色的图片，切换至“图片工具-格式”选项卡。

② 在“图片工具-格式”选项卡中，单击“调整”组中的“颜色”下拉按钮，选择下拉列表中的“设置透明色”命令，如图 5-8 所示。

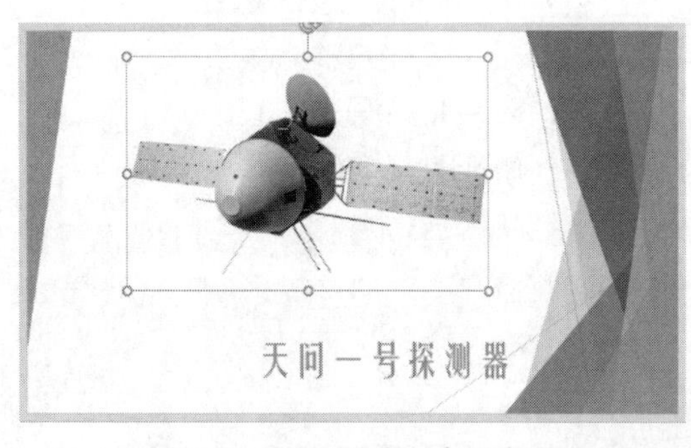

图 5-7　调整图片至合适大小

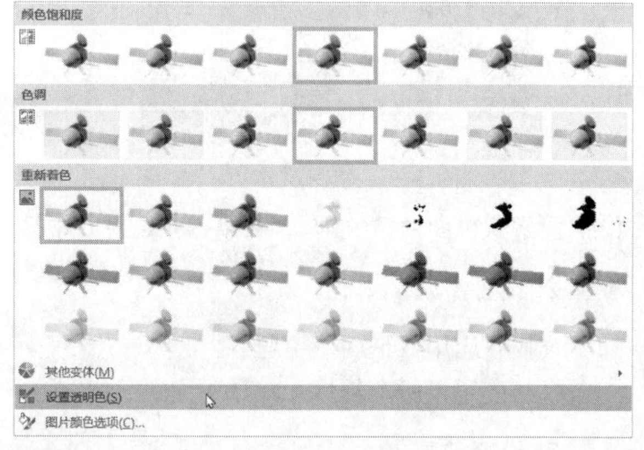

图 5-8　设置透明色

③ 鼠标光标变为后，单击图片中要设置为透明色的区域。

（3）查找并应用主题：

① 在功能区中，切换至“设计”选项卡。

② 在“设计”选项卡的“主题”组的主题库中查找到“平面”主题，然后右击该主题，在弹出的快捷菜单中选择“应用于所有灯片”命令，如图 5-9 所示。

（4）对图片使用动画，并设置动画效果：

① 选中需要设置动画的图片，切换至“动画”选项卡。

② 在“动画”选项卡的“动画”组的动画库中查找到“进入”→“飞入”动画并单击，如图 5-10 所示。

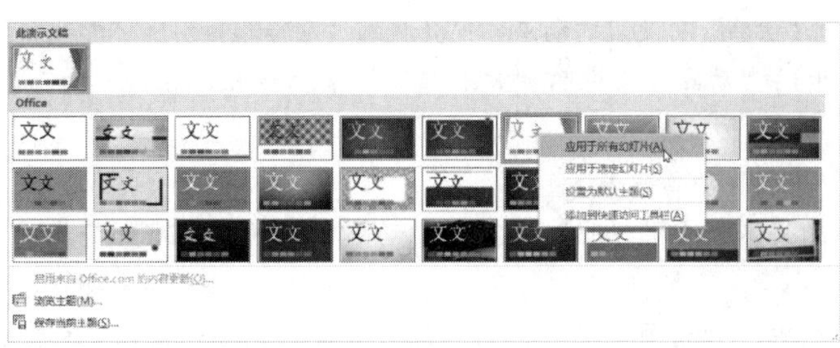

图 5-9　查找并应用主题

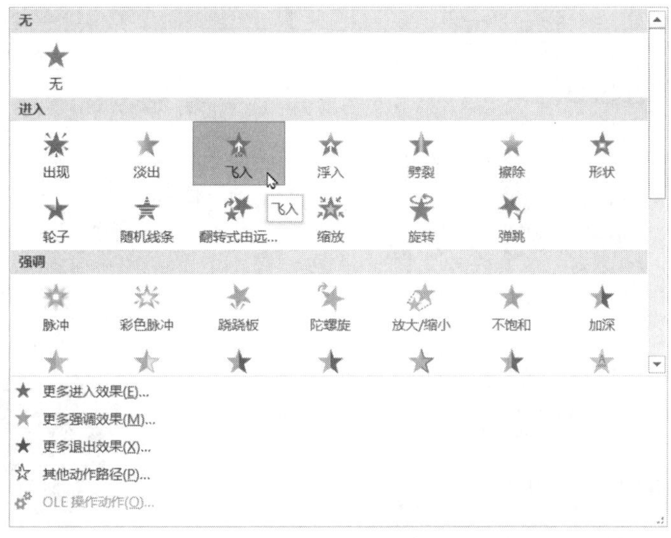

图 5-10　“动画”功能组的动画库

③ 为图片设置动画后，可对动画的各项效果进行设置。单击“动画”选项卡→“动画”组→“效果选项”下拉按钮，在弹出的下拉列表中选择“自左侧”，如图 5-11 所示。

（5）搜索并插入联机图片：

① 切换至“插入”选项卡。单击“图像”功能组中的“联机图片”按钮，显示“插入图片”对话框。

② 在“必应图像搜索”文本框中输入“气球”，然后单击“搜索”按钮。

③ 在搜索结果中找到合适的图片并点击选中，然后单击对话框下方“插入”按钮，如图 5-12 所示。然后将其调整至合适大小，并移动至适当的位置。

图 5-11　设置动画效果

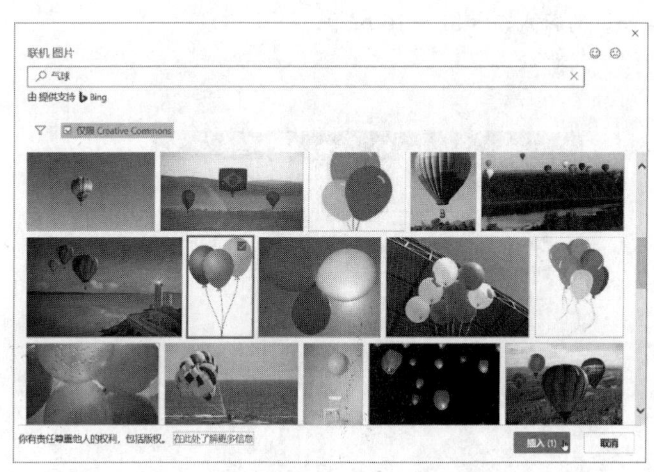

图 5-12　搜索并插入联机图片

（6）对图片设置使用“动作路径”动画，并进行设置：

① 在“动画”选项卡的“动画”功能组的动画库中查找到“动作路径”→“形状”动画并单击，参见图 5-10。

② 单击“动画”选项卡的“动画”组中的“效果选项”下拉按钮，在弹出的下拉列表中选择“菱形”，如图 5-13 所示。

（7）对文本使用动画，并设置动画效果。

① 选中需要设置动画的文本，在“动画”选项卡“动画”组的动画库中查找到“进入”→“弹跳”动画并单击。

② 单击“高级动画”组中的“动画窗格”按钮，此时窗口右侧显示动画窗格。选择上一步设置的动画，然后单击其右侧的下拉按钮，在弹出的下拉列表中选择“效果选项”命令，如图 5-14 所示。

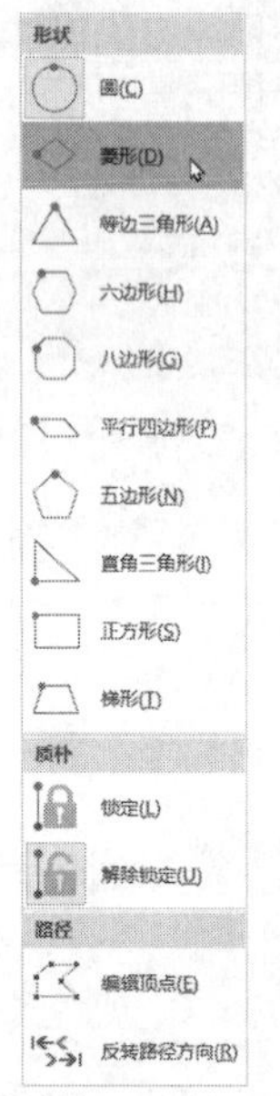

图 5-13　修改动作路径动画效果

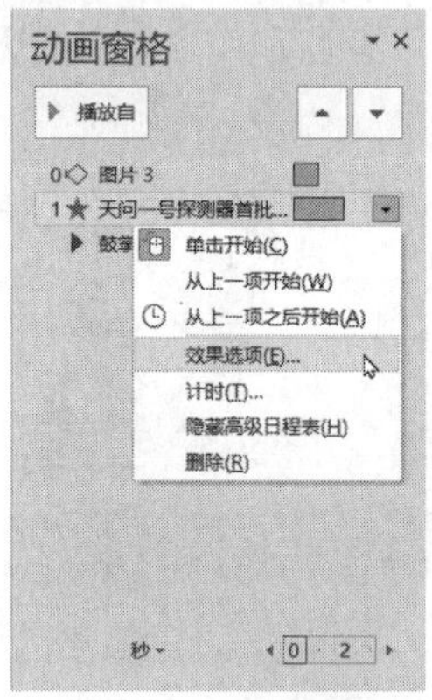

图 5-14　动画窗格

③ 在“弹跳”对话框的“效果”选项卡中，单击“动画文本”右边的下拉按钮，在弹出的下拉列表中选择“按字母”选项，然后单击“确定”按钮，如图 5-15 所示。

（8）插入一张新幻灯片，修改其版式，设置其背景：

① 切换至“开始”选项卡，单击“幻灯片”组中的“新建幻灯片”下拉按钮，然后选择合适版式的幻灯片；或者在定位光标后，按【Ctrl+M】组合键，插入新幻灯片。然后单击“幻灯片”组中的“版式”下拉按钮，选择合适的版式，如图 5-16 所示。

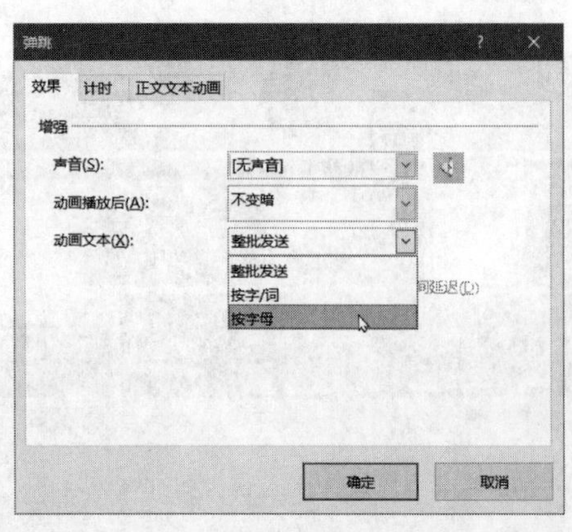

图 5-15　“效果”选项卡

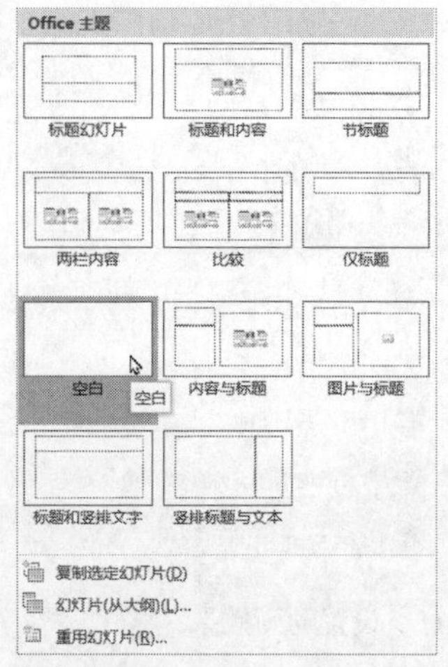

图 5-16　插入合适版式的新幻灯片

② 选中该幻灯片，切换至“设计”选项卡，单击“自定义”组中的“设置背景格式”按钮，如图 5-17 所示。右侧会显示“设置背景格式”窗格。

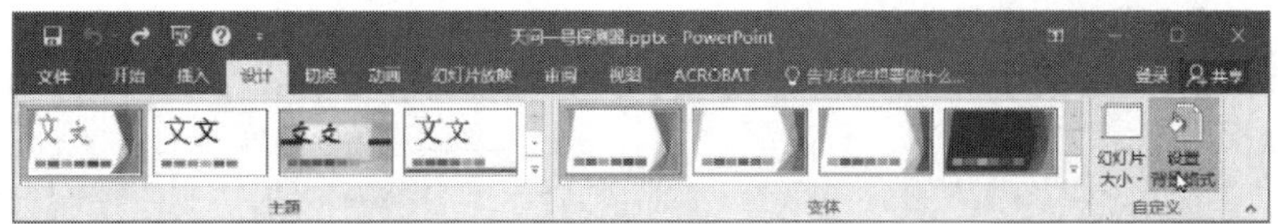

图 5-17　“设置背景格式”按钮

③ 在“设置背景格式”窗格的“填充”栏中，选择“渐变填充”，然后单击窗格右上角的“关闭”按钮，如图 5-18 所示。

（9）插入艺术字：

① 切换至“插入”选项卡，单击“文本”组中的“艺术字”下拉按钮，在列表中选择样式，如图 5-19 所示。

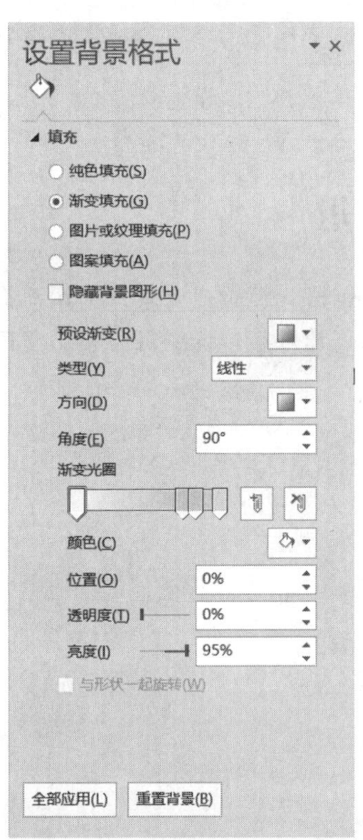

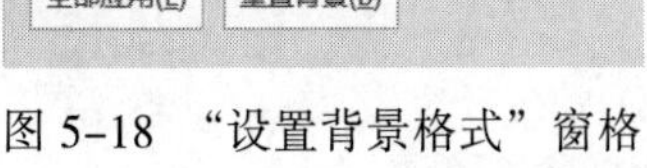

图 5-18　“设置背景格式”窗格

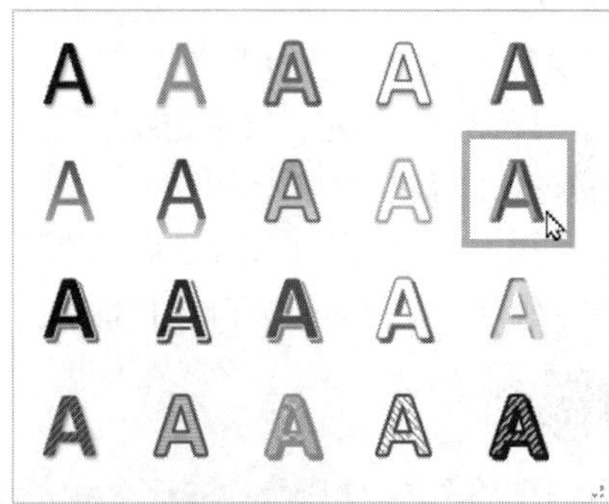

图 5-19　“艺术字库”列表

② 在艺术字文本框中输入文字。在此可设置艺术字文字的字体、字号等。

（10）为艺术字添加不规则曲线运动的动画效果，并设置声音效果。

① 选中艺术字，在“动画”选项卡的“动画”组的动画库中查找到“动作路径”→“自定义路径”动画并单击。

② 进入动作路径绘制状态，移动鼠标绘制直线，单击进行转向，双击完成路径绘制，完成状态如图 5-20 所示。

③ 在“动画窗格”中选择上一步设置的动画，然后单击其右侧的下拉按钮，在弹出的下拉列表中选择“效果选项”命令。

④ 在“自定义路径”对话框的“效果”选项卡中，单击“声音”右边的下拉按钮，在弹出的下拉列表中选择“鼓掌”，单击“确定”按钮，如图 5-21 所示。

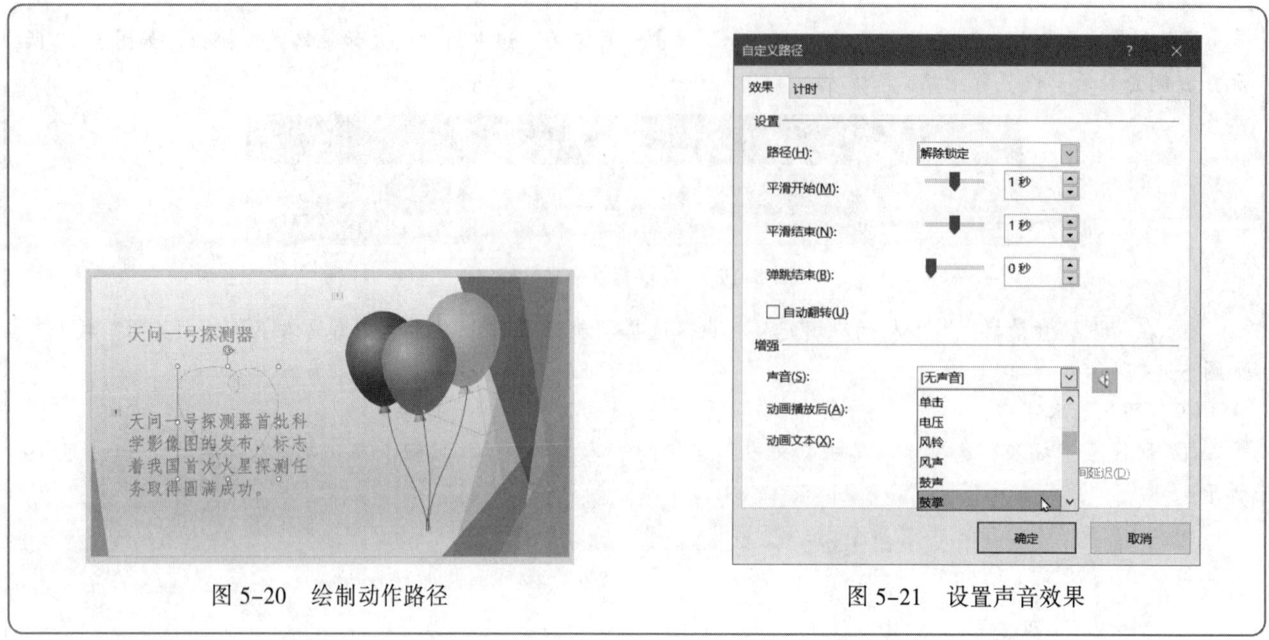

图 5-20　绘制动作路径　　　　图 5-21　设置声音效果

项目 2　母版、图形的运用

母版规定演示文稿中幻灯片、讲义及备注的文本、背景、日期及页码格式等版式要素，为用户提供了统一修改演示文稿外观的方法。每个演示文稿提供了一个母版集合，包括幻灯片母版、标题母版、讲义母版、备注母版等。

项目目标

- 掌握演示文稿母版的使用方法。
- 熟练掌握设置幻灯片背景填充效果的方法。
- 熟练掌握在幻灯片中插入图形的方法。
- 熟练掌握设置幻灯片中图形动画的方法。
- 掌握在幻灯片中插入音频并进行设置。

项目描述

本项目制作如图 5-22 所示的演示文稿。

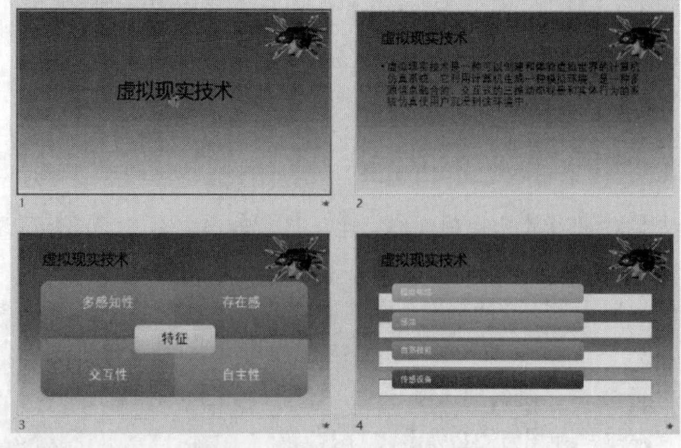

图 5-22　项目 2 的制作效果

解决路径

本项目在演示文稿的制作过程中涉及的知识点包括：

（1）幻灯片母版设计。

（2）幻灯片背景设置。

（3）自定义动画。

（4）绘图工具运用。

（5）音频的应用。

项目实施的基本流程如图 5-23 所示。按照项目实施的步骤创建、编辑一份演示文稿。

图 5-23　项目实施基本步骤

项目实施

步骤 1：设置母版背景。

（1）启动 PowerPoint 2016，新建一个空演示文稿。

（2）编辑幻灯片母版，设置背景色填充效果为三色渐变，具体要求如下：

① 颜色 1：蓝色。

② 颜色 2：浅蓝。

③ 颜色 3：RGB 数值红色 220，绿色 230，蓝色 242，应用于全部，如图 5-24 所示。

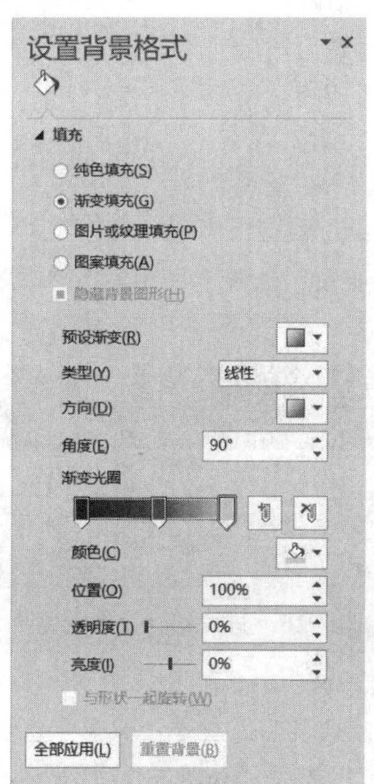

图 5-24　设置母版背景

（3）单击“关闭”按钮。

步骤 2: 编辑母版字体。

（1）将“母版标题样式”的字体设为“微软雅黑”，字号设为“44”，左对齐。
（2）将“母版文本样式”的字体设为“微软雅黑”。

步骤 3: 编辑母版图片。

（1）在母版中插入素材图片 VR Logo.jpg，将图片背景设为透明，调整大小，并将其移至幻灯片右上角。
（2）关闭母版视图。
（3）将演示文稿保存为“演示文稿设计模板”，命名为 vr. potx。

步骤 4: 创建演示文稿。

（1）新建一个空演示文稿，使用 vr. potx 模板修饰。
（2）按照如下要求，完成第一张幻灯片的制作：
① 将幻灯片标题框中输入：虚拟现实技术。
② 在幻灯片中插入素材音频文件 vr.mp3，设置“放映时隐藏”和“循环播放，直到停止”。
（3）插入新幻灯片。
（4）按照如下要求，完成第三、四张幻灯片的制作：
① 将幻灯片标题框中输入：虚拟现实技术。
② 在第三张幻灯片中插入 SmartArt 图形“带标题的矩阵”，在第四张幻灯片中插入 SmartArt 图形“垂直框列表”，在图示中输入如图 5-25 所示的文本。
③ 将第三、四张幻灯片中 SmartArt 图形设置为如图 5-25 所示样式。
④ 设置第三张幻灯片中 SmartArt 图形动画效果为“强调”下的“陀螺旋”，图形动画效果为“逐个”，设置第四张幻灯片中 SmartArt 图形动画效果为“强调”下的“补色”，图形动画效果为“逐个”。
（5）保存演示文稿。

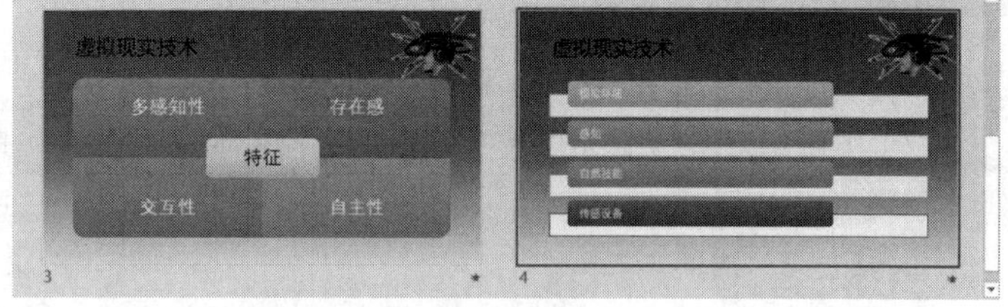

图 5-25　SmartArt 图形中的文本

操作技巧

（1）进入幻灯片母版编辑状态：在“视图”选项卡中，单击“母版视图”组中的“幻灯片母版”按钮，进入幻灯片母版视图，如图 5-26 所示。

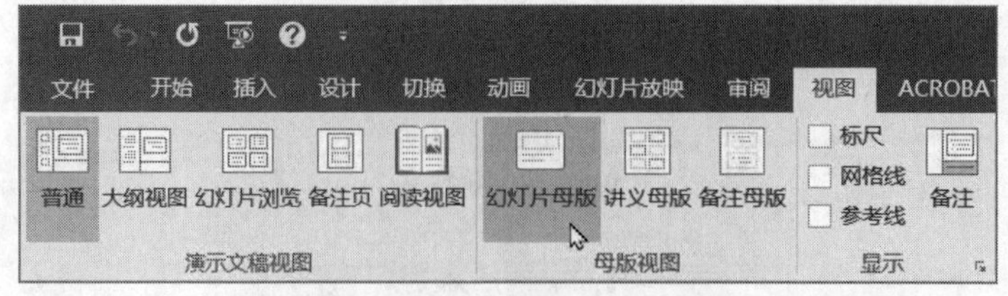

图 5-26　进入幻灯片母版视图

（2）设置幻灯片母版背景色填充效果为双色渐变：

① 幻灯片母版视图中，单击“幻灯片母版”选项卡“背景”组中的“背景样式”下拉按钮，选择列表中的“设置背景格式”，显示“设置背景格式”窗格，如图 5-27 所示。

② 在“设置背景格式”对话框的“填充”栏中，选中“渐变填充”单选按钮；在“类型”下拉列表中，选择“线性”，如图 5-27 所示。

③ 选中“渐变光圈”滑条右侧的滑块，单击“颜色”下拉按钮，选择“其他颜色”，如图 5-28 所示。

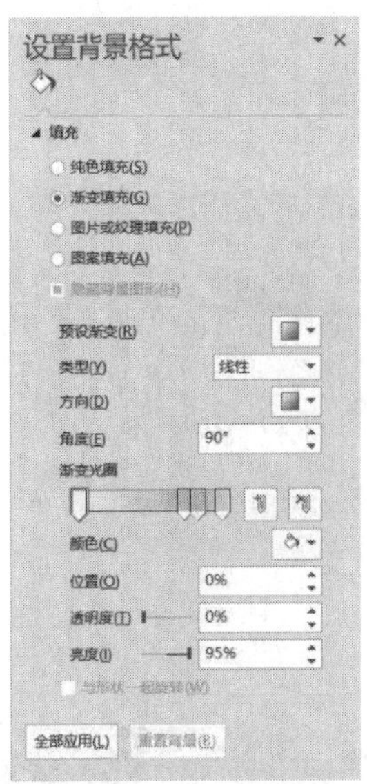

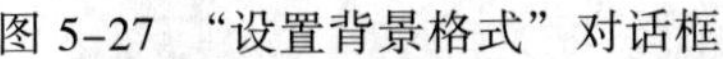
图 5-27　“设置背景格式”对话框

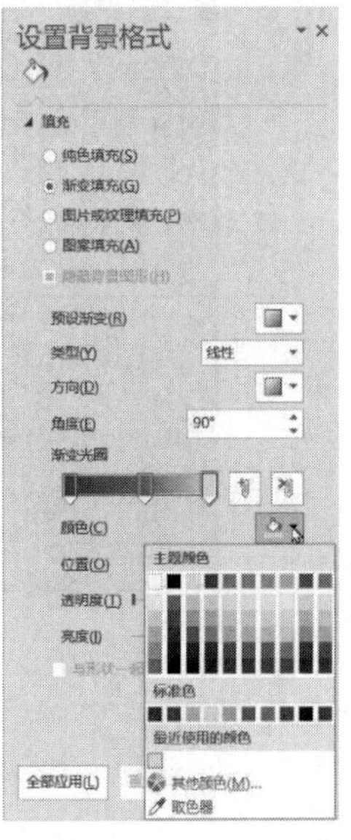

图 5-28　“颜色”下拉列表

④ 在打开的“颜色”对话框中，切换至“自定义”选项卡，选择“颜色模式”为 RGB，按要求输入 RGB 数值后，单击“确定”按钮，如图 5-29 所示。

⑤ 单击“全部应用”按钮，再单击窗格右上角的“关闭”按钮。

（3）设置母版标题样式的字体：

① 在幻灯片母版视图下选中标题文本中的“单击此处编辑母版标题样式”。

② 切换至“开始”选项卡，单击“字体”组右下侧的扩展按钮，在打开的“字体”对话框中，选择合适的字体，然后单击“确定”按钮。在此可对字体的其他样式，如字号、颜色等进行设置。

③ 设置母版文本样式字体的方法一样，不再赘述。

（4）关闭母版视图，将演示文稿保存为“演示文稿设计模板”：

① 单击“幻灯片母版”选项卡“关闭”组上的“关闭母版视图”按钮，返回普通视图。

② 切换至“文件”选项卡，选择“另存为”命令，在打开的“另存为”对话框的“保存类型”下拉列表框中选择“PowerPoint 模板（*.potx）”选项，输入文件名后，单击“保存”按钮，如图 5-30 所示。

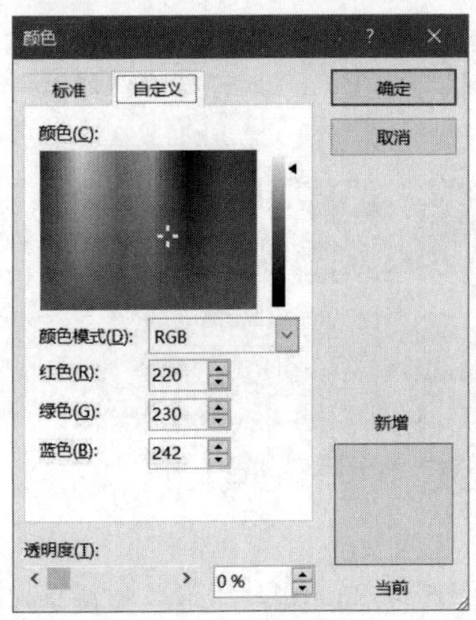

图 5-29　自定义颜色

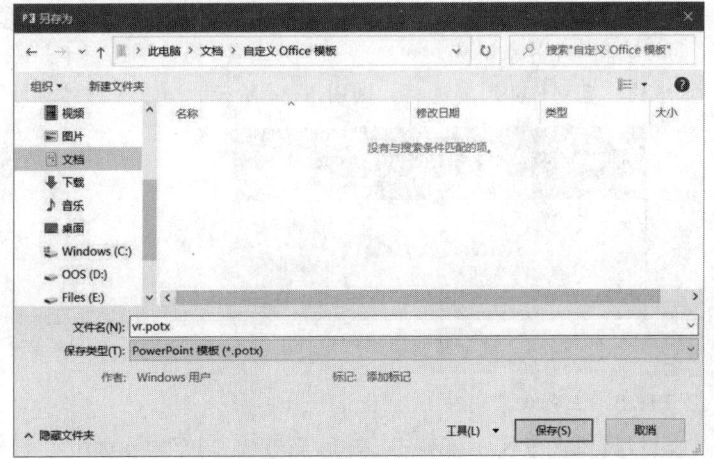

图 5-30　保存为设计模板

（5）新建一个空演示文稿，使用已有模板修饰：

① 切换至“文件”选项卡，选择“新建”命令，如图 5-31 所示。

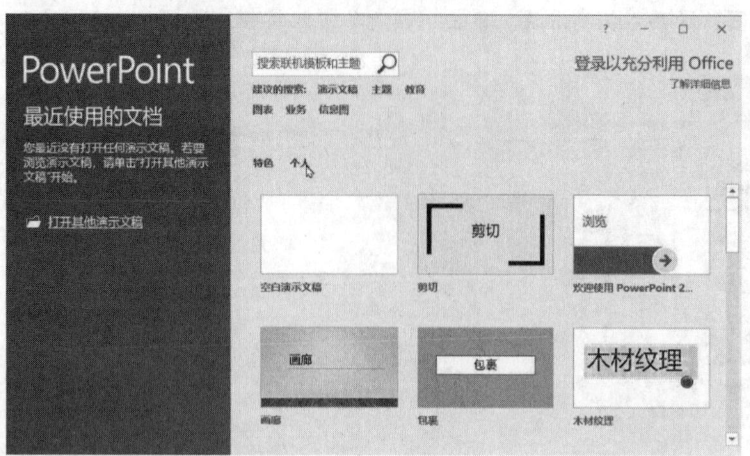

图 5-31 新建演示文稿

② 单击“个人”链接，窗口显示用户自定义的模板，如图 5-32 所示。

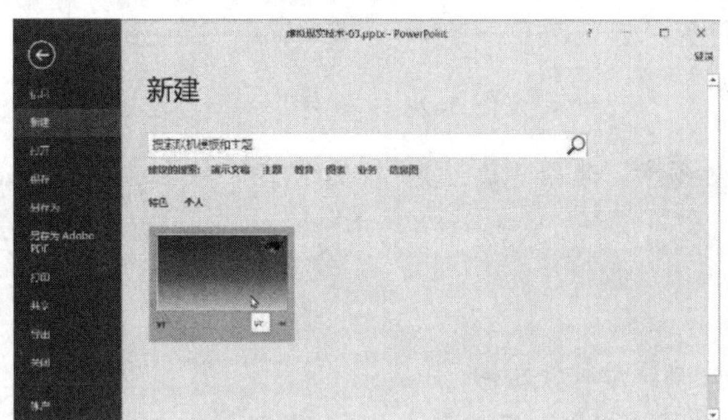

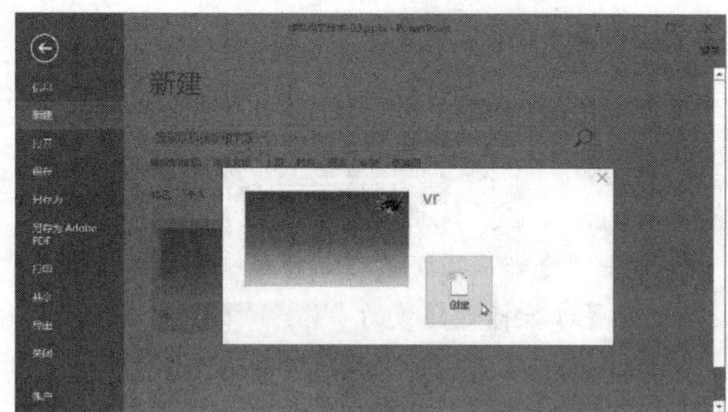

图 5-32 个人模板

③ 在“个人模板”中单击上一步保存的模板文件，在打开的窗口中单击“创建”按钮。

（6）在幻灯片中插入素材音频文件，并对其进行设置：

① 切换至“插入”选项卡，单击“媒体”组中的“音频”下拉按钮，选择“PC 上的音频”命令，在打开的“插入音频”对话框中，选中声音素材文件，单击“插入”按钮。

② 选中声音对象图标，切换至“音频工具-播放”选项卡，单击“音频选项”组中的“开始”下拉按钮，在弹出的下拉列表中选择“自动”选项，如图 5-33 所示。

③ 选中声音对象图标，切换至“音频工具-播放”选项卡，在“音频选项”组中，选中“放映时隐藏”和“循环播放，直到停止”复选框，如图 5-34 所示。

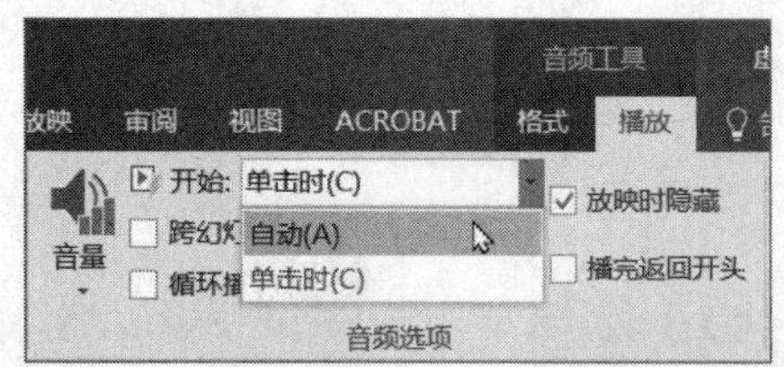

图 5-33 确定开始播放声音时机

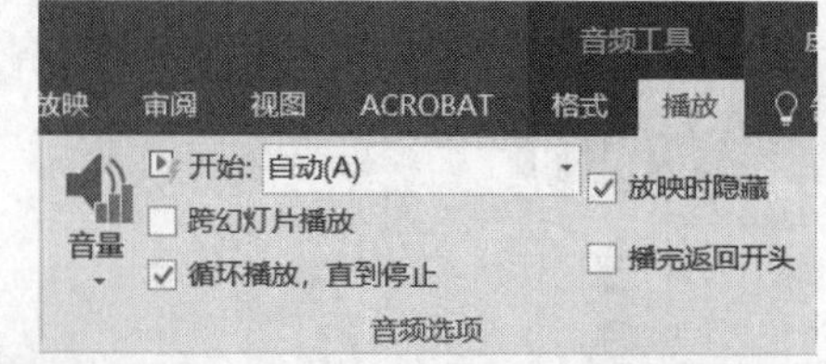

图 5-34 播放声音其他选项

（7）在第三张幻灯片中插入 SmartArt 图形：

① 切换到“插入”选项卡，单击“插图”组中的 SmartArt 按钮，打开“选择 SmartArt 图形”对话框，如图 5-35 所示。

② 在“选择 SmartArt 图形”对话框中，选中“矩阵”类型中的“带标题的矩阵”，然后单击“确定”按钮，如图 5-35 所示。

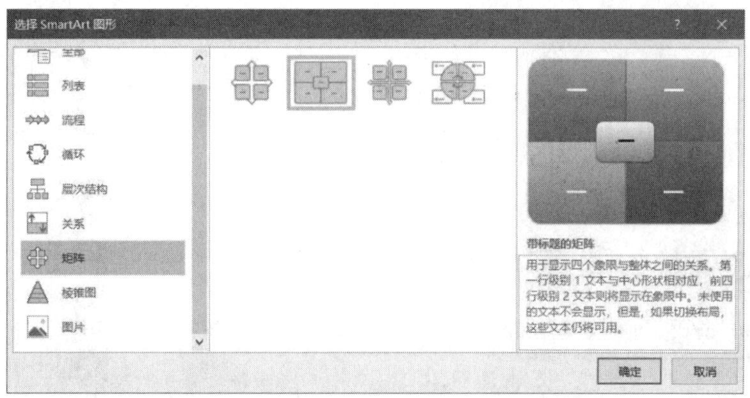

图 5-35　选择 SmartArt 图形

（8）在第三张幻灯片 SmartArt 图形中输入文本：

① 单击 SmartArt 图形中的形状，即可插入文本；或者展开“文本窗格”，在“文本窗格”中输入文本，如图 5-36 所示。

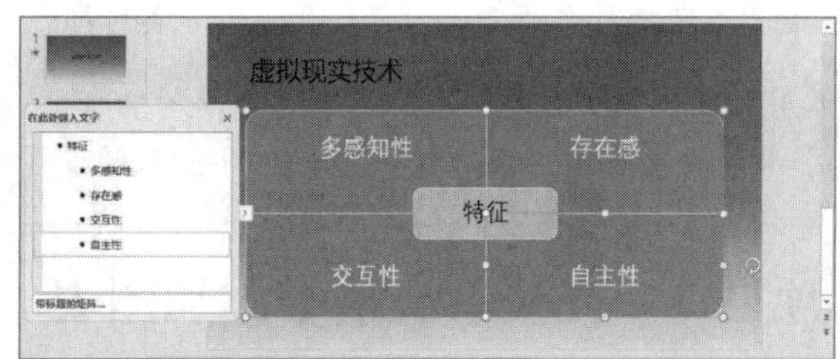

图 5-36　SmartArt 图形及其“文本窗格”

② 对于部分类型的 SmartArt 图形，若形状数目太多，可选中欲删除的形状，然后按【Delete】键删除形状。

③ 对于部分类型 SmartArt 图形，若形状数目不足，可切换到“SmartArt 工具-设计”选项卡，单击“创建图形”组中的“添加形状”下拉按钮，选择在前或在后添加形状，如图 5-37 所示。

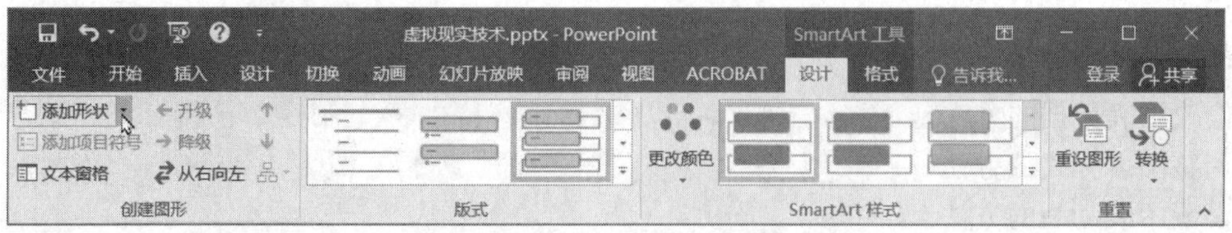

图 5-37　SmartArt 工具的设计选项卡

（9）设置第三张幻灯片 SmartArt 图形样式：

① 选中 SmartArt 图形，切换到“SmartArt 工具-设计”选项卡，单击“SmartArt 样式”组中的样式库下拉按钮，在下拉列表中选择“强烈效果”，如图 5-38 所示。

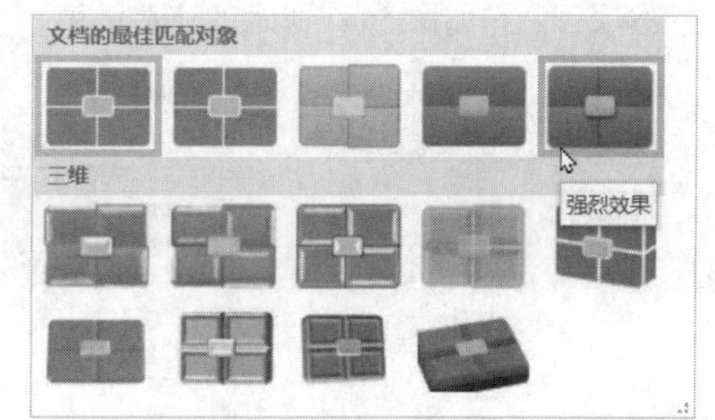

图 5-38　SmartArt 图形样式

② 单击“SmartArt 样式”组中的“更改颜色”下拉按钮，在弹出的下拉列表中选择如图 5-39 所示的颜色。

（10）设置 SmartArt 图形动画效果：

① 选中幻灯片中的 SmartArt 图形，切换至“动画”选项卡。

② 在“动画”选项卡“动画”组的动画库中查找到“强调”→“陀螺旋”动画并单击。

③ 单击“动画”选项卡“动画”组中的“效果选项”下拉按钮，在弹出的下拉列表中选择“顺时针”“完全旋转”和“逐个”，如图 5-40 所示。

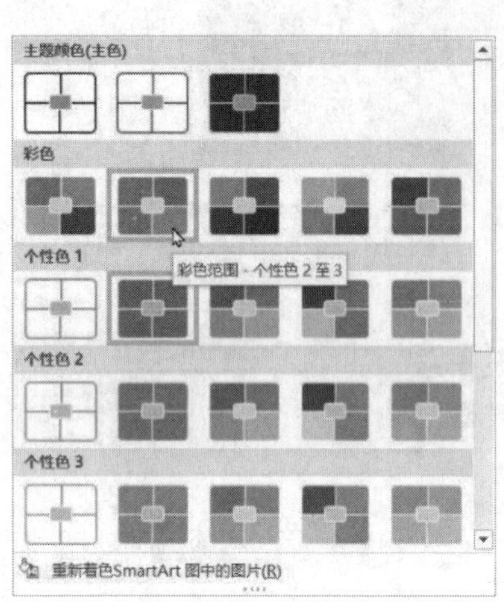

图 5-39 设置 SmartArt 图形主题颜色

图 5-40 “效果选项”下拉列表

④ 单击“动画”选项卡“预览”组中的“预览”按钮，预览动画。

⑤ 第四张幻灯片 SmartArt 图形的设置与第三张幻灯片 SmartArt 图形的设置方法一样，不再赘述。

项目 3 在演示文稿中添加图表

图表为用户提供了在演示文稿中直观地展示数据的方法。在 PowerPoint 2016 中，不仅包含了大量的图表类型，而且针对不同的图表类型，设计了大量的图表样式。结合图表样式的动画使得在幻灯片中不仅直观，而且富于动感地展示数据。

项目目标

- 掌握插入图表的方法。
- 掌握修改图表数据的方法。
- 掌握调整图表样式的方法。
- 掌握设置图表动画的方法。

项目描述

本项目制作如图 5-41 所示的演示文稿。

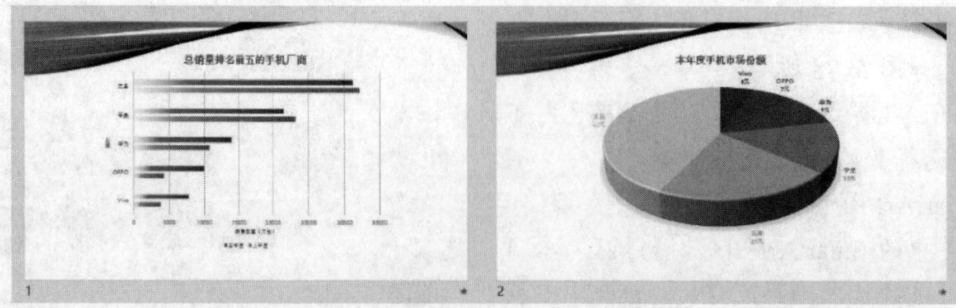

图 5-41 项目 3 的制作效果

解决路径

本项目的主要任务是掌握图表、图表动画的使用方法，在演示文稿制作过程中涉及的知识点包括：

（1）在幻灯片中插入图表。

（2）在幻灯片中设计图表。

（3）在幻灯片中设置图表动画。

项目实施的基本流程如图 5-42 所示。按照项目实施的步骤创建、编辑一份演示文稿。

图 5-42 项目实施基本步骤

项目实施

视 频

项目 3

步骤 1: 创建演示文稿。

（1）新建一个空演示文稿。

（2）使用“水汽尾迹”主题并选择适当的变体修饰演示文稿。

（3）将幻灯片版式改为“空白”。

步骤 2: 插入图表、编辑数据。

（1）在幻灯片中插入图表。

（2）按如图 5-43 所示修改图表数据。注意：根据图表内容对数据进行取舍。

	A	B	C
1	本年度品牌手机销量		
2	品牌	上年度	本年度
3	Vivo	3800	7730
4	OPPO	4270	9940
5	华为	10700	13930
6	苹果	23150	21540
7	三星	32090	31140
8	其他	69710	62780

图 5-43 图表数据（自编）

步骤 3: 修饰图表。

（1）按图 5-43 所示添加图表标题、坐标轴标题。

（2）将第一张图表样式设置为“样式 26”，第二张图表样式设置为“样式 29”。

步骤 4: 设置动画。

（1）为第一张图表设置“进入”中的“擦除”动画。

（2）在动画的“效果选项”中，设置效果为“自左侧”“按系列中的元素”。

（3）将持续时间设为 1s。

（4）为第二张图表设置“强调”中的“脉冲”动画。

（5）在动画的“效果选项”中，设置效果为“按类别”。

（6）将持续时间设为1s。

（7）保存文件。

操作技巧

（1）查找并应用主题：

① 在功能区中，切换至“设计”选项卡。

② 在“设计”选项卡“主题”组的主题库中单击“水汽尾迹”主题，然后选择适当的变体，如图5-44所示。

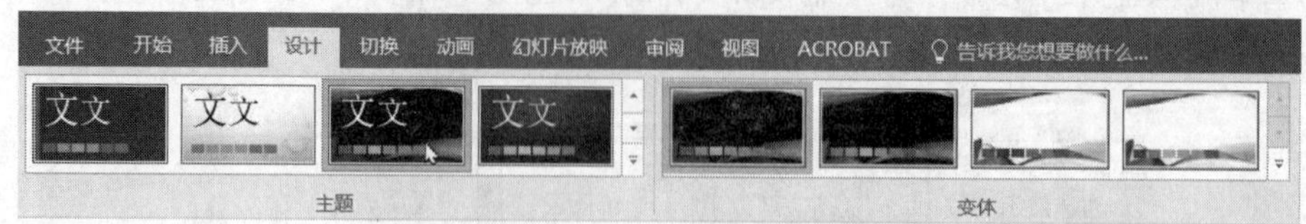

图5-44 查找并应用主题、变体

（2）修改幻灯片版式：切换至“开始”选项卡，单击“幻灯片”组中的“版式”下拉按钮，然后单击合适版式的幻灯片按钮，如图5-45所示。

（3）在幻灯片中插入图表：

① 切换至“插入”选项卡，单击“插图”组中的“图表”按钮，打开“插入图表”对话框，如图5-46所示。

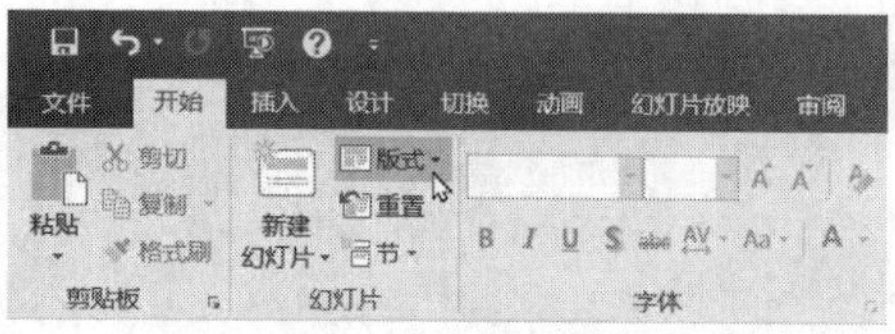

图5-45 修改幻灯片版式

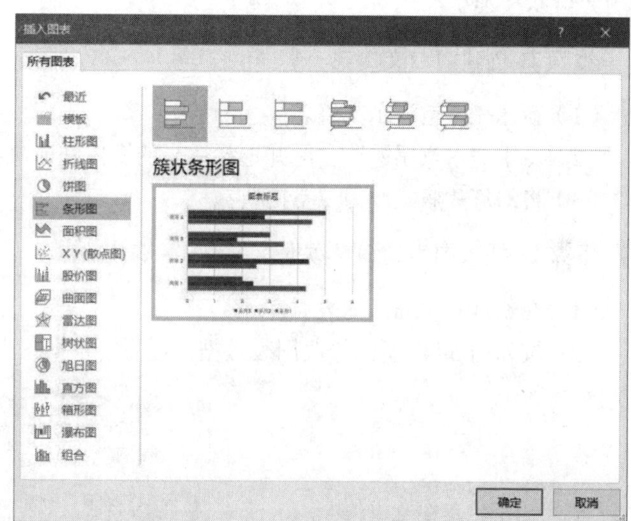

图5-46 选择插入的图表类型

② 在“插入图表”对话框中，在“条形图”类中选择“簇状条形图”，然后单击“确定”按钮。PowerPoint使用默认数据插入图表，并自动启动Excel，如图5-47所示。

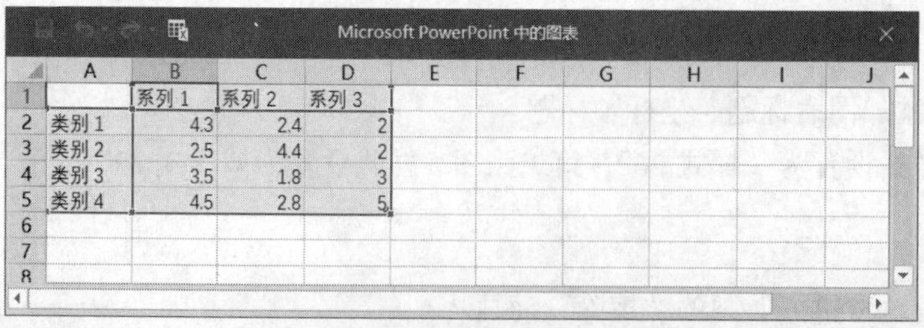

Microsoft PowerPoint 中的图表

	A	B	C	D
1		系列1	系列2	系列3
2	类别1	4.3	2.4	2
3	类别2	2.5	4.4	2
4	类别3	3.5	1.8	3
5	类别4	4.5	2.8	5

图5-47 插入图表的默认数据

③ 按图5-47所示修改Excel中的数据。幻灯片中的图表将自动调整为新数据的图表。

④ 数据修改完毕后，拖动数据区域右下角，以调整数据区域大小。

⑤ 完成后，关闭Excel。

（4）添加图表标题、坐标轴标题：

① 切换至“图表工具-设计”选项卡。单击“图表布局”组中的“添加图表元素”下拉按钮，在弹出的下拉列表中选择“图表标题”→“图表上方”，如图 5-48 所示。

② 图表上部添加带“图表标题”字样的文本框，在其中输入如图 5-41 所示的图表标题。

③ 切换至“图表工具-设计”选项卡。单击“图表布局”组中的“添加图表元素”下拉按钮，在弹出的下拉列表中选择“轴标题”→“主要横坐标轴”命令，如图 5-49 所示。

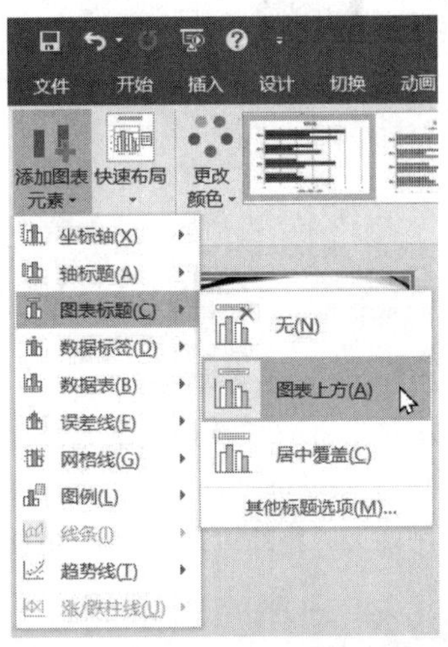

图 5-48　图表中添加图表标题

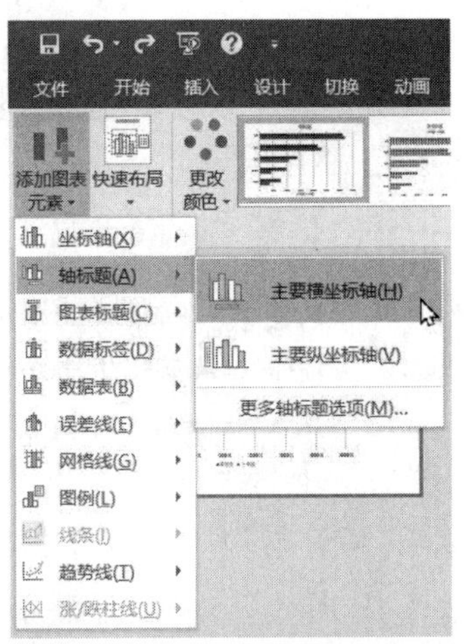

图 5-49　图表中添加横坐标轴标题

④ 图表横坐标轴下方添加带有“坐标轴标题”字样的文本框，在其中输入如图 5-41 所示的坐标轴标题。

⑤ 切换至“图表工具-设计”选项卡。单击“图表布局”组中的“添加图表元素”下拉按钮，在下拉菜单中选择“轴标题”→“主要纵坐标轴”，如图 5-49 所示。

⑥ 切换至“图表工具”中的“设计”选项卡。单击“图表布局”组中的“添加图表元素”下拉按钮，在弹出的下拉列表中选择“坐标轴标题”→“更多轴标题选项”，显示“设置坐标轴标题格式”窗格，如图 5-50 所示。

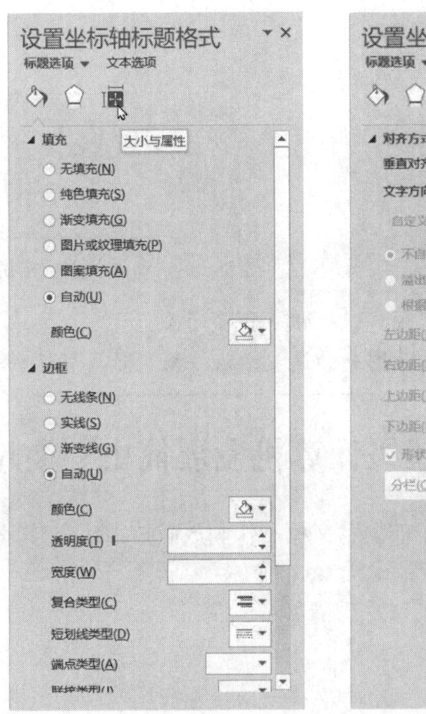

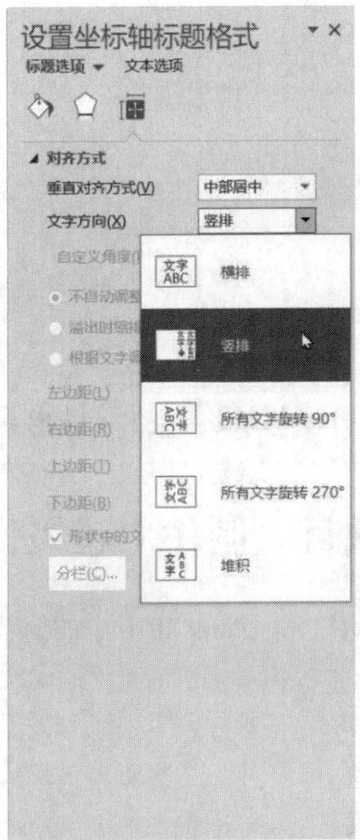

图 5-50　图表中添加纵坐标轴标题

⑦ 在“设置坐标轴标题格式”窗格中，选中“大小与属性”，在“对齐方式”的“文字方向”下拉列表中选择“竖排”，如图5-50所示。

⑧ 选中带有“坐标轴标题”字样的文本框，在其中输入如图5-41所示的坐标轴标题。

（5）设置图表样式：切换至“图表工具-设计”选项卡，在“图表样式”组的图表样式库中找到“样式8”并单击，如图5-51所示。

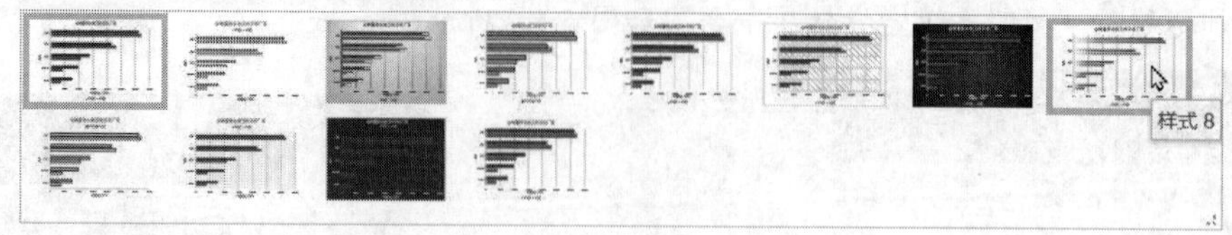

图5-51 设置图表样式

（6）设置图表动画效果：

① 选中幻灯片中的图表，切换至“动画”选项卡。

② 在“动画”选项卡“动画”组的动画库中查找到“进入”→“擦除”动画并单击。

③ 单击“动画”选项卡“动画”组中的“效果选项”下拉按钮，在弹出的下拉列表中选择“自左侧”和“按系列中的元素”，如图5-52所示。

④ 将“动画”选项卡“计时”组的“开始”设置为“与上一动画同时”；“持续时间”设置为1s，如图5-53所示。

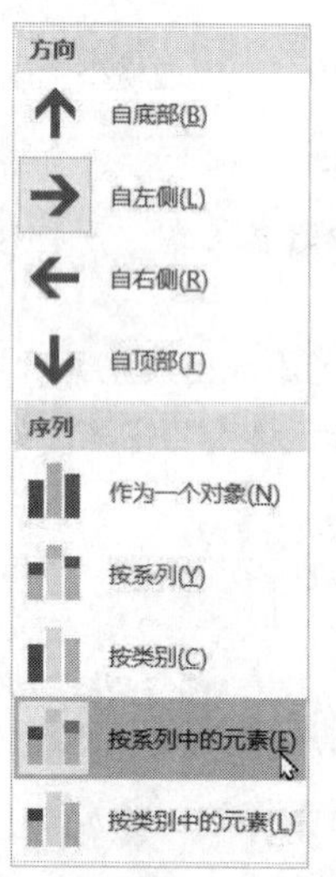

图5-52 “效果选项”下拉菜单

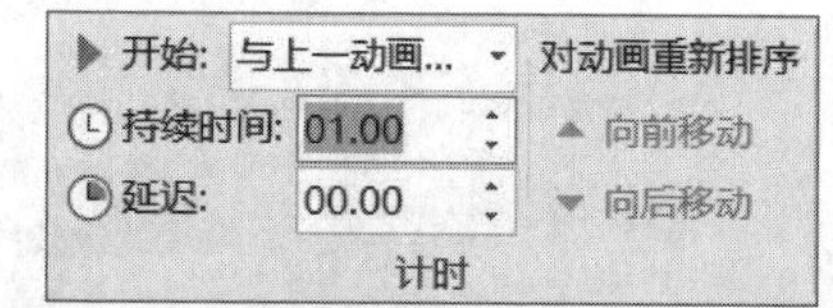

图5-53 “动画”选项卡的“计时”功能组

⑤ 单击“动画”选项卡“预览”组中的“预览”按钮，预览动画。

⑥ 第二张幻灯片图表的设置与第一张幻灯片图表的设置方法一样，不再赘述。

综合项目 制作“超级计算机发展简史”演示文稿

本项目将着重于综合运用PowerPoint 2016中的演示文稿制作和放映技术，完成、放映演示文稿作品。

项目目标

- 熟练设置幻灯片主题。
- 熟练设置幻灯片版式。
- 熟练幻灯片切换设置方法。

- 熟练动画效果综合运用。
- 熟练放映幻灯片。

项目描述

制作一份演示文稿，制作后的效果如图 5-54 所示。

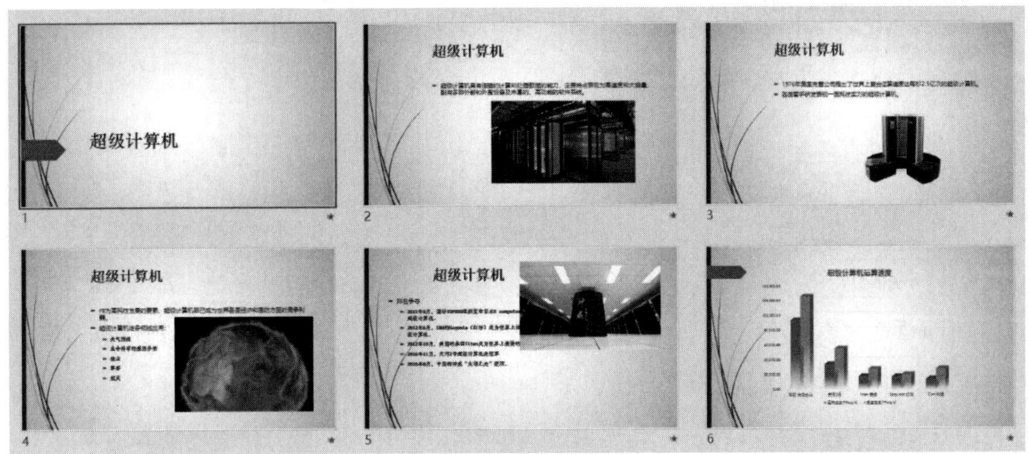

图 5-54　超级计算机发展简史演示文稿样文

解决路径

本项目是一份手机发展简史演示文稿，这份演示文稿要求录入有关文字、插入图片、应用主题、插入图表、设置动画、修改幻灯片母版、设置幻灯片切换等。该项目的基本工作流程如图 5-55 所示。

图 5-55　综合项目的基本工作流程

项目实施

步骤 1: 启动 PowerPoint 2016，建立演示文稿，录入如图 5-56 所示文本，插入如图 5-54 所示图片，并设置透明色及图片样式。

步骤 2: 将演示文稿中所有幻灯片应用“丝状”主题，并将其颜色方案设置为“蓝色暖调”。

步骤 3: 在幻灯片母版中，将幻灯片标题字体设置为“华文中宋”，大小为“44”；文本字体设置为“微软雅黑”，将幻灯片文本设置为“进入”类“挥鞭式”动画，并将动画开始时机设置为“上一动画之后”。

步骤 4: 将第二张幻灯片中的图片设置为“进入”类“浮入”动画；将第三、四张幻灯片中的图片设置为“进入”类“缩放”动画；将第五张幻灯片中的图片设置为“进入”类“飞入”动画，自顶部，并将所有动画开始时机设置为“与上一动画同时”。

步骤 5: 在第六张幻灯片中插入图表：数据如图 5-57 所示；图表类型为“三维簇状柱形图”；图表样式为“样

式 8”；动画设置为“进入”类“飞入”“自底部”“按系列中的元素”，并将动画开始时机设置为“上一动画之后”。

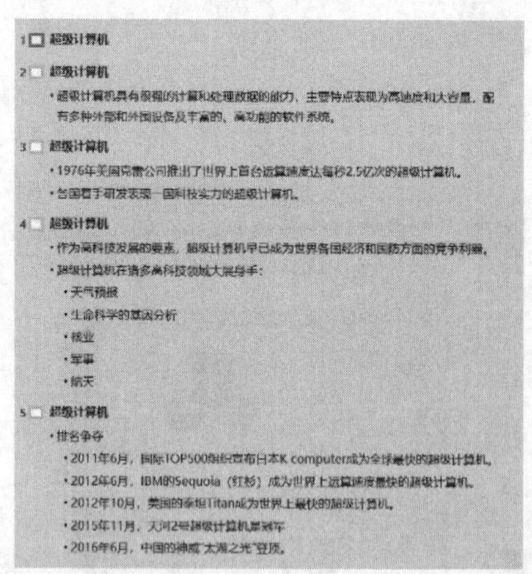

1 超级计算机

2 超级计算机

- 超级计算机具有很强的计算和处理数据的能力，主要特点表现为高速度和大容量，配有多种外部和外围设备及丰富的、高功能的软件系统。

3 超级计算机

- 1976年美国克雷公司推出了世界上首台运算速度达每秒2.5亿次的超级计算机。
- 各国着手研发表现一国科技实力的超级计算机。

4 超级计算机

- 作为高科技发展的要素，超级计算机早已成为世界各国经济和国防方面的竞争利器。
- 超级计算机在诸多高科技领域大展身手：
  - 天气预报
  - 生命科学的基因分析
  - 核业
  - 军事
  - 航天

5 超级计算机

- 排名争夺
  - 2011年6月，国际TOP500组织宣布日本K computer成为全球最快的超级计算机。
  - 2012年6月，IBM的Sequoia（红杉）成为世界上运算速度最快的超级计算机。
  - 2012年10月，美国的泰坦Titan成为世界上最快的超级计算机。
  - 2015年11月，天河2号超级计算机六连冠
  - 2016年6月，中国的神威“太湖之光”登顶。

图 5-56　录入的文本

	A	B	C	D
1	超级计算机排名			
2	排名	系统	运算速度(TFlop/s)	峰值速度(TFlop/s)
3	1	神威·太湖之光	93,014.60	125,435.90
4	2	天河2号	33,862.70	54,902.40
5	3	Titan 泰坦	17,590.00	27,112.50
6	4	Sequoia 红杉	17,173.20	20,132.70
7	5	Cori 科里	14,014.70	27,880.70

图 5-57　插入图表的原始数据

步骤 6: 将所有幻灯片切换设置为“库”。

步骤 7: 保存并放映演示文稿。

单元 6 网络设置

接入 Internet 使通信、交流、娱乐以及获取 Internet 上的信息和资源更方便、快捷。接入 Internet 的方式有多种，如机构、团体的办公用计算机通过自己的局域网接入、个人家庭计算机通过电信公司接入等。

项目 1　局域网中计算机的网络设置

项目目标

- 掌握配置计算机的 IP 地址。
- 掌握配置计算机的子网掩码。
- 掌握配置计算机的网关。
- 了解配置计算机的域名服务器。

项目描述

本项目将完成一台个人计算机在局域网中接入 Internet。

解决路径

本项目要求读者具备计算机网络的相关知识，项目实施首先要求打开 Internet 协议（TCP/IP）属性对话框，然后设置计算机的 IP 地址、子网掩码、网关地址和域名服务器地址。最后，查看网络连接状态，检查设置是否正确。项目实施的基本流程如图 6-1 所示。按照项目实施的步骤完成一台局域网中计算机的网络配置。

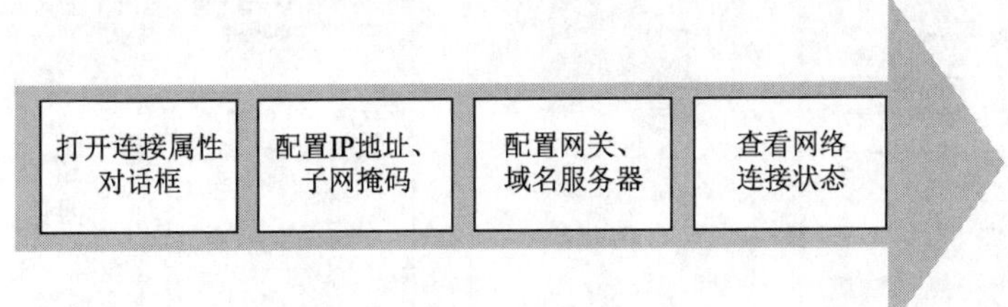

图 6-1　项目实施的基本步骤

项目实施

步骤 1: 打开 Internet 协议（TCP/IP）属性对话框。

（1）选择“开始”→“设置”命令，打开“设置”窗口。在“设置”窗口中单击“网络和 Internet”。

（2）单击“网络和 Internet”窗口中的“网络和共享中心”，打开“网络和共享中心”窗口，如图 6-2 所示。

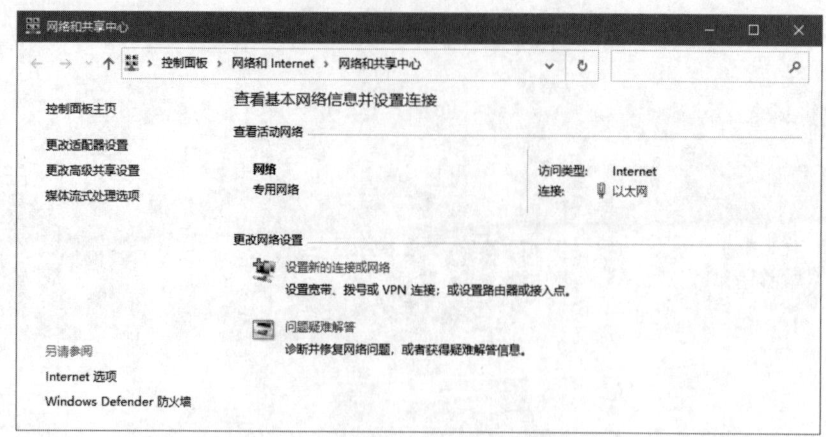

图 6-2 “网络和共享中心”窗口

（3）在“网络和共享中心”窗口的左侧，单击“更改适配器设置”选项，进入“网络连接”窗口，如图 6-3 所示。

图 6-3 “网络连接”窗口

（4）在“网络连接”窗口中，选中需设置的网络连接，然后单击窗口工具栏中的“更改此连接的设置”按钮，打开所选连接属性对话框，如图 6-4 所示。

（5）在“此连接使用下列项目”中选中“Internet 协议版本 4（TCP/IPv4）”选项，然后单击“属性”按钮，打开“Internet 协议版本 4（TCP/IPv4）属性”对话框，如图 6-5 所示。

图 6-4 所选连接属性对话框

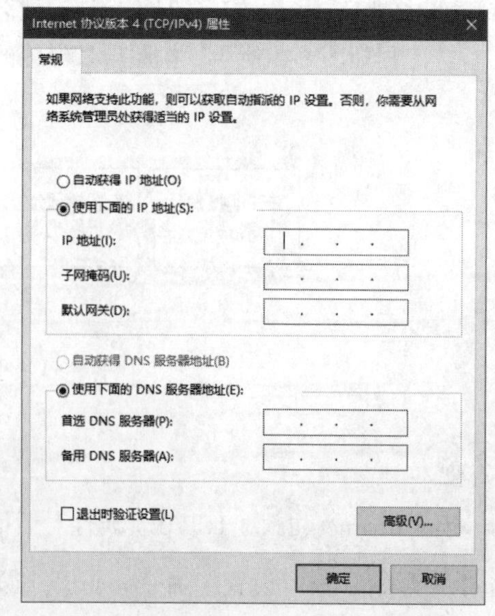

图 6-5 “Internet 协议版本 4（TCP/IPv4）属性”对话框

步骤 2: 设置计算机的 IP 地址、子网掩码、网关地址和域名服务器地址。

（1）在“Internet 协议版本 4（TCP/IPv4）属性”对话框中，选中“使用下面的 IP 地址”单选按钮。

（2）在“IP 地址”“子网掩码”“默认网关”等项中输入相应的 IP 地址及内容。

（3）在“首选 DNS 服务器”“备用 DNS 服务器”中输入相应的 IP 地址。

（4）单击“确定”按钮。

步骤 3: 查看网络连接状态。

（1）在如图 6–3 所示的“网络连接”窗口中，选中需要查看的网络连接，然后单击上面的“查看此连接的状态”按钮，打开所选连接的状态对话框，如图 6–6 所示。在“常规”选项卡中可查看连接速度、收发数据等信息。

（2）在所选连接的状态对话框中单击“详细信息”按钮，可查看 IP 地址等信息，如图 6–7 所示。

（3）单击“关闭”按钮。

图 6–6　所选连接状态窗口

图 6–7　网络连接的详细信息

操作技巧

（1）在任务栏的通知区域中（见图 6–8），单击网络连接图标，可显示当前所使用的连接以及“网络和 Internet 设置”链接，单击该链接可方便地打开“网络和 Internet”设置窗口，进行网络连接设置。

图 6–8　任务栏的通知区域

（2）在如图 6–6 所示的“以太网状态”对话框中，单击“属性”按钮，可方便地打开如图 6–4 所示的“以太网属性”对话框。

项目 2　ADSL 宽带接入设置

目前的家庭用户计算机中，通常使用电信公司提供的宽带接入访问 Internet，为人们的学习和生活提供方便，增添乐趣。

项目目标

- 了解建立 ADSL 宽带连接。
- 了解设置 ADSL 宽带连接的属性。

项目描述

本项目将在一台个人计算机上建立 ADSL 宽带连接并完成其设置。

解决路径

本项目要求读者具备计算机网络的相关知识。项目实施的基本流程如图 6-9 所示。按照项目实施的步骤完成一台计算机的宽带连接和设置。

图 6-9　项目实施的基本步骤

项目实施

步骤 1: 建立 ADSL 宽带连接。

（1）打开如图 6-2 所示的“网络和共享中心”窗口。

（2）单击“设置新的连接或网络”链接，打开“设置连接或网络”窗口，如图 6-10 所示。

（3）在如图 6-10 所示的“设置连接或网络”窗口中，选择“连接到 Internet”选项，单击“下一步”按钮，进入“连接到 Internet”窗口，然后单击“设置新连接”选项，选择网络连接类型，如图 6-11 所示。

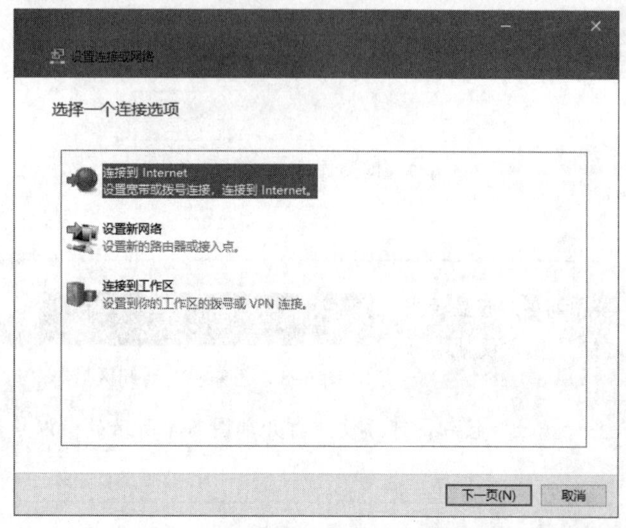

图 6-10　“设置连接或网络”窗口

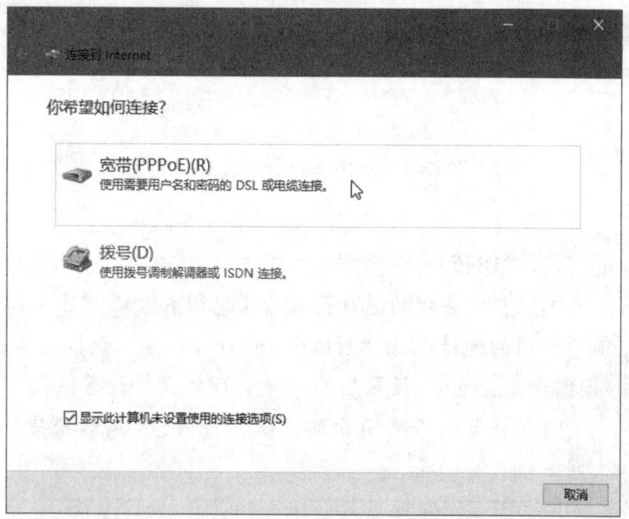

图 6-11　选择网络连接类型

（4）单击选择“宽带（PPPoE）（R）”选项，打开如图 6-12 所示窗口。

（5）在“用户名”及“密码”文本框中填入用户的账号及密码，在“连接名称”文本框中为新创建的连接命名，输入连接名后，单击“连接”按钮，出现如图 6-13 所示界面，进行连接测试。

（6）连接测试成功后，出现如图 6-14 所示界面。单击“关闭”按钮，完成新建连接。

（7）新建连接完成后，单击任务栏中的网络图标，会出现新建的连接选项，如图 6-15 所示。

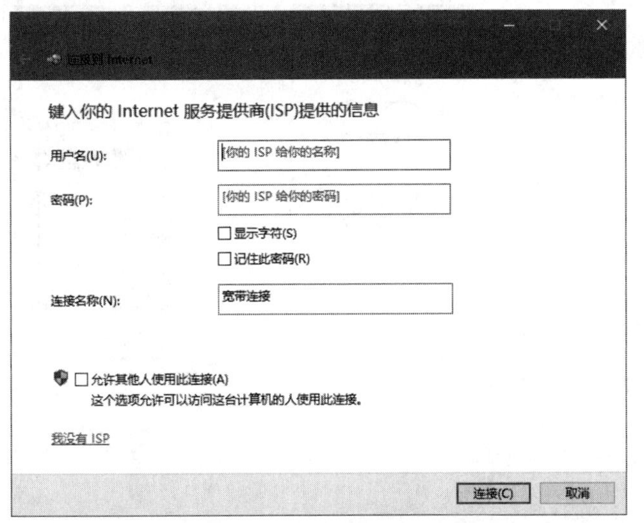

图 6-12　用户名、密码和连接名称

图 6-13　建立连接

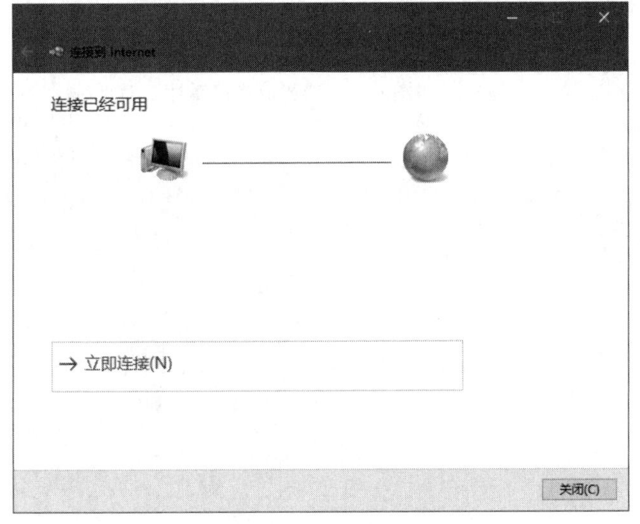

图 6-14　完成新建连接

图 6-15　新建连接的图标

步骤 2: 启动 ADSL 宽带连接。

（1）单击上述新建的“宽带连接”选项，显示“拨号”设置窗口，如图 6-16 所示。

（2）在“拨号”设置窗口单击“宽带连接”，然后单击“连接”按钮，开始连接。

步骤 3: 设置 ADSL 宽带连接。

（1）在如图 6-3 所示网络连接窗口中，选中“宽带连接”，单击窗口工具栏中的“更改此连接的设置”按钮，打开所选连接属性对话框，如图 6-17 所示。

（2）设置完成后，单击“确定”按钮。

操作技巧

（1）ADSL 宽带接入 Internet 的 IP 地址。通常，ADSL 宽带接入 Internet 后，ISP 会自动为客户的计算机分配 IP 地址等信息。所以，ADSL 宽带连接建立后，不必更改默认值“自动获得 IP 地址”。

（2）局域网中计算机的 IP 地址。一般企事业单位会将本单位的所有计算机组成局域网，局域网中的计算机通过局域网中的服务器访问 Internet。局域网中计算机的 IP 地址、子网掩码、网关、DNS 服务器等信息从网络管理部门获取，这些信息由网络管理部门分配和管理。

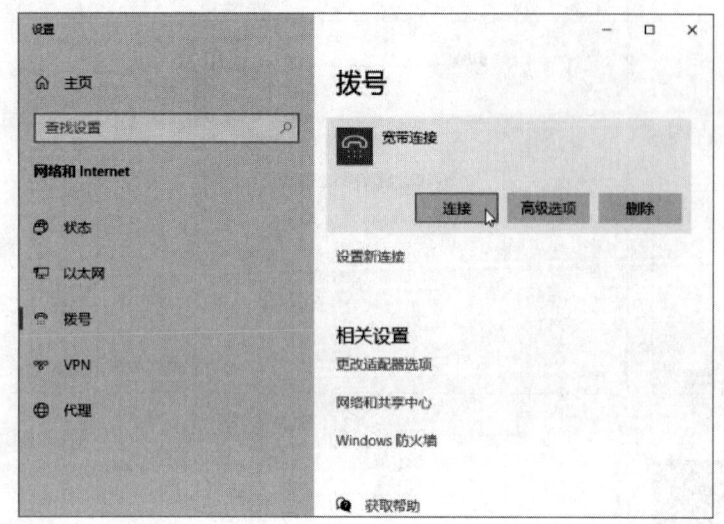

图 6-16　启动连接程序

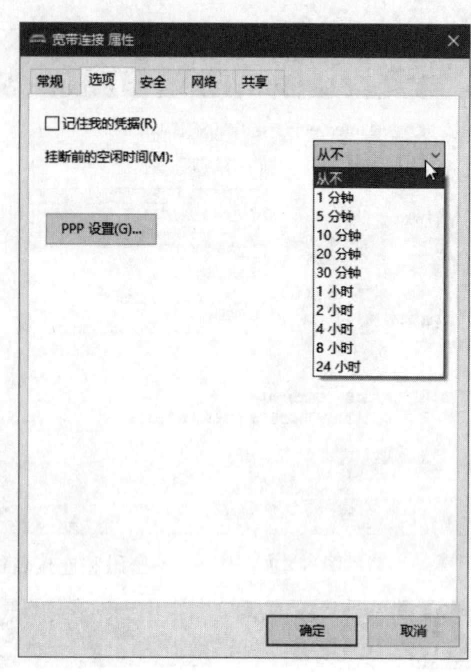

图 6-17　“宽带连接属性”对话框